氣壓工程學

呂淮熏、郭興家、蘇寶林　編著

U0068927

全華圖書股份有限公司　印行

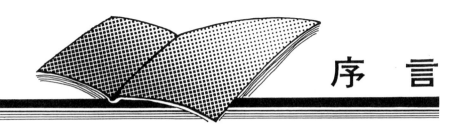

序　言

　　本書針對主修機械之工專及大學生和相關學科同學爲對象，編寫而成，同時適合機械技術人員及工程師參考之用。

　　全書內容以教育部頒定的課程標準爲藍本，並依工業界之需要而編著，使讀者對氣壓工程有一全面性的瞭解。

　　本書以循序漸進方式編排，期能使讀者收到事半功倍之效。全書共分十二章。第一章對氣壓控制系統做一概括性的介紹，第二章對空氣之性質及狀態做一簡略的複習，第三章則將壓縮空氣的產生、處理、如何輸送做詳細之說明。第四章、第五章介紹氣壓驅動器，各種閥瓣的構造、動作原理、如何選用及使用。第六章說明氣壓──液壓系統，第七章將氣壓上常用之近接檢出裝置做一簡單扼要之解說。第八章、第九章對氣壓廻路圖之命名，機械氣壓廻路圖之各種設計方法逐一介紹。第十章到第十二章對氣壓控制系統常用之電氣元件及各種電氣廻路圖之設計，有深一層之解說。

　　依據編者教學之經驗，深知機械類科系的學生對電氣廻路之設計皆深感心有餘而力不足，有鑑於此，本書對電氣廻路之設計，係拋開過去傳統解說方式，而改以敎讀者如何把電氣廻路畫出，相信讀者看完本書，對電氣廻路之設計將不再害怕。

　　本書中氣壓元件的圖片及規格佔了許多篇幅，其目的在使讀者提早認識氣壓元件，以免踏出校園之後想購買個氣壓元件皆說不出個所以然。

　　本書內容極爲豐富，不僅可作教科書，亦可伴隨各位學子踏出校園後從事工程設計之參考資料。本書從構想到完稿，共花一年半的時間，完稿之後並以原稿在學校之職訓班試教，反應情形良好。本書適合一學期三小時的課程（含實習），若時間不夠，可把打星號的章節省略，亦不失本書之連貫性。

本書雖厚，然扣除星號的章節及元件規格所佔的篇幅，所剩約320頁左右，對一個學期的授課內容將不致造成過大的壓力。

本書之內容如再包含微電腦和可程式控制器部份，則將使讀者對氣壓控制技術之認識與應用，更加隨心所欲，然限於篇幅及授課時間，暫未編入。

編者　謹識

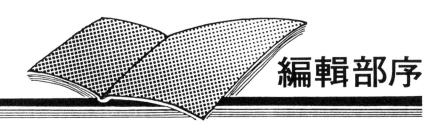

編輯部序

　　「系統編輯」是我們的編輯方針，我們所提供給您的，絕不只是一本書，而是關於這門學問的所有知識，它們由淺入深，循序漸進。

　　本書費時一年半才編著完成，完稿之後，又在學校職訓班試教過，故內容完整詳實，實用性良好。編者在編著時，尤其配合各大廠商產品目錄作介紹，讀者在選用上非常方便；且每一元件皆配合基本迴路作說明，讀者對「作動原理」簡單易懂。本書從壓縮空氣的產生介紹起，最後教讀者如何去設計迴路；適合大專教學用，亦可供工程技術人員參考。

　　同時，為了使您能有系統且循序漸進研習相關方面的叢書，我們以流程圖方式，列出各有關圖書的閱讀順序，以減少您研習此門學問的摸索時間，並能對這門學問有完整的知識。若您在這方面有任何問題，歡迎來函連繫，我們將竭誠為您服務。

相關叢書介紹

書號：045870C6
書名：丙級氣壓技能檢定學術科題庫
　　　解析(2022 最新版)(附學科測驗
　　　卷)
編著：增光工作室
菊 8K/232 頁/360 元

書號：06403017
書名：氣壓迴路設計(第二版)
　　　(附範例光碟)
編著：傅根棻
16K/264 頁/350 元

書號：0079303
書名：實用氣壓學(第四版)
編著：許松培
20K/272 頁/250 元

書號：05443
書名：油壓基礎技術
日譯：歐陽渭城
20K/312 頁/290 元

書號：0381702
書名：氣液壓工程(第三版)
編著：黃欽正
20K/320 頁/340 元

書號：03610047
書名：液氣壓原理與迴路設計(for
　　　Windows－含 Automation
　　　Studio 模擬與實習)
　　　(第五版)(附展示光碟)
編著：胡志中
20K/488 頁/500 元

◎上列書價若有變動，請以
　最新定價為準。

流程圖

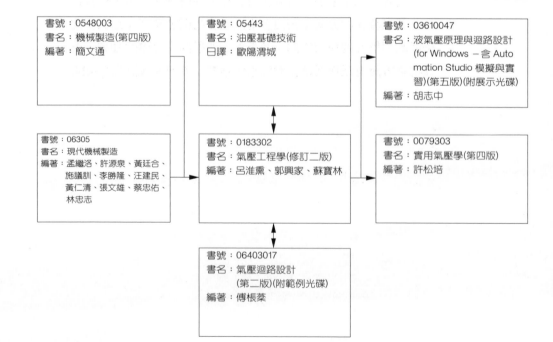

書號：0548003
書名：機械製造(第四版)
編著：簡文通

書號：05443
書名：油壓基礎技術
日譯：歐陽渭城

書號：03610047
書名：液氣壓原理與迴路設計
　　　(for Windows－含 Auto
　　　mation Studio 模擬與實
　　　習)(第五版)(附展示光碟)
編著：胡志中

書號：06305
書名：現代機械製造
編著：孟繼洛、許源泉、黃廷合、
　　　施議訓、李勝隆、汪建民、
　　　黃仁清、張文雄、蔡忠佑、
　　　林忠志

書號：0183302
書名：氣壓工程學(修訂二版)
編著：呂准熏、郭興家、蘇寶林

書號：0079303
書名：實用氣壓學(第四版)
編著：許松培

書號：06403017
書名：氣壓迴路設計
　　　(第二版)(附範例光碟)
編著：傅根棻

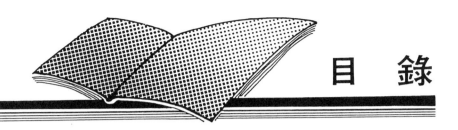

目 錄

4　氣壓驅動器

5 閥 閘

⑨ 機械氣壓迴路圖之設計

10 電氣—氣壓控制系統常用的電氣配件

11 基本電氣—氣壓迴路圖設計

12 控制氣壓缸順序運動之電氣迴路圖設計

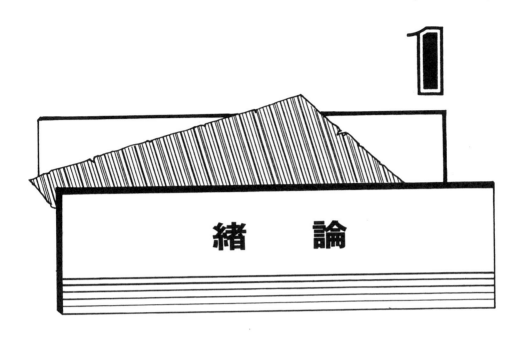

緒　論

　　氣壓學，英文術語爲 "Pneumatic" 源自古希臘文 "Pneuma"。"Pneu-ma" 其原義爲氣息或風，在哲學中可引伸爲靈魂的意思。因此 "Pneumatic" 其含義爲研究空氣運動及空氣現象的一種學問。

　　在人類科學文明的歷程裏，氣壓應用的介入可遠溯自數千年前，如古代之帆船、風車等卽利用空氣之風力來推動。而根據歷史的推測最早利用氣壓技術者爲希臘 KTESIBIOS，他曾於二千年前利用空氣壓縮增大力量的原理製造了一門弩砲，以產生較遠之射程。此後經過幾個世紀，一直不斷有軍事上的新發明。Pascal、Guericke，以及 Papin 等人可說爲使用氣壓及油壓的先驅者。不過約在一百多年前，氣壓才被引用到動力工程的領域。西元 1860 年，由於阿爾卑斯山隧道之開鑿，技術人員發明了沒有爆炸危險又可在常溫下作業之氣鑽，此乃氣壓技術之一大進步。1888 年法國人在巴黎建造了一座中央系統空氣壓縮廠，以供應巴黎地區大部份工廠使用，不過當年之壓縮空氣僅限於使用在氣錘及廻轉式工具。

　　近三十年來隨著技術之日漸普及，氣壓技術之進展更爲顯著，應用範圍也相對的擴展。在歐美、日本諸先進國家由於普遍應用空氣壓來做動力源，因此可降低成本及增進產品之品質。時至今日，愈來愈講求精密化及自動化的工程界，氣壓技術已扮演一無可或缺的角色，在任何工廠裡，各種應用氣壓系統的例子俯拾即是，我們很難找到一個可以完全摒棄氣壓動力系統的工廠。

1-1 氣壓控制系統的構成

在學習氣壓技術之前，應對氣壓控制系統有所了解。氣壓的基本控制系統如圖 1-1，其乃是將電能轉換成機械能，經氣壓產生機構（空氣壓縮機）轉換成壓力能，藉著各種控制閥（壓力、流量、方向控制閥等）將壓力能傳送到氣壓引動機構（氣壓致動器），轉換成機械能而達到作功之目的。

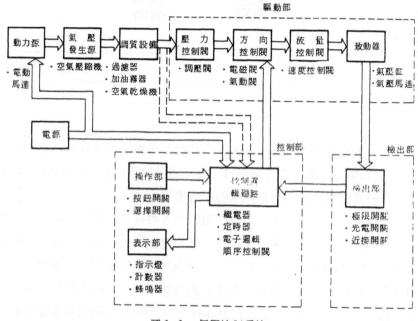

圖 1-1　氣壓控制系統

1-2 利用氣壓為控制媒介之優點

氣壓技術能夠如此快速而廣泛的被應用，此乃歸功於壓縮空氣有如下的優點：

(1) 用量：壓縮空氣所需的空氣，取之不盡，用之不虞缺乏。

(2) 輸送：經由配管可以送達 1 km 左右之距離，且不需將壓縮空氣回送，但有壓力降。

(3) 儲存：壓縮空氣可儲存在蓄氣筒內，以備隨時取用，故壓縮機可不需連續運轉。

(4) 溫度：不含凝結水的清潔空氣，一般約在 100°C 以下時皆能保證可靠的操作。（油壓約在 70°C 以下）

(5) 無爆炸危險：壓縮空氣在 10 bar 以下不會產生爆炸或着火的危險，因此不需昂貴的防爆設施。

(6) 清潔：壓縮空氣經過調理後非常清潔，即使漏氣也不會在物體上留下殘垢。

(7) 構造：氣壓零組件構造簡單，所以價格較為便宜。

(8) 速度：氣壓之工作媒介物質為壓縮空氣，其流動快速，故可得很高之工作速度，氣壓缸之工作速度可達 1～2 m / 秒。

(9) 可調節性：使用各種氣壓組件可調節致動器之速度及出力大小。如單向流量控制閥及快速排放閥可控制致動器之速度，調節調壓閥可控制致動器出力之大小。

(10) 無超載負荷危險：致動器受外力影響使負載靜止不動，無超負載之危險。

為能確實應用氣壓技術，尚需明瞭壓縮空氣之缺點：

(1) 調理：空氣中含有大量之水份及灰塵，故在使用前必須經過適當調理，以避免氣壓組件之腐蝕及磨耗。

(2) 可壓縮性：空氣為可壓縮性之氣體故不可能得到均一而等值之活塞速度，故速度之控制較難。尤以要求低速或定位精度時，更是難以控制。

(3) 出力條件：在常用工作壓力 7 bar 之下，出力界限因行程距離及速度不同而限於 20000～30000 牛頓之間。

(4) 排放空氣：排放空氣易造成噪音，故必須加裝消音器以維護工作環境之品質。

(5) 成本：壓縮空氣為一種比較昂貴的能源傳遞方法，但可為廉價的氣壓零組件來作抵償。

1-3　氣壓使用範圍的分類

氣壓在低出力的工作範圍，已被證實為最經濟有效的方式，因此氣壓在目前依使用的壓力範圍可分為：

(1) 低壓系統：僅作控制目的使用，如流子元件使用壓力範圍爲 20～350 mbar，有移動零件之邏輯元件使用壓力範圍爲 1.8～3.5 mbar。

(2) 中壓系統：壓力範圍從 3～8 bar，爲傳統氣壓，一般使用壓力在 5～6 bar 之間，出力在 30000 N 以下。

(3) 高壓系統：壓力範圍在 10 bar 以上，爲特殊之氣壓系統使用，甚不經濟，故若需大出力均採用油壓或氣—油合併之裝置。

※1-4　氣壓在工業上的應用範圍

應用氣壓的機械和裝置，所涉及的範圍是相當廣泛的。應用的範圍，大致如下：

1. 往復運動的機器

- 氣鎚。
- 氣動鑿岩機。
- 混凝土軋碎機。
- 其它。

2. 旋轉運動的機器

- 氣動磨機。
- 氣鑽。
- 氣動圓鋸。
- 氣動螺絲刀。
- 其它。

3. 工具機、一般機械和裝置

- 氣動夾頭。
- 氣動老虎鉗。
- 夾緊裝置。
- 移動物品的機構。
- 氣壓機。
- 其它。

4. 其它

- 搬送裝置（空氣輸送機、傳送管）。
- 空氣彈簧。
- 測定機器（空氣測微器）。
- 其它。

※1-5　低成本自動化之架構

「自動化」一詞到現在爲止，還沒有一個完善而被大家公認的定義，有些專家認爲自動化需有自動控制，有些甚至認爲一條連續性的自動生產系統才能稱爲自動化。在此我們以荷蘭專家狄葛各特先生（Mr. Rijn De Groot）在其「開發中工業之自動化」（Automation in Developing Industry）一書中，對於自動化之敍述，應用範圍較廣且易為人所接受，他認為自動化不論工廠大小，產量之多少，也不拘於時間或短期內之科學與技術發展，因此自動化的觀念應該是：「利用自動控制系統、機械、工具等從事（或發展）生產，度量、檢驗、管理、控制或計算等之方法，亦卽自動化係指在一相當時間內，部份或全部操作不須人力為之。」

明白了自動化的含意再談何謂低成本自動化？「低成本」是很難以金額之

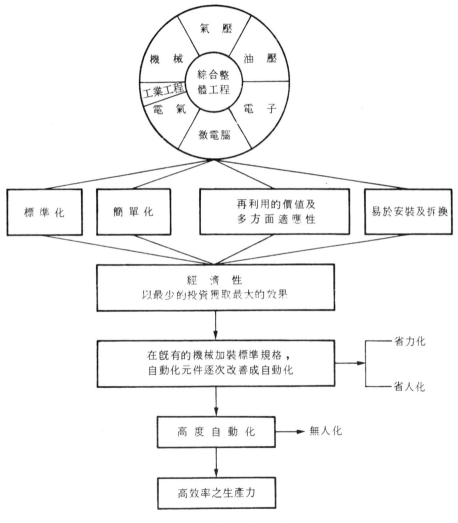

圖1-2 低成本自動化之構架

表1-1 自動化控制媒體特性比較

	機 械 式	電 氣 式	電 子 式	油 壓 式	氣 壓 式
輸出力量	中 等	中 等	很 小	很 大（達10噸以上）	大（約3噸以下）
作動速率	低	很 高	很 高	稍 高（約1m/sec）	高（約10m/sec）
訊號反應速率	中 等	很 高	很 高	高	低
位 置 控 制	很 好	很 好	很 好	好	不 好
遙 控	不 好	很 好	很 好	很 好	好
安裝的限制	很 大	小	小	小	小
速 度 控 制	不 好	很 好	很 好	很 好	好
無 段 變 速	不 好	好	很 好	很 好	好
元 件 構 造	普 通	稍 複 雜	複 雜	稍 複 雜	簡 單
動力源中斷時	無 法 作 動	無 法 作 動	無 法 作 動	附蓄壓器時稍 可 作 動	稍 可 作 動
配線、配管	（無）	比 較 簡 單	複 雜	複 雜	稍 複 雜
保 養 需 求	高	中 等	中 等	中 等	低
保 養 技 術	簡 單	需 要 技 術	特別需要技術	簡 單	簡 單
危 險 性	幾 乎 沒 有	需注意漏電	幾 乎 沒 有	注意引火性	幾 乎 沒 有
體 積 大 小	大	中 等	小	小	小
環境　溫 度	普 通	高時要注意	高時要注意	普 通（約70℃以下）	普 通（約100℃以下）
濕 度	普 通	高時要注意	高時要注意	普 通	注意凝結水
腐蝕性	普 通	大時要注意	大時要注意	普 通	注意氧化
震 動	普 通	大時要注意	特大時注意	不 必 擔 心	不 必 擔 心
構 造	普 通	稍 複 雜	複 雜	稍 複 雜	簡 單
價 格	普 通	稍 貴	貴	稍 貴	普 通

數字來訂標準的，一個企業認為是低成本，但是另一個可能因超過其能力而認為是高成本。歐美國家對於低成本自動化有不同的稱謂，例如局部自動化（sopt automation）或接近自動化（approaching automation），但是現在幾乎皆以低成本自動化稱呼之。

所謂低成本自動化（L.C.A）乃是人工作業改為自動化作業後，單位產品所攤分的自動化投資較低者。就狹義而言，在既有之人工操作機械上，投入少許資本，購買標準規格之自動化控制元組件，將其改成自動或半自動機械。就廣義而言，利用各種標準規格之自動化控制元組件，構成自動化作業系統或機械，雖然投資金額較大，然因產量增加，故每單位產品的成本因而降低。

工業上實行自動化之目的，不外乎是降低生產成本、提高生產力、減少人力、減少時間之消耗、提高產品品質、減少工作危險等，而我國之企業大致以中小企業為多，故實行低成本自動化更是刻不容緩。低成本自動化通常分為氣壓、油壓、電子、微電腦、電氣、機械、工業工程七種，其構架如圖1-2。現在的自動化系統，通常將兩種或數種方法結合為一個系統，例如油壓及電氣，或油壓及空壓，不同系統的綜合體，常能適應特種需求。

1-6 自動化系統之比較

為有效設計一個優良之自動化系統，必須對自動化的媒體特性有所認識，因此將各種媒體之特性，列如表1-1，作一比較。

習 題

1-1 何謂氣壓學？

1-2 簡述氣壓控制系統之構成。

1-3 簡述壓縮空氣之優缺點。

1-4 氣壓依壓力使用範圍分類可分為那三大類？

1-5 依你所知氣壓可應用在那些產業上？

1-6 簡述自動化之含義？自動化之目的為何？

1-7 何謂低成本自動化？可分為那七種？

心得筆記

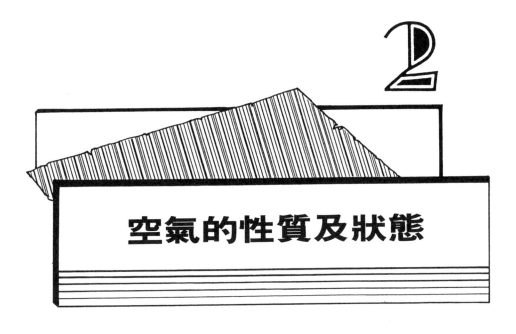

空氣的性質及狀態

地球之周圍為大氣所包圍，大氣之濃度和距離地球表面之遠近有關，一般而言，離地球表面越高則越稀薄，一直到距地面約1000公里處，地心引力等於地球自轉所產生的離心力為止，為大氣層之厚度。然平常我們所說的空氣，指的是離地面15公里以內之對流層而言。

氣壓控制所用的媒體平常均為空氣，因此對身為氣壓工程師或初學氣壓技術者必須對空氣有一比較具體的了解。

2-1　空氣之物理性質

空氣屬於流體的一種，依空氣在不同之溫度、壓力及濕度等條件下可分為三類即自由空氣（free air）、正常狀態空氣（normal air）及標準狀態空氣（standard air）。自由空氣即吾人生活於地球上之空氣狀態而言，隨著標高、氣壓、溫度、位置、時間而會變化，因此自由空氣用作空氣壓縮機之基準值是不正確的。

在此對正常狀態空氣及標準狀態空氣說明如下：

(1)　正常狀態空氣：指溫度在0°C，絕對壓力760mm-Hg狀況下之乾燥空氣，此狀態之空氣其比重量爲 $1.3\,kg/m^3$ 。

(2) 標準狀態空氣：指溫度在 $20°C$ ，絕對壓力 $760\,mm\text{-}Hg$ ，相對濕度爲 75% 之空氣，此狀態之空氣其比重量爲 $1.20\,kg/m^3$ 。

正常狀態之空氣爲推論空氣壓機器之容量、效率、性能之基本值。因此氣壓控制所使用之空氣體積均指明在"正常狀態"。在正常狀態下之體積單位通常都加註符號"N"，以表示在正常狀態之體積，例如空氣消耗量單位 Nm^3/min 等。

大氣中除了氧、氮及微量的二氧化碳、氫、氬、氖、氦及氙之外，尙含有水蒸氣及其他微量氣體、塵埃及浮游的微生物等。於正常狀態下之乾燥空氣中，空氣的組合標準成份如表2-1所示。

表 2-1　正常狀態空氣的組合成份

元素　組成%	N$_2$	O$_2$	Ar	CO$_2$	Ne	He
體　積　組　成	78.09	20.95	0.93	0.03	0.0018	0.00052
重　量　組　成	75.52	23.15	1.28	0.46	0.0012	0.00007

※2-2　與氣體壓力、體積和溫度有關之定理

1. 波義爾定理（Boyles law）

「在等溫情況下，某一定量之氣體其體積和絕對壓力成反比」，即

$$P_1 V_1 = P_2 V_2 = 常數 \tag{2-1}$$

2. 查理定理（Charles law）

「在等壓情況下，一定量之氣體其體積和其所存在之絕對溫度成正比」，即

$$\frac{V_1}{V_2} = \frac{T_1}{T_2} = 常數 \tag{2-2}$$

在等壓之下，空氣被加熱升高溫度 $1°K$ ，其體積亦膨脹增加 $1/273$ ，故 (2-2) 式亦可如下表示：

$$V_2 = V_1 + \frac{V_1}{273}(T_2 - T_1) \qquad (2\text{-}3)$$

3. 給呂薩克定理（Gay-Lussac's law）

「在等容情況下，一定量的氣體其絕對壓力與絕對溫度成正比」，即

$$\frac{P_1}{T_1} = \frac{P_2}{T_2} \qquad (2\text{-}4)$$

4. 理想氣體方程式

將查理定理、波義耳定理、給呂薩克定理合併為一式時，即理想氣體方程式。

$$PV = MRT \qquad (2\text{-}5)$$

其中　　P：氣體壓力（bar）　　　　M：氣體質量（kg）

　　　　V：氣體體積（m³）　　　　T：絕對溫度（K）

　　　　R：氣體常數，對空氣而言，$R = 29.27\,\text{kg·m/kg·°K}$

對一封閉系統而言，系統內之氣體質量保持不變，即 M 為一常數。而 R 亦為常數，所以 MR 為常數，故（2-5）式亦可表示為：

$$\frac{P_1 V_1}{T_1} = \frac{P_2 V_2}{T_2} = 常數 \qquad (2\text{-}6)$$

例題　在內部體積為 2 m³ 的壓縮空氣鋼瓶內灌裝壓力 6 bar、溫度 298K（25°C）的壓縮空氣，問鋼瓶內裝空氣之正常體積為何？

解　第一步驟：

　　　換算至壓力 1.013 bar

　　　根據波義耳定理：

　　　　　$P_1 V_1 = P_2 V_2$

　　　　　$V_1 =$ 壓力 P_1 的體積

　　　　　$P_1 = 1\,\text{bar}$（在正常大氣壓力）

　　　　　$V_2 = 2\,\text{m}^3$

　　　　　$P_2 = 6 + 1 = 7\,\text{bar（abs）}$

$$V_1 = \frac{P_2 V_2}{P_1} = \frac{7 \times 2}{1} = 14\,\mathrm{m}^3$$

第二步驟：

換算至溫度 273K（0°C）

體積膨脹公式為

$$V_o = V_1 + \frac{V_1}{273}(T_o - T_1)$$

$V_o = $ 在 T_o 的體積

$T_o = 273\mathrm{K}$（正常溫度）

$V_1 = 14\,\mathrm{m}^3$

$T_1 = 298\mathrm{K}$

$$V_o = 14 + \frac{14}{273}(273 - 298)$$

$$V_o = 12.7\,\mathrm{Nm}^3$$

故鋼瓶內空氣的體積為 $12.7\,\mathrm{Nm}^3$

※2-3　空氣流速與壓力之關係

2-3-1　連續定理

　　流體在管路中流動時，如圖2-1所示，管路中①的部份和②的部份其截面積不同，但以穩定流流經①和②的流量是相同的。如果流經②的流量比①的流量少，則表示流體在②被壓縮而壓力產生變化。故在非壓縮性流體，流量 Q 可以下式表示。

$$Q = A_1 V_1 = A_2 V_2 = \text{一定} \tag{2-7}$$

此種關係即是所謂的連續定理。

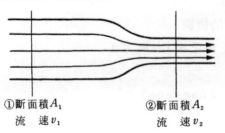

①斷面積 A_1　　　　　　②斷面積 A_2

流　速 v_1　　　　　　　流　速 v_2　　　　圖2-1　連續流

2-3-2　柏努利定理

無粘性的流體以穩定流流經管路時，用柏努利定理表示壓力和流速之關係（圖2-2）。即

$$\frac{P_1}{\rho_1} + gz_1 + \frac{V_1{}^2}{2} = \frac{P_2}{\rho_2} + gz_2 + \frac{V_2{}^2}{2} \qquad (2\text{-}8)$$

式中P_1、ρ_1、V_1、z_1代表截面①處流體之壓力、密度、速度及高度；P_2、ρ_2、V_2、z_2代表截面②處流體之壓力、密度、速度及高度。對同一水平之兩截面，$z_1 = z_2$，故上式簡化為：

$$\frac{P_1}{\rho_1} + \frac{V_1{}^2}{2} = \frac{P_2}{\rho_2} + \frac{V_2{}^2}{2}$$

所以

$$V_2 = \sqrt{2\left(\frac{P_1}{\rho_1} - \frac{P_2}{\rho_2}\right) + V_1{}^2} \qquad (2\text{-}9)$$

對非壓縮性流體而言 $\rho_1 = \rho_2$，所以

$$V_2 = \sqrt{\frac{2}{\rho}(P_1 - P_2) + V_1{}^2} \qquad (2\text{-}10)$$

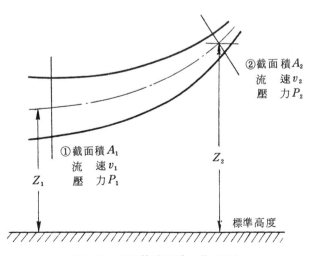

②截面積A_2
流　速v_2
壓　力P_2

①截面積A_1
流　速v_1
壓　力P_1

Z_2

Z_1

標準高度

圖2-2　流經管路流體之狀態變化

因此由（2-10）式可知，對沒有阻力的穩定流，如果流體之壓力增高則流速降低；如流體的壓力降低，則流速增高。

2-4 與氣壓有關之常用物理單位

為了使物理單位統一與定義明確，世界各國之科學家及工程師們均同意一公定之制度，謂之 " 國際單位系統 "（International System of Units）簡寫為 SI。

表 2-2、表 2-3 列出 " 技術單位系統 " 與 " SI 單位系統 " 之基本單位及導出單位相互間之對照，讓讀者能夠有所了解。

" SI 單位系統 " 與 " 技術單位系統 " 單位間之相關性以下公式聯繫。

表 2-2　基本單位

單　位	符號／縮寫字母	技　術　單　位　系　統	SI　　　系　　　統
長	l	公尺（m）	公尺（m）
質　量	m		公斤（kg）
力	F	Kilopond（Kp）	—
時　間	t	秒（S）	秒（S）
溫　度	T	攝氏（°C）	Kelvin（K）

表 2-3　導出單位

單　位	符號／縮寫字母	技　術　單　位　系　統	SI　　　系　　　統
質　量	m	$\left(\dfrac{Kp \cdot S^2}{m} \right)$	
力	F	—	牛頓（N），$1N = \dfrac{1kg \cdot m}{S^2}$
面　積	A	平方公尺（m²）	平方公尺（m²）
體　積	V	立方公尺（m³）	立方公尺（m³）
流　量	Q	（m³／秒）	（m³／秒）
壓　力	P	（Kp/cm²）	Pascal（Pa）　$1Pa = \dfrac{1N}{m^2}$
			巴（bar）　$1bar = 10^5 \, Pa$

牛頓定理　力＝質量×加速度

$$F = m \cdot a \text{（}a\text{可由}g\text{取代）}$$

重力加速度 $g = 9.81\,\text{m/秒}^2$

1kg是一標準的質量，亦等於1公升質量的水在4°C時的重量。

1kp乃是將1kg質量靜置在一平面上加於該平面的力。

質　量　　$1\text{kg} = \dfrac{1}{9.81}\,\dfrac{\text{kp} \cdot \text{s}^2}{\text{m}}$

力　　　　$1\text{kp} = 9.81\,\text{N} \approx 10\text{N}$

溫　度　溫度差：$1°\text{C} = 1\text{K}$（Kelvin）

　　　　　零　點：$0°\text{C} = 273\text{K}$（Kelvin）

壓　力　常用壓力單位敘述如下：

1. 大氣壓，at（在技術單位系統的絕對壓力）

$$1\,\text{at} = 1\,\text{kp/cm}^2 = 0.981\,\text{bar}$$

2. Pascal，Pa
Bar，bar （SI單位系統的絕對壓力）

3. 物理的大氣壓，atm（在物理單位系統中的絕對壓力）

$$1\,\text{atm} = 1.02\,\text{at} = 1.033\,\text{bar}$$

4. mm水銀柱高，mmHg（相當於壓力的Torr單位）

$$1\,\text{mmHg} = 1\,\text{Torr}$$

$$1\,\text{at} = 736\,\text{Torr}，1\,\text{bar} = 750\,\text{Torr}$$

5. mm水柱高，mmWs

$$10000\,\text{mmWs} = 1\,\text{at} = 0.981\,\text{bar}$$

2-5　大氣壓力、錶壓力與絕對壓力之關係

地球周圍的空氣稱爲大氣，由大氣的重量所生之壓力稱爲大氣壓力。我們

生活在絕對壓力 $1.03 \text{kgf}/\text{cm}^2$，通稱爲大氣之空氣中。根據托里拆利實驗所得，在緯度 $45°$ 的海平面上，溫度爲 $0°C$ 時的大氣壓力恰可支持約高 $760\,\text{mm}$ 的水銀柱高，如圖 2-3，即等於 $1.0336\,\text{kgf}/\text{cm}^2$ 的壓力。

因爲地球上萬物均承受有大氣壓力，且此壓力無法感覺出來，因此可對大氣壓作一條基線，其他氣壓則根據與此基線的差異來命名（參考圖 2-4），其關係如下：

(1)　絕對壓力＝大氣壓 $\begin{matrix} +（壓力計之讀數）\\ -（眞空計之讀數）\end{matrix}$

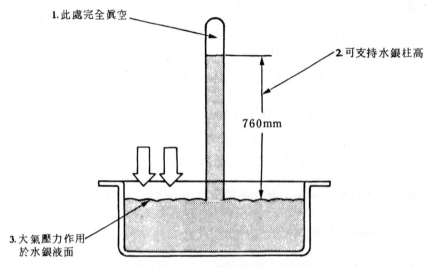

圖 2-3　托里拆利實驗

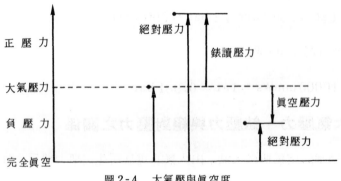

圖 2-4　大氣壓與眞空度

(2)　眞空＝比大氣壓爲低之特定空間狀態。

(3)　錶壓力＝比大氣壓力爲高之壓力讀數。

　　在油壓或氣壓技術常應用的爲錶壓力，錶壓力常以一個大氣壓力作爲參考點，一個大氣壓力爲錶壓力之零點。

2-6　空氣之濕度與露點

　　前已述及空氣是由氮氧等元素所組成，並含有塵埃及氣壓控制中相當惱人的水份。圖2-5所示係指在1atm壓力下，每立方公尺之空氣在不同之溫度下，所能含有之最大水蒸汽量。一般而言，壓力增加則空氣吸收水份能力增加，但是壓力由大氣增加到100bar（G）時，飽和水蒸汽量大約只增加10％左右，而在20bar（G）以內時，則只增加數％而已，何況在氣壓工程上常用的壓力爲4bar～8bar，故我們可以說「空氣中所含之飽和水蒸汽量並不受壓力之影響，而只受溫度之影響。」

　　圖2-5亦是空氣的露點表。在某一溫度某一壓力之下，空氣中所含之水蒸汽量如未達露點表所示之飽和量時，如把溫度降低，卽可達到露點表所示之飽和量，此時的溫度，卽是空氣的 " 露點 "，故露點可解釋爲空氣飽含水份時（卽100％的濕度）的溫度，爲表示空氣乾燥度的方法之一。空氣之溫度降到露點以下，卽有或多或少的水滴凝結出來。

　　相對濕度亦是表示空氣乾燥度方法之一。相對濕度因空氣溫度及氣候狀況而異。相對濕度之定義如下：

$$相對濕度 = 100 \cdot \frac{絕對濕度}{飽和量} \%$$

　　式中絕對濕度爲 $1\,m^3$ 空氣中所含水份之量。飽和量則爲 $1\,m^3$ 空氣在所述溫度下能夠吸收水份之量。空氣在不同溫度的飽和量可由圖2-5查得。

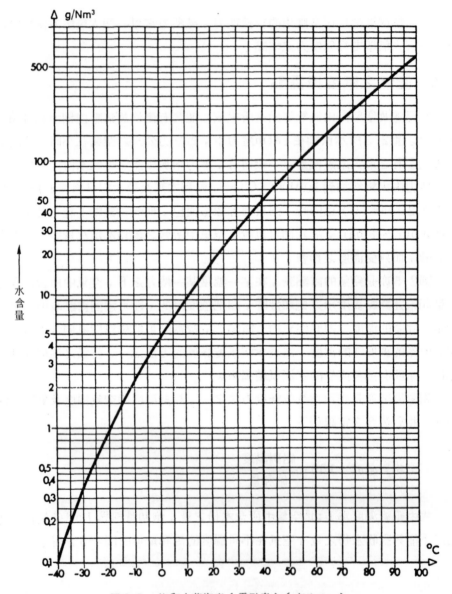

圖 2-5 飽和水蒸汽表（露點表）（在 1atm）

習　題

2-1　何謂正常狀態空氣？標準狀態空氣？

2-2　簡述空氣的組合成份？

2-3　某一可壓縮性流體流經一不規則截面的管子，請問其連續定理該如何表示？

2-4　簡述大氣壓力、錶壓力與絕對壓力之關係。

2-5　何謂露點？相對濕度？絕對濕度？

2-6　體積為 $0.8\,m^3$ 時的溫度為 $20°C$，經加熱後，使溫度上升到 $71°C$ 時，問空氣膨脹後的體積為若干？

心得筆記

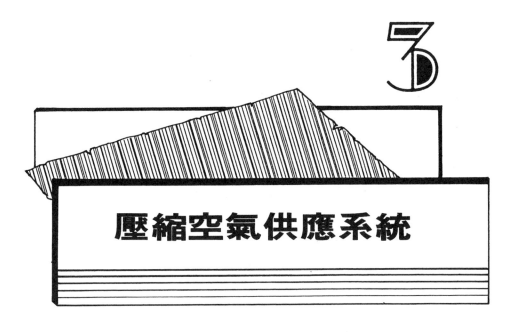

壓縮空氣供應系統

一般而言，壓縮空氣供應系統包括壓縮空氣的產生與貯存、壓縮空氣的乾燥處理、壓縮空氣之調理、整廠配氣管路設計。本章節將對此一系統作一詳細之說明。

3-1　壓縮空氣的產生

在工業應用上，我們常使用到壓縮機（compressor）、鼓風機（blower

圖 3-1　空氣壓縮機

）或風扇（ fan ），其目的，皆是將大氣變成"壓縮空氣"。至於如何區別這三種產生"壓縮空氣"的機器呢？主要是以壓縮能力的大小來區分。壓縮力在 1 bar 以上稱為壓縮機，0.1 至 1 bar 間稱為鼓風機，0.1 bar 以下稱為風扇。

在氣壓控制系統中，壓縮機為不可缺少的工具，其功能好比人類的心臟，為氣壓控制系統中產生壓力的來源。圖 3-1 為一空氣壓縮機的實體圖。

3-1-1 壓縮氣廠

通常一部油壓裝置的機械皆擁有一套油壓動力源，然各種氣壓傳動及氣壓控制所需的壓縮空氣均借著管線由壓縮氣廠引導而來。

壓縮氣廠可以為可動型或固定型，主要是依工作環境而定。可動型壓縮氣廠大致均只有一部空氣壓縮機，主要用於建廠工程或經常更換位置之機器。而固定型壓縮氣廠的壓縮空氣產生設備皆有一專用廠房擺置而不隨意移動，其壓縮空氣產生設備隨壓縮空氣品質的要求而有所不同。大多數固定型壓縮氣廠皆含有很多配氣點的配氣網。

預估工廠的擴充，壓縮氣廠的設計必須考慮往後空氣消耗量的增加。圖 3-2 為一壓縮氣廠的典型設備。

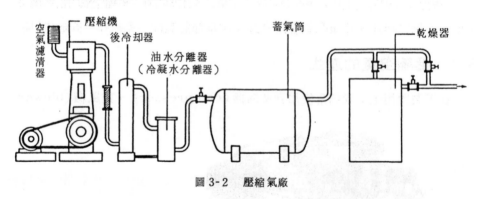

圖 3-2　壓縮氣廠

3-1-2 壓縮機的種類

壓縮機依其作動原理可分為如下兩大類：

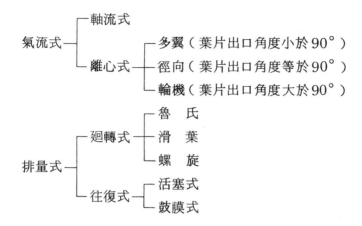

```
氣流式 ┬─ 軸流式
       │
       └─ 離心式 ┬─ 多翼（葉片出口角度小於90°）
                 ├─ 徑向（葉片出口角度等於90°）
                 └─ 輪機（葉片出口角度大於90°）

排量式 ┬─ 廻轉式 ┬─ 魯　氏
       │         ├─ 滑　葉
       │         └─ 螺　旋
       └─ 往復式 ┬─ 活塞式
                 └─ 鼓膜式
```

表 3-1　送風機、壓縮機之分類表

名　稱		送　　風　　機		壓　縮　機	
		送風機	鼓風機		
種類/壓力		0.1bar 以下	0.1bar～1bar	1bar 以上	
氣流式	軸流式 軸流				
	離心式 多翼				
	徑向 輪機				
排量式	廻轉式 魯氏				
	滑葉 螺旋				
	往復式 往復				

　　排量式壓縮機是將空氣引導到一個封閉的空間中，爾後利用機件的移動，使封閉空間由大變小而使空氣之壓力上升。氣流式壓縮機（dynamic compressor）則是利用轉動的輪葉使空氣快速流動，通過升壓器（diffuser）使空氣的動能轉變爲壓力能而將空氣之靜壓力提高。

　　表3-1爲送風機、壓縮機之分類表。

1. 往復式活塞壓縮機

　　此乃利用活塞在汽缸內來回移動吸入氣體並加以壓縮，爲目前使用最廣的壓縮機。壓縮空氣輸出量可由幾個Nm³/min到200Nm³/min左右；輸出壓力則和級數有關，如圖3-3爲單級往復式活塞壓縮機，最高輸出壓力可達12 bar，最佳輸出壓力爲4 bar以下。圖3-4爲雙級往復式活塞壓縮機，兩個活塞之間加了冷却器以提高壓縮機之效率，所用冷却器有水冷式和氣冷式兩種。其最高輸出壓力可達30 bar、最佳輸出壓力爲15 bar以下；至於爲特殊功能設計的多級式活塞壓縮機其最高輸出壓力可達220 bar，最佳輸出壓力爲15 bar以上。

　　往復式活塞壓縮機因有衝程，因此會有浪壓現象產生。且承載的地基必須較爲堅固。

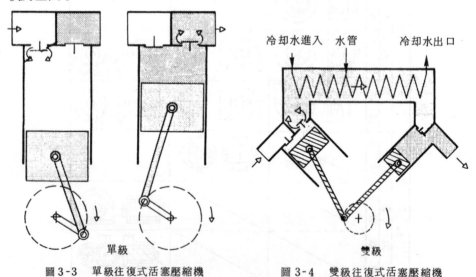

| 單級 | 雙級 |
| 圖3-3　單級往復式活塞壓縮機 | 圖3-4　雙級往復式活塞壓縮機 |

2. 鼓膜式活塞壓縮機

　　依鼓膜被作動的方式可分爲機械作動型和液壓作動型。圖3-5係機械作動

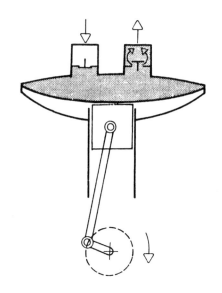

圖3-5　鼓膜式壓縮機

型鼓膜式壓縮機。機械作動型的鼓膜材料係採用合成橡膠，而液壓作動型鼓膜的材料多由金屬薄片製成，故其輸出壓力較機械作動型稍高。

　　鼓膜式活塞壓縮機其壓縮空氣輸出量小於 1 Nm³ / min，輸出壓力較低，但其構造簡單，可直接由馬達或油壓泵驅動，且壓縮空氣不與含滑油的往復機件接觸，故可得到不含油份的壓縮空氣，很適用於需要保持清潔的造紙、成衣、食品、醫藥、化學等工業。

3. 滑動葉片式壓縮機

　　如圖3-6。在壓縮機的本體內，有一馬達帶動的轉子，轉子的中心和壓縮機外殼的內表面中心有一偏心量，此偏心量爲決定每轉的輸出量。在轉子上面嵌有滑動的葉片，當轉子迴轉時，由於離心力的作用使與機殼緊密接觸，使兩片滑動葉片間形成一密閉的空間。轉子迴轉時，空氣吸入口處之密閉空間逐漸由小變大，故產生吸入作用，而在輸出口，密閉空間由大變小，故產生壓縮空氣排出。

　　滑動葉片最多 12 片，被磨耗後有自動補償的功能，且輸出壓縮空氣壓力之脈動較小，故輸出平穩。

　　滑動葉片式壓縮機輸出量可高達1500Nm³/min，輸出壓力在 0.15～8 bar左右，效率較往復式低，且振動小，不需堅固的地基。最適合於低使用率的場合。

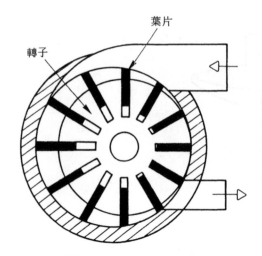

圖3.6 滑動葉片式壓縮機

4. 螺旋式壓縮機

如圖3-7。有一對雌雄回轉軸,當大氣被吸入後卽被雌雄螺旋封住而往出口送並同時進行壓縮,到達設定之壓縮比後卽由輸出口排出,輸出口壓力之脈動小,故運轉平穩、噪音小,可作高速運轉。

螺旋式壓縮機空氣之輸出量可達2~120Nm³/min,輸出達為0.8~42bar左右。又因沒有進氣閥門及排氣閥門,故構造比往復式簡單。單級壓縮時其壓縮比為3.5:1到5:1,雙級壓縮時其壓縮比約為12:1。

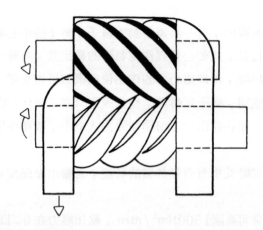

圖3-7 螺旋壓縮機

5. 蚉式鼓風機

如圖3-8。有兩個狀似花生形狀的回轉子,在機殼內以相反方向運轉,高

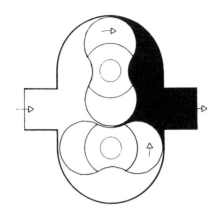

圖 3-8　魯氏鼓風機

速運轉下可得大的容積效率，其壓縮比在1.7以內。常用於柴油引擎的排除廢氣或進氣增壓器內。

6. 徑流式壓縮機

即一般所謂離心式壓縮機，圖3-9為其構造。在機體內有一高速旋轉的葉輪，在各葉片間空氣被葉輪帶動，以高速拋離葉片梢而進入升壓環。升壓環位於葉輪外圓側，順著壓縮空氣流動之方向，升壓環的斷面積逐漸增大，因而導致壓縮空氣之流速逐漸降低，壓力得以逐漸升高。在葉輪轉動時在其中心附近形成真空，因而產生吸氣的功能。

徑流式壓縮機輸出風量大，輸出風量達到57Nm³/min時才能達到經濟使用的範圍；輸出壓力不高，在低輸出壓時，效率往往比往復式高。在高速運轉時易生噪音，故必須注意隔音設備。一般常用在製鐵業、礦場及化學工業等。

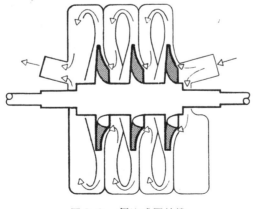

圖 3-9　徑流式壓縮機

7. 軸流式壓縮機

如圖 3-10 ，其壓縮原理和徑流式類似，同是利用升壓器將高速流動的空氣之動能轉變爲壓力能，藉以提高空氣之靜壓力。軸流式壓縮機內空氣沿著轉軸方向流動，而徑流式壓縮機內空氣沿著輪葉流動。軸流式壓縮機主要構造是由一個略呈圓錐形轉子，與轉子形狀配合的外殼及兩者間的很多小葉片組合而成。在轉子圓周側與轉軸垂直的多個圓周上，裝有很多排列整齊的小葉片，此等小葉片隨轉子轉動，另外在外殼內側與轉軸垂直的多個圓周上亦裝有很多排列整齊的小葉片，與轉子上的小葉片交互相隔。

軸流式壓縮機可輸出大量的壓縮空氣，輸出量可達 $1000 \sim 8300\,\mathrm{Nm^3}/$ min ，然其高速運轉時噪音大，宜注意。一般常用在礦場、碎石場及噴射引擎等機器之高排量設備上。

介紹了壓縮機的種類之後，玆再將各型式壓縮機的特性整理如下：以利各位選用壓縮機之參考。

往復式：出口壓力變動時，風量幾乎不變。

　　　：效率佳。

　　　：會因機械接觸部份的磨耗而降低效率。

　　　：要潤滑油。

　　　：外形較大。

迴轉式：出口壓力變動時，風量幾乎不變。

　　　：魯氏型在高速時有噪音。

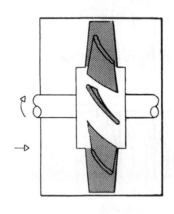

圖 3-10　軸流式壓縮機

軸流式：比徑流式可高速廻轉效率佳。

　　　　：噪音大。

　　　　：適用在低壓大風量之場合。

　　　　：不需潤滑油，可得無油氣的壓縮空氣。

　　　　：不會因磨耗而降低效率。

徑流式：比軸流式不因風量的變動而降低效率，其他特點和軸流式同。

　　今後壓縮機型之發展大致朝大的壓縮空氣輸出、機械的小型化、輕量、高速化及防止油霧的污染等方向著手。

※3-1-3　壓縮機的選擇

　　3-1-2節已對各種類壓縮機之構造、特性做一說明，再配合本節所列事項使各位讀者或工程師依據工作上的需要選擇適當的壓縮機。

一、由輸出壓力和輸出量選定

　　壓縮機之型式與大小，主要是由氣壓系統的空氣消耗量及工作壓力而定。首先談到壓縮機的輸出量即其輸出壓縮空氣的體積，單位為 Nm^3/min 或 Nm^3/hr 。輸出量有兩種，即

1. 理論輸出量＝衝程體積與衝程循環數的乘積。

2. 有效輸出量＝理論輸出量與體積效率的乘積。

　　我們只關心壓縮機的有效輸出量，但是有些壓縮機製造廠商只標示理論輸出量，在這種情況之下，如為單級式，有效輸出量為理論值×57％；如為雙級式，則×66％較適當。

　　選用壓縮機時，以實際空氣消耗量來決定壓縮機之大小。實際空氣消耗量包含：

1. 作動氣壓系統之空氣消耗量。

2. 考慮未來擴充時所需增加的空氣消耗量。

3. 10％～20％漏氣的額外裕量。

4. 其他，如配管的長短、機器的效率等。

　　至於壓縮機的輸出壓力有工作壓力和操作壓力兩種。工作壓力即指壓縮機

出口的壓力或為蓄氣筒中的壓力以及到達使用者管路中的壓力，而操作壓力為在操作位置所需的壓力。

因此在選用壓縮機的種類、大小之前，必須先曉得系統之實際空氣消耗量及系統所需之工作壓力，兩者曉得之後再參考表3-2，即可初步得到必須採用那一種類的壓縮機。例如空氣消耗量在 8.5 Nm³/min 以下，且工作壓力在 7 bar 以下時宜採用單級往復式活塞壓縮機。

二、壓縮機的台數

選定壓縮機時，尤以在空氣需求量大的氣壓設備中，到底買一台大型容積的壓縮機或買兩台中型容積的壓縮機而傷透腦筋。當然如以考慮故障停機損失為主則以兩台為最佳方式。

三、馬達的負荷週期

所謂負荷週期即

$$負荷週期＝\frac{空氣之消耗量（Nl/min）}{壓縮機空氣輸出量（Nl/min）}\%$$

一般而言，負荷週期不能太低，一般定為 50 %。負荷週期之大小和壓縮機之壽命有關，如果負荷週期太低，則高頻率的起動—停止操作，會使馬達因過熱而燒毀，壓縮機製造廠商通常限定起動—停止操作每小時不可超過 10 次。

四、給油式、無給油式

到底採用給油式壓縮機或無給油式壓縮機，此和工作條件有關，例如在塗裝工廠、食品工業、製藥工業等嚴禁壓縮空氣受油污染的場合，宜採用無給油式壓縮機。給油式壓縮機氣缸內之潤滑油可防止氣缸之磨耗，防止壓縮空氣之洩漏。

五、噪　音

噪音之大小決定工作環境的品質之一。在壓縮機中以螺旋式壓縮機的噪音最低。

表 3-2

型式	級數	輸出壓力（bar）	輸量（Nm³/min）	速率（轉／分）	效率	備註
往復式	單級	可高達 7	8.5 以下		高	大多數經濟型壓縮機其輸出量高達 100 Nm³/min
	雙級	可高達 7	8.5 以上			
	多級	可高達 10	8.5 以上			
鼓膜式（機械型）	單級	4	可高達 0.7		高	震動大
	雙級	7	可高達 0.2			
滑葉式	單級	可高達 3.5	1.5～1500	250～3500（視規格大小而定）可高達 3000	比往復式稍低	水冷式在 2 bar 以上
	雙級（油冷型）	可高達 10				
	多級	可高達 8				
螺旋式	單級	可高達 4	17～550	300～25000	高	高速機械
	雙級	可高達 10 或 30				
徑流式	單級	0.5	6.5 以上	可高達 25000	小尺寸者 低	送風機
	4 級	2.0	可高達 3500		大尺寸者 高	水冷方式
	5 級	2.0	常用 170～3000			每級之壓縮比為 1.5 至 1.6
	多級	7.0	可高達 3000			
	多級串聯	2.0 以上				
軸流式		視需要而變動	視需要而變動		高	輸出量愈大，效率愈高

六、驅動方式

壓縮機可利用馬達驅動或內燃機驅動。在工廠內大多數壓縮機皆以電動馬達驅動，而在非固定的壓氣廠則以內燃機驅動。

七、壓縮空氣蓄氣筒的大小

壓縮空氣蓄氣筒的功用為：

1. 使壓縮空氣之供氣平穩，減少浪壓的產生。

2. 減少空氣網路中的壓力波動。

3. 作為空氣瞬間消耗需要的儲存補充之用。

4. 利用蓄氣筒之大表面積散熱使空氣中一部份的水份凝結為水，可自蓄氣筒之排水閥直接放出。

蓄氣筒之大小，可由兩種形式來考慮：

1. 使輸出壓力脈動平滑化時蓄氣筒的大小

輸出壓力脈動率在 2% 以下時，依據 JIS 空氣壓工學便覽採用公式如下：

$$V = 200 \frac{V_c}{r}$$

式中 　　V：蓄氣筒內之容積（m³）

　　　　V_c：全部活塞單一行程之容積（m³）

　　　　r：壓縮比 $= \dfrac{輸出口絕對壓力}{輸入口絕對壓力}$

例題 為使往復式壓縮機的輸出壓力脈動平滑，求蓄氣筒之大小 V。已知壓縮機活塞之單一行程容積為 $0.0012\,\mathrm{m}^3$，輸出空氣之壓力為 4 bar。

解 　$r = \dfrac{4+1}{1} = 5$

　　　$V = 200 \cdot \dfrac{V_c}{r} = 200 \cdot \dfrac{0.0012}{5} = 0.048\,\mathrm{m}^3$

　　　　$= 48\,l$

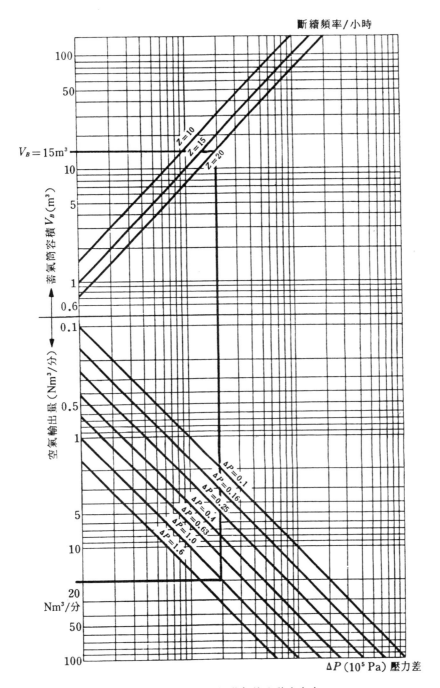

圖 3-11 斷續調節蓄氣筒容積之大小

2. 賦予壓縮機裕度和緊急供應瞬間大耗氣量的場合

此時考慮下列因素：

(1) 壓縮機空氣的輸出量。
(3) 壓縮機調節的種類。

(2) 空氣之消耗量。
(4) 空氣網路中許可壓力差。

如果壓縮機的調節採用一般最常用的斷續調節方式，其蓄氣筒容積之大小可由下式求得

$$V_B = \frac{15\,Q \cdot P}{\triangle P \cdot z}$$

式中　　V_B：蓄氣筒的內部容積（m³）

　　　　Q ：壓縮空氣之輸出量（Nm³/分）

　　　　P ：進氣壓力（絕對壓力，通常以 1 bar 為標準）

　　　　$\triangle P$：允許之壓力差（bar）

　　　　z ：壓縮機每小時斷續循環次數

通常由公式計算稍嫌複雜，故可由圖 3-11 求得蓄氣筒之大小。

例題　壓縮機輸出量為 20 Nm³/分，允許壓差 $\triangle P = 1$ bar ，每小時之斷續循環數 $z = 20$ 斷續循環／小時，試求蓄氣筒之大小。

解　由圖 3-11 可得

$V_B = 15 \text{m}^3$

亦可由計算求得。

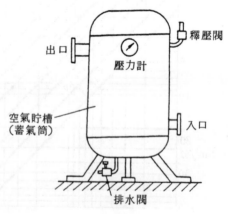

(a)直立式

圖 3-12

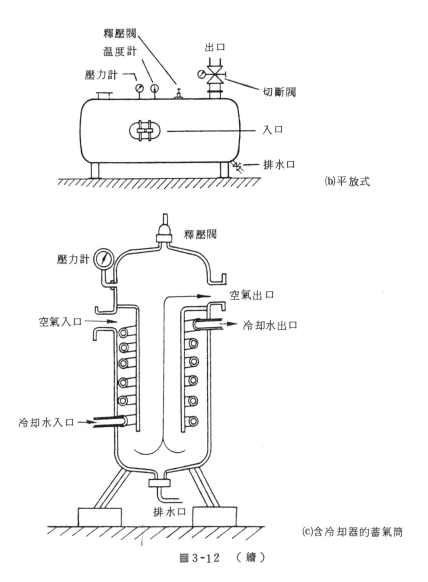

(b)平放式

(c)含冷却器的蓄氣筒

圖3-12　（續）

　　又蓄氣筒的安裝有直立式和平放式，可移動式的壓縮機為水平安裝，而固定式壓縮機因空間之關係多半是直立式安裝，如圖3-12(a)、(b)。又有的蓄氣筒含有冷却器，如圖3-12(c)。

八、調節方式

　　為了節約能源及增進壓縮機之使用壽命，壓縮機之輸出應能自動調節以適應各種不同之需要。以下就壓縮機之調節方式說明如下：

1. 無負荷調節

(1) 排放調節

　　如圖3-13，當蓄氣筒之壓力達到設定壓力時，放洩閥打開，馬達變成無負荷之運轉。

(2) 切斷調節

　　如圖3-14，當蓄氣筒之壓力達到設定壓力時，切斷壓縮機之進氣供給，於是使壓縮機在眞空狀態下運轉。此型調節方式大致運用在往復式活塞壓縮機。

(3) 握柄調節

　　如圖3-15，當蓄氣筒之壓力達到設定壓力時，握柄的操作使壓縮機之進氣閥門頂開，如此一來壓縮機便無法壓縮空氣，此種調節方式大致用在往復式活塞壓縮機。

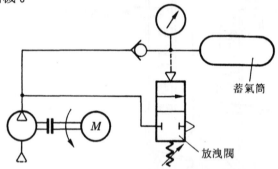

圖3-13　排放調節

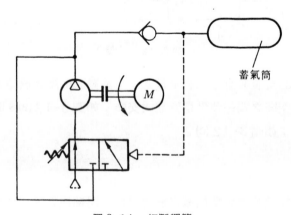

圖3-14　切斷調節

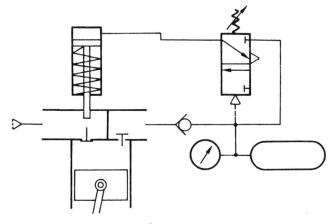

圖 3-15　握柄調節

2. 斷續調節

　　以上所述無負荷調節，當無負荷時馬達在運轉；以下所述之斷續調節（如圖 3-16），其壓縮機有兩種操作狀況（全負載或靜止）。當壓縮機之驅動馬達在壓力達到 P_{max} 時便停止，當壓力降至 P_{min} 時，馬達再度起動。通常此類調節方式後面需要有一大的蓄氣筒以免使起動太頻繁。

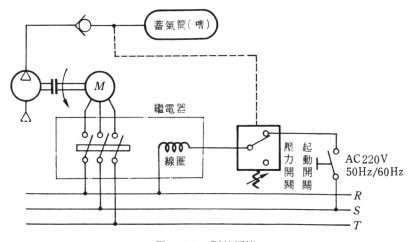

圖 3-16　斷續調節

九、驅動馬力計算

　　壓縮機驅動馬達之馬力計算如下：

1. 假設壓縮空氣產生過程為絕熱變化，理論之驅動馬力

$$L = \frac{(n+1)k}{k-1} \cdot \frac{P_1 \cdot Q_1}{60 \times 102} \left[\left(\frac{P_2}{P_1} \right)^{\frac{(n+1)k}{k-1}} - 1 \right] \text{ (kW)}$$

2. 假設壓縮空氣產生過程爲等溫變化，理論之驅動馬力

$$L = \frac{P_1 \cdot Q_1}{60 \times 102} \ln \frac{P_2}{P_1} \text{ (kW)}$$

式中　　P_1：吸入空氣之絕對壓力，kgf/cm²（bar）

　　　　P_2：輸出空氣之絕對壓力，kgf/cm²（bar）

　　　　k　：絕熱係數

　　　　n　：中間冷却器的數量

　　　　Q_1：吸入口空氣量（m³/min）

例題 某一壓縮機輸出壓力爲 7 kgf/cm²G，吸入口空氣量爲 500Nl/min，須選用理論動力爲多大之一級式往復式壓縮機？$k=1.4$

解　$L = \frac{(0+1) \cdot 1.4}{1.4-1} \cdot \frac{1.0332 \times 0.5}{6120} \left[\left(\frac{8.0332}{1.0332} \right)^{\frac{1.4}{1.4-1}} - 1 \right]$

　　　$= 0.387 \text{kW}$

　　一般而言，往復式、廻轉式，或者無中間冷却器的離心式和軸流式壓縮機均採用絕熱變化公式，而有中間冷却器的離心式和軸流式壓縮機則採用等溫公式計算。

十、冷却方式

　　壓縮機在壓縮空氣時會產生熱量，此熱量必須除去方能維持壓縮機之效率。選擇適宜的冷却方式以壓縮機所產生的熱量多少而定。

　　通常小型壓縮機係利用氣缸外部所附的鰭片除去熱量（氣冷式）（如圖 3-17 ），而較大一點的壓縮則另加風扇幫助散熱。

　　如驅動馬達之功率超過 30kW 之壓縮機，則必須在氣缸的周圍設有水套用冷却水流通來冷却（如圖 3-18 ）。

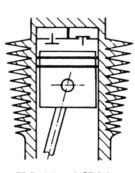

圖 3-17　空氣冷却

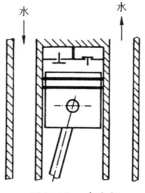

圖 3-18　水冷却

　　以上所述冷却方式其設備皆裝在氣缸之周圍。又在多級式壓縮的場合，是將前級被壓縮的空氣在中間冷却器，冷却後再送至後級。將由最終級出口的空氣冷却的設備稱爲後冷却器（after-cooler）。

　　良好的冷却方式可使壓縮機之壽命增長，並產生品質良好之壓縮空氣。

※3-1-4　壓縮機的安裝

　　安裝壓縮機時，應注意下列事項：

(1)　壓縮機必須安裝在單獨的專用廠房內，並對外面隔音。

(2)　廠房要通風良好，以利壓縮機之散熱。

(3)　避免日光直射及靠近熱源。

(4)　爲使壓縮機之保養檢查容易，安裝時週圍應留有空隙。

(5)　選定基礎堅固的場所，基礎之混凝土要加鋼筋以增加強度。

(6)　基礎之固有振動頻率最好是壓縮機廻轉數的 2 倍以上。

(7)　基礎在上下振動的情況下，固有振動頻率 fv 如下式

$$fv = \frac{1}{2\pi} \sqrt{\frac{k\acute{v}Ag}{W}}$$

　　式中

　　　$k\acute{v}$：地盤的單位面積相當的彈性係數 kg/m^3

　　　　軟質粘土 $k\acute{v} = 2.5 \sim 3$　　　矽　層 $k\acute{v} = 8 \sim 10$

　　　　硬質粘土 $k\acute{v} = 4 \sim 5$　　　砂礫層 $k\acute{v} = 11 \sim 13$

A：基礎面積（m^2） g：重力加速度（m/sec^2）

基礎有水平振動的情形，固有振動頻率 f_h 是基礎的高 h 與基礎在振動方向的寬度 b 的比，$h/b=0.2\sim0.5$ 之範圍則變成

$$f_h=(0.6\sim0.8)f_v$$

⑻ 機械的振幅 a 如下所示

$$a=\cfrac{F}{\sqrt{\left(k_{\dot{v}}A\dfrac{W}{g}\omega^2\right)^2+c^2\omega^2}}$$

式中

F：最大不平衡的慣性力

ω：壓縮機的迴轉角速度 rad/sec

c：地盤的衰減係數 $\cong0.25$

振幅之大小是因機械種類而異，最好限制在大約 $0.05\sim0.1\,mm$ 左右。

3-2 壓縮空氣的乾燥處理

為使氣壓設備正常的運作，必須使用"清潔"的壓縮空氣。此"清潔"的意義乃是指壓縮空氣不受外來物質的污染或系統內部產生的污染物所污染。外來物質包含空氣中的水份、塵埃等；而系統內部所產生的污染物如壓縮機的油渣、鐵銹、鱗斑、水滴等。尤其台灣屬於海島氣候，濕度偏高，對水份的處理更是重要。下面以一例題說明氣壓系統中凝結水產生的多寡。

例題 壓縮機之進氣量 $Q=1000\,m^3/h$，進氣壓力 $P_1=$ 大氣壓力，進氣溫度 $T_1=293K$（$20°C$），相對濕度 $=50\%$，輸出壓力（絕對）$P_2=700$ kpa。

解 **在壓縮以前的含水量**

在 $293K$（$20°C$）的含水量為：

$$100\%=17.0\,g/m^3 \quad（見圖2-5）$$

因此 $50\%=8.5\,g/m^3$

故 $1000\,m^3/h$ 的含水量爲

$$8.5\,g/m^3 \cdot 1000\,m^3/h = 8500\,g/h$$

壓縮以後出現的含水量

壓縮後溫度上升至 $313\,K\,(40°C)$，飽和含水量約爲 $51\,g/m^3$（見圖 2-5）。

壓縮後之體積變爲 $143\,m^3/h$ 中含水量爲：

$$143\,m^3/h \cdot 51\,g/m^3 = 7293\,g/h$$

在壓縮機的凝結水量爲

$$8500\,g/h - 7293\,g/h = 1207\,g/h$$

在工場中出現的含水量

溫度下降至 $288\,K\,(15°C)$

飽和含水量約爲 $12\,g/m^3$（見圖2-5）

在 $143\,m^3/h$ 壓縮體積中的含水量爲：

$$143\,m^3/h \cdot 12\,g/m^3 = 1716\,g/h$$

在工場中的凝結水爲：

$$7293\,g/h - 1716\,g/h = 5577\,g/h$$

總凝結水量爲：

$$1207\,g/h + 5577\,g/h = 6784\,g/h = 6.78\,l/h$$

由例題可知一進氣量爲 $1000\,m^3/h$ 之壓縮機，每小時產生的凝結水高達 $6.78\,l/h$，如果不想辦法排除壓縮空氣中的水份，而讓凝結水進入到氣壓設備內即可使正常工作的機件受阻甚至停止或腐蝕。另外如固體的塵埃、鐵銹、鱗片等這些都將導至氣壓設備受損。

又壓縮機中的油渣和壓縮空氣混合可產生氣體的混合物，在溫度353°K以上有產生爆炸的危險。

因此爲了得到"清潔"的壓縮空氣，在設計使用及裝配上必須有以下二種清潔壓縮空氣設備，即

(1) 進氣濾清器。　　　　(2) 中間冷却器及後冷却器。

爲了分離空氣中的較大顆粒塵埃，進氣濾清器安裝在壓縮機的吸入口。又中間冷却器及後冷却器安裝在壓縮機的後面，其主要目的是分離凝結水，見圖 3-3 壓縮氣廠之安排。

　　後冷却器由冷却室（器）和凝結水分離器所構成（如圖3-19），壓縮機送出來的壓縮空氣送入冷却室冷却使壓縮空氣之溫度降至露點以下；壓縮空氣再進入裝有螺旋翼的凝結水分離器（如圖3-20），空氣因而產生渦流。由於空氣的迴旋而使水份和油分和固體顆粒因離心力之作用而分離，並附着在分離器的內部而滴下。如果壓縮機之馬力愈大愈能使分離器發揮其分離效能。

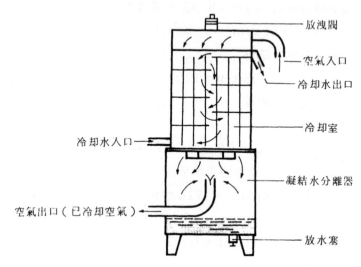

放洩閥

空氣入口

冷却水出口

冷却室

冷却水入口

凝結水分離器

空氣出口（已冷却空氣）

放水塞

圖3-19　後冷却器

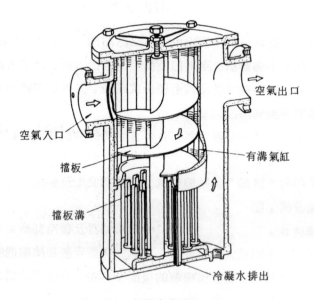

空氣出口

空氣入口

擋板

有溝氣缸

擋板溝

冷凝水排出

圖3-20　凝結水分離器之構造

　　凝結水聚集在凝結水分離器之底部，經過一定存量之後必須由放水塞排放，此放水塞有手動排放和自動排放兩種。

　　為使凝結水分離器保持最高的功能，安裝時必須注意下列事項：

(1)　一般說來，以空氣壓縮機所壓出而獲得的壓縮空氣，係一種水份密度極高的霧狀氣體，其溫度通常在120°C～160°C之間，因其水份事實上已蒸發成氣體，因此將其水份加於分離之前，必須施於水冷式強制冷却，或將其配管拉長，而施以自然冷却（空氣冷却）至常溫，才能收到預期的效果參考圖3-21。自然冷却時其配管的適當長度依壓縮機之驅動馬力而異：

　　　　　1～2馬力　　　20公尺以上
　　　　　2～5馬力　　　30公尺以上
　　　　　10馬力以上　　50公尺以上

(2)　如使用於1/4馬力或1/2馬力等小型壓縮機可用較小型的凝結水分離器。

(3)　凝結水分離器請勿裝在有減壓作用的器具之後，如減壓閥（調壓閥）過濾器等，以保持其高分離效率。一般直接裝在壓縮機之後（參考圖3-2），並儘量按裝於接近工作器具的地方。如需使用以上所述有減壓作用

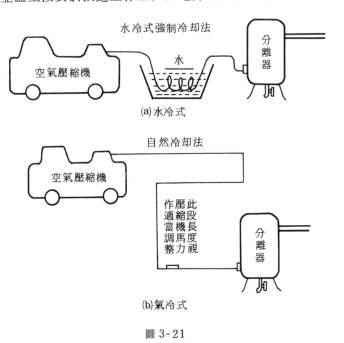

(a)水冷式

(b)氣冷式

圖 3-21

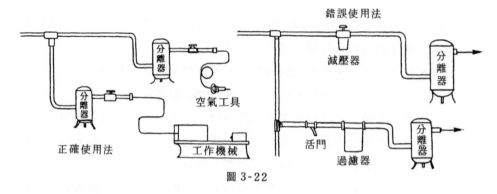

圖 3-22

之裝置，則必須安裝在凝結水分離器之後。如圖 3-22。

(4) 壓縮機到凝結水分離器之間配管長度如(1)所述保持適當長度，不宜過份
加長而使管路壓力下降致使凝結水分離器分離效果下降。

　　一般而言，壓縮空氣經過中間冷却器及後冷却器除濕處理之後即可送入蓄
氣筒並由配氣管路送到各使用點使用。但如果基於工作上的需要氣壓系統要求
絕對乾燥的空氣，此時必須再對壓縮空氣作乾燥處理，亦即在蓄氣筒之後再接
一乾燥處理的設備。通過乾燥過程後在若干情形中可使水含量降低至 0.001 g
/m³ 以下。

3-2-1　壓縮空氣乾燥之方法

　　今日適用的乾燥方法有三種，即

(1) 吸收乾燥（absorption drying）。

(2) 吸附乾燥（adsorption drying）。

(3) 低溫乾燥（low temperature drying）。

1. 吸收乾燥

　　如圖 3-23，壓縮濕空氣以廻旋方式由底部進入此裝置，通過乾燥室時，
壓縮空氣中的水份就和乾燥室中的化學物質起作用，變成液態化合液析出，乾
燥的空氣即由出口送到系統，故此方法亦叫做潮解式乾燥或化學乾燥法。

　　乾燥室中的化學物質通常用氯化鈉（塩）、氯化鈣和尿素或這三類的混合
物，且此化學物質是會慢慢用盡的，故必須定期更換，通常一年更換一到三次。

　　吸收式乾燥器具有構造簡單、安裝容易、不需外加能源、機械磨耗低之優點，其
缺點爲只能使潮濕之壓縮空氣露點降低 11°C，因此適用場所受到限制。例如

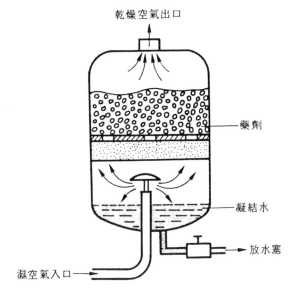

圖 3-23 吸收式乾燥器

乾燥空氣出口

藥劑

凝結水

放水塞

濕空氣入口

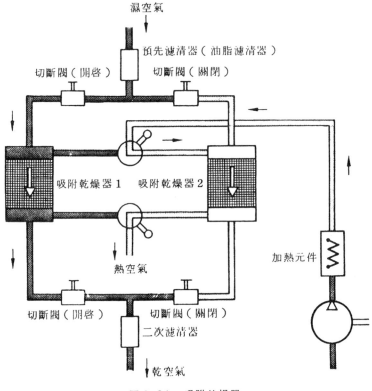

圖 3-24 吸附乾燥器

濕空氣

預先濾清器（油脂濾清器）

切斷閥（開啟）   切斷閥（關閉）

吸附乾燥器 1   吸附乾燥器 2

加熱元件

熱空氣

切斷閥（開啟）   切斷閥（關閉）

二次濾清器

乾空氣

若飽和空氣在25°C進入乾燥器時,出口的露點(在壓力下)只有14°C。

2. 吸附乾燥

如圖3-24。為一種根據物理作用的乾燥過程,亦叫再生乾燥。當壓縮濕空氣通過乾燥劑床後,水份即被多孔性顆粒狀之乾燥劑所吸收,已經含飽和水份的膠床(gel bed)可用一種簡單的方法使之再生,即是使熱空氣通過乾燥器以帶走水份。通常吸附乾燥有兩個乾燥器並聯,當其中一個有濕空氣通過時,另一個即進行再生程序,如此交替循環使用。在正常情形下每二至三年必須更換乾燥劑一次。

此方法所使用的乾燥劑有矽化膠、活性氧化鋁、活性碳等。採用矽化膠,壓縮空氣之露點可達-40°C。目前已可使用分子篩(molecular isieve)使壓力露點降至-73°C,甚至可達-90°C,故採用本方法可得高乾燥度的壓縮空氣。惟通常進行再生時是引用12%~15%之已乾燥的壓縮空氣,故操作費用為三種方法中最昂貴。

3. 冷凍乾燥

如圖3-25。當壓縮濕空氣在冷凍室被低溫冷媒氣體冷却至274.7°K的

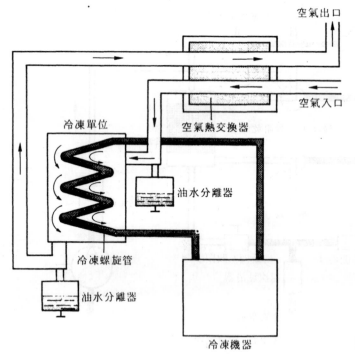

圖3-25 冷凍乾燥器

低溫，空氣中的水蒸氣變成冷凝水滴下，由排水閘排出。被冷卻而乾燥的壓縮空氣由空氣出口流出，在途中因碰到由入口流入的暖空氣而使冷空氣變暖且比較乾燥的流出。

冷卻時冷媒氣體首先由壓縮機壓縮再用冷卻風扇冷卻後液化。此冷媒液在膨脹閥蒸發後溫度下降，將低溫低壓的冷媒氣體導入冷卻室冷卻空氣。

本乾燥方法最低露點可達 $1.7°C$，常用之露點為 $0.5°C$。其主要特徵是：長期間連續運轉仍有安定的除濕能力，處理壓縮空氣量一般都很大，能流入溫度比較高之空氣，可除去壓縮空氣中少量油份含量的 $80 \sim 90\%$，惟設備費用高，但一般工廠氣壓系統，絕大部份採用本方法。

※3-2-2 如何選擇壓縮空氣乾燥器

選擇一合適的乾燥器，必須考慮到以下四點。

1. 壓力露點

"壓力露點"是指在一定壓力下，水蒸氣開始凝結出水滴的溫度。乾燥器出口之壓力露點愈低，愈能得到乾燥的壓縮空氣，但相對的，所需成本愈高。因此在選擇一乾燥器配合應用時，應選擇能滿足需求，經濟實用的系統。一般而言，選擇一個設計之壓力露點其值約為最低環境溫度減5℃。

當壓力露點的需求大於 $5/9°C$（$33°F$）時，可選擇冷凍式乾燥器；當壓力露點的需求必須小於 $5/9°C$（$33°F$）時，則選用吸附式乾燥器。

2. 入口空氣之溫度

在同樣的壓力下，同體積的空氣，溫度高的所含有的水份較溫度低的所含有之水份多的多。因此為降低購置及操作費用，儘量降低入口空氣的溫度。

不管採用何種型式之乾燥器，乾燥器入口空氣溫度不要超過 $50°C$，如果入口溫度太高，則在乾燥器之前加一冷卻器以降低空氣之溫度。

3. 系統壓力

為求精確選擇乾燥器，必須以乾燥器作動之"最低"壓力為準，如操作乾燥器低於設定之壓力狀況，會造成高露點，或水分流入管道、壓力源增加等狀況，降低了乾燥器的性能。

如在一特定流量下，如壓力降低則流速增加，例如在 $7\,bar$（G）壓力的系統中只操作在 $5\,bar$（G）之下，則空氣流速增加，而在冷凍式乾燥器中，空氣之快速流動縮短了接觸熱交換時間，冷却的時間縮短，導至高露點產生。

在吸附式乾燥器中，空氣高速流動亦減少吸附時間，形成高露點；又由於速度快，易造成吸附床流體化形成多通道、粉末狀，導致吸附劑流失等問題。

4. 處理風量

乾燥器的處理風量，必須以全部乾燥的風量爲準。而決定風量時，必須將系統之洩漏，體積膨脹（壓力降）計算於其中，而系統之洩漏，最少應以10%估計之。

底下就冷凍式乾燥器和吸附式乾燥器之選擇做一整理。

※3-2-3 冷凍式乾燥器型號的選擇

(1) 決定乾燥器處理之風量，以SCFM或Nm³/h表示。
(2) 了解乾燥器實際操作狀況之最低壓力，並以10％估計乾燥器上游之洩漏。
(3) 求得乾燥器最高進口溫度。
(4) 由末端使用狀況決定所需之最低壓力露點。
(5) 由冷凍式乾燥器型號選擇表選出合於需求的乾燥器。

※3-2-4 吸附式乾燥器型號的選擇

(1) 了解乾燥器實際操作時最低之壓力，並以10％估計乾燥器上游之洩漏。
(2) 由末端使用狀況決定所需之最低壓力露點。
(3) 預估再生流量之大小，以達所需露點要求。
(4) 決定出口之實際風量。
(5) 由再生流量加上出口之實際風量作爲需求選擇風量，以SCFM或Nm³/h表示。
(6) 由吸附式乾燥器型號選擇表選出合以需求的乾燥器。

※3-2-5 乾燥器之安裝

乾燥器之安裝注意事項如下：
(1) 安裝地方之環境溫度介於5°C～50°C之間。
(2) 四周必須有足夠之空間以利操作和維修。

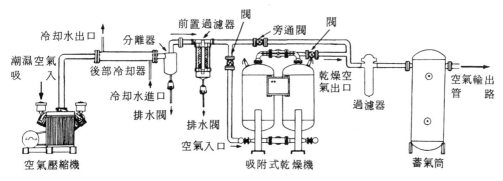

(a)吸附式乾燥器建議配置圖

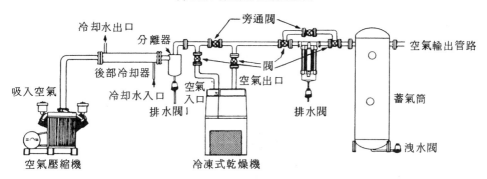

(b)冷凍式乾燥器建議配置圖

圖3-26 乾燥器安裝配置圖

(3) 在乾燥器之前加裝一冷却器及分離器以防止水份直接進入乾燥器。

(4) 如乾燥器和(3)所述分離器有一段長的距離，則在接近乾燥器之管路安裝一自動排水閥，以排出因管路長而冷凝的水。

(5) 在乾燥器的進出口加裝旁通線路，以便乾燥器之維修。

(6) 吸附式乾燥器再生空氣之排放，不能有背壓產生。

(7) 操作壓力應大於或等於選擇型號時的壓力。

(8) 空氣配管口徑必須大於或等於乾燥器進出口之口徑。

(9) 圖3-26為乾燥器安裝配置圖。

3-3 壓縮空氣的調理

參考圖3-2，大氣經壓縮機壓縮之後變成壓縮空氣，進入後冷却器、抽水分離器、蓄氣筒。從蓄氣筒出來的壓縮空氣，經過乾燥器流入管路網路分配到各空氣消耗裝置。而壓縮空氣在進入操作設備前尚須經最後一次的調理。

3-3-1 壓縮空氣的濾清

由外界吸入的灰塵、水份或壓縮機所產生的油渣大部份已在乾燥器以前除去。留存在壓縮空氣中少部份的塵埃、水份，尚須用空氣濾清器加以清除。此空氣濾清器視工作條件而定可單獨安裝亦可和加油霧器及調壓閥聯合安裝使用。

一、空氣濾清器

構造如圖3-27，主要是利用壓縮空氣的廻旋運動與濾網來過濾。其動作原理如下：

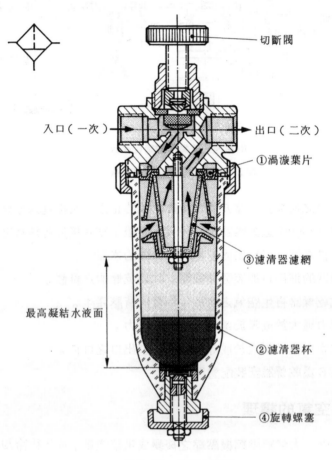

入口（一次） 出口（二次）

切斷閥

①渦漩葉片

③濾清器濾網

最高凝結水液面

②濾清器杯

④旋轉螺塞

圖 3.27　空氣濾清器

表 3-3　濾網之材料及其特性

組　　　　　　　件	特　　　　　　　徵
◎燒結金屬─粒度 4～60μ	耐久性佳。 使用溫度在 300°C 以下，可洗滌再生。
◎金屬網─粒度 70μ 以上	耐久性佳。用加熱熔著者，可得數 μ 的粒度。 可洗滌再生。
◎毛氈─粒度 5～100μ	在表面與內部進行過濾，一般是不能洗滌再生使用。
◎燒結塑膠─粒度 3～15μ	在表面有過濾作用，能洗滌後再生使用。 可洗滌再生。
◎絲帶（紙─樹脂加工）─ 　粒度約 40μ	在表面進行過濾。 可洗滌再生。

表 3-4　氣壓設備濾網細度要求

適　用　設　備	濾　筒　細　度 （μm）	備　　　　　　　考
常壓氣壓控制	40 以內	一般日本產品，選用 70μm 以內者。FESTO 公司則採用 40μm 者。
廻轉式氣動工具	25 以內	爲避免流失太多空氣，廻轉轉子與外殼間之間隙，應儘量縮小。
氣壓千分尺	5～10	Air micrometer
流　　　子	5 以內	Fluidics

當壓縮空氣如箭頭所示進入濾清器，通過渦漩葉片①時產生廻轉作用，由於離心力的作用將較大的雜質和水滴甩向濾清器杯②，然後聚集在杯底，壓縮空氣則經濾網③後由出口排出。

濾網③可捕捉壓縮空氣中的固體粒子，故經過一段時間後，濾網會被堵塞，因此濾網必須定期清洗或更換。清洗濾網時可採用煤油浸泡法，經過一段時間後，取出濾網並以壓縮空氣以正常通氣相反方向對濾網逆吹。表3-3為常用濾網之材料及其特性。表3-4為氣壓設備濾網細度之要求，供各位讀者選用之參考。

注意：當凝結水達到最高液面時，可以手動或自動方式來放水。如手動放水閥不足勝任則必須採用自動放水閥，以下對自動放水閥做一說明。

二、凝結水自動放水閥

如圖3-28。在控制管路中出現過量污染物質以及不能放出空氣濾清器內

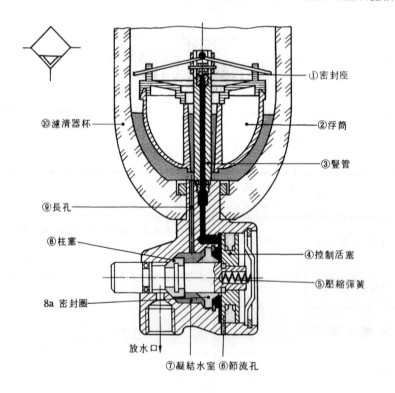

圖3-28　凝結水自動放水閥

之凝結水之處，最好安裝自動放水閥。其動作原理說明如下：

濾清器杯⑩中的凝結水經由長孔⑨進入柱塞⑧及密封圈 8a 之間的柱塞室。當凝結水之水位達到一定高度時，浮筒②浮起，密封座①被打開，壓縮空氣進入豎管③中的氣孔而使控制活塞④右移，柱塞⑧離開閥座，凝結水因而被排放。當液面下流至某程度，關閉密封座①，凝結水放水閥內之壓縮空氣通過節流孔⑥緩緩逸去，此時壓縮彈簧⑤推控制柱塞④回到起始位置，密封墊圈封閉凝結水放水口。

玆列舉空氣濾清器之規格，供各位讀者參考。FESTO產品微濾清器（圖3-29）可將壓縮空氣中含有最小水滴、油滴，及污物幾乎完全清除，故在氣壓系統中裝微濾清器可得純度達99.999％之壓縮空氣。微濾清器大致使用在低壓系統或氣壓近接檢出裝置上，注意微空氣濾清器裝在預濾器之後。圖3-30為FESTO各種型式之濾網。

濾清器
型式LF-…-S

WA-1

附件：
安裝托架，型式HR-…-S
此托架為使此系列可適合黃銅系列之安裝尺寸
濾清筒 5μm　型式LFP-…
可與標準型之 40μm筒互換而不致發生問題（抓扣連接）
金屬護罩：型式FRS-…-S
自動排水，型式WA-1

訂貨標元	10587	10631	6301	8838
另件號碼／型式	LF-⅛-S	LF-¼-S-B	LF-⅜-S	LF-½-S-B
接　口	G⅛	G¼	G⅜	G½
標準公稱流率*		1470 l/min	2550 l/min	2080 l/min
壓力範圍	可達 14 bar			
濾清器定額	孔之平均大小為 40μm			
凝結水		43 cm³	88 cm³	86 cm³
溫度範圍	−10 至＋60°C			
材　質	殼：玻璃纖維 強化多元胺			
	濾清器杯：特殊多元胺　密封：人造橡膠			

微濾清器　供應99.999％純淨之壓縮空氣
型式LFM-...

LFM-⅛　　LFM-¼-S-B　　LFM-⅜-S　　LFM-½-S-B　　LFM-¾-B

LFM-1-B

附件：
自動排水器，型式WA-1
鉢體金屬護罩，型式FRS（S-設計）；

WA-1

訂貨標示	10588	10633	4928	8839	7858	7859
另件號碼／型式	LFM-⅛-S	LFM-¼-S-B	LFM-⅜-S	LFM-½-S-B	LFM-¾-B	LFM-1-B
接　口	G⅛	G¼	G⅜	G½	G¾	G1
標準公稱流率 ***l/min		330	530	800	1500	1500
壓力範圍	最大14bar					
凝結水量		43cm³	88cm³	132cm³		
溫度範圍	最高60°C					
材質　外殼	玻璃纖維強化多元胺				鋁陽極處理	
濾清器杯	特殊多元胺				鋼	
密封	人造橡膠				人造橡膠	

** 黃銅杯　*** 進口壓力爲6bar 同時　△P=0.07bar

圖3-29　微濾清器

更換濾網

圖3-30　濾網

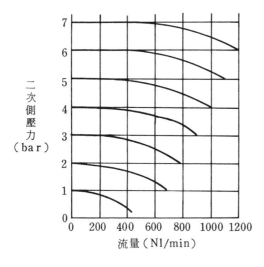

圖 3-31　濾清器流量
特性曲線

空氣濾清器使用上注意事項：

(1)　選用大容量濾清器，對除去冷凝水，壓力下降有效。

(2)　如以手動方式排除冷凝水，必須定時排除。

(3)　在冷凝水多的場合則使用附有自動排水閥的空氣濾清器。

(4)　濾網細度不要選用比需要的還小。（選用參考表 3-4 ）

(5)　為使充份冷卻的空氣進入濾清器，安裝時儘可能遠離壓縮機。

(6)　長時間停止使用的廻路在使用之前，必須先打開配管中較低部份的排水
　　閥排除冷凝水後再啟動。

(7)　濾杯的材質一般有聚合碳素和聚合乙稀兩種，有機溶劑對於聚合碳素有
　　侵蝕作用，故此時最好選用有護罩的濾清器。

(8)　如圖 3-31 所示，當濾清器之流量增加，會產生壓降，應注意是否會影
　　響驅動器的出力問題。

3-3-2　壓縮空氣的壓力調整

　　所有氣壓系統皆有一最適宜的操作壓力，而在各種氣壓控制中，皆可能出
現或多或少的壓力波動。如果壓力太高，將造成能量的損失及增加磨耗；太低
的空氣壓力則出力不足，造成不良的效率。又如壓縮機的開啟及關閉所產生的
壓力波動對系統的功能亦有不良的影響，因此必須使用調壓閥調整至所需壓力。
在此說明如下：

一、放洩調壓閥，無流量補償

如圖 3-32。動作原理說明如下：

壓縮空氣流入調壓閥，二次壓力作用在膜片①的一邊，而彈簧②作用在膜片①的另一邊，彈簧②之壓縮力設定由調整螺絲③調整。如果二次壓力側作用在膜片①之力量小於彈簧②之壓縮力，則閥桿④被頂往上移，壓縮空氣由入口流到出口，並在到達平衡狀態前繼續流入二次壓力側。

如果由於外力作用在作工元件或彈簧②的設定值太低以致於二次壓力上升到設定值，作用於膜片①的較高負荷迫使彈簧②被推向下。此時閥桿④脫離閥座⑥，二次壓力側的壓縮空氣由氣孔⑦外逸。在二次壓力回復到預先設定的壓力前，壓縮空氣繼續從通氣孔⑦逸去。注意此通氣孔不可封閉，否則調壓閥將喪失機能。

為防止顫動，在調壓閥內設有緩衝裝置⑤。

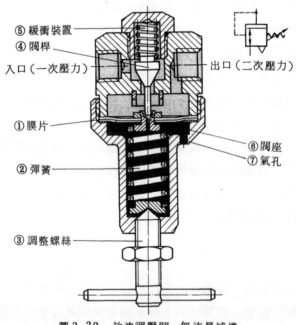

⑤ 緩衝裝置
④ 閥桿
入口（一次壓力）
出口（二次壓力）
① 膜片
⑥ 閥座
⑦ 氣孔
② 彈簧
③ 調整螺絲

圖 3-32　放洩調壓閥，無流量補償

二、調壓閥，無流量補償

如圖 3-33。此種型式之調壓閥動作原理和前述相同。惟此種調壓閥沒有

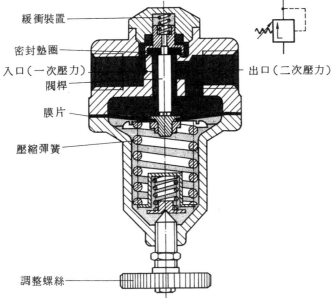

緩衝裝置
密封墊圈
入口（一次壓力）
閥桿
膜片
壓縮彈簧
調整螺絲
出口（二次壓力）

圖 3-33　調壓閥，無流量補償

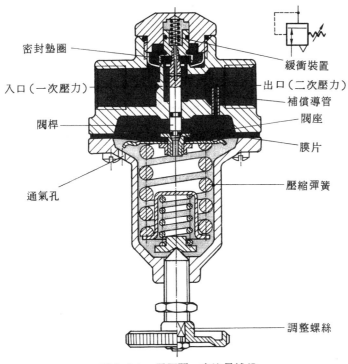

密封墊圈
入口（一次壓力）
閥桿
通氣孔
緩衝裝置
出口（二次壓力）
補償導管
閥座
膜片
壓縮彈簧
調整螺絲

圖 3-34　調壓閥，有流量補償

通氣孔，不能放洩壓縮空氣。

三、調壓閥，有流量補償

調壓閥無流量補償和有流量補償之間的差異是：無流量補償其在膜片室和流量通路之間無分隔；而有流量補償者其膜片室與流量通路是分隔的。唯一連結爲在最低壓力點有一噴嘴可相通，因此可保證調壓閥的快速反應。

有流量補償之調壓閥（圖 3-34 ）動作原理如前所述相同。補償噴嘴突出於二次壓力氣流通道，可於較高流量情形下降低作用於膜片的壓力，此可防止二次壓力因高流量值而降低其壓力值。

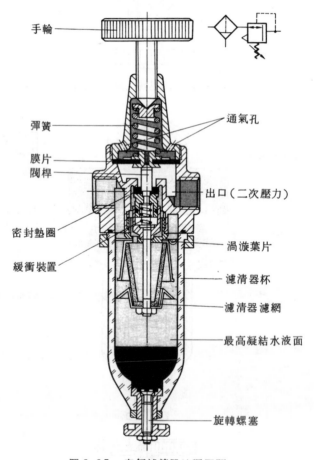

手輪

彈簧

膜片

閥桿

密封墊圈

緩衝裝置

通氣孔

出口（二次壓力）

渦漩葉片

濾清器杯

濾清器濾網

最高凝結水液面

旋轉螺塞

圖 3-35　空氣濾清器連調壓閥

四、空氣濾清器連調壓閥

圖 3-35 將空氣濾清器和調壓閥連成一組合單元。讀者如果明白空氣濾清器和調壓閥之動作原理，將很容易了解此組合單元之機能。惟須注意的是，壓縮空氣先經空氣濾清器再流入調壓閥，順序不可顛倒。

五、壓力錶

原則上所有調壓閥皆裝有壓力錶，用於指示流過調壓閥（二次壓力）壓縮空氣之壓力。

圖 3-36 之壓力錶係應用 Bourdon 原理製成。當壓縮空氣進入時 Bourdon 管②內的壓力使它擴張，壓力愈大，擴張之半徑愈大。此擴張運動經由連結桿③扇形齒輪④帶動小齒輪⑤移動指針⑥，故由刻度盤⑦上可知壓力之大小。

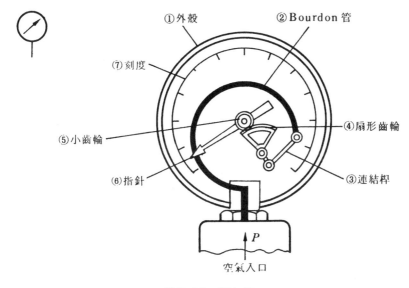

圖 3-36　壓力錶

六、濾清器連低壓力調壓閥

低壓系統必須使用壓力大小一定及不含潤滑油和水份的壓縮空氣，此時必須使用如圖 3-37 所示空氣濾清器連低壓力調壓器，其動作原理如前所述，壓力調整範圍在 0.1～4 bar 之間。此調壓器的彈簧彈壓較弱，故可作更精細的調

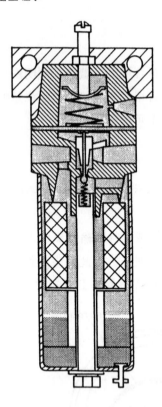

圖 3-37　空氣濾清器連低壓力調壓閥

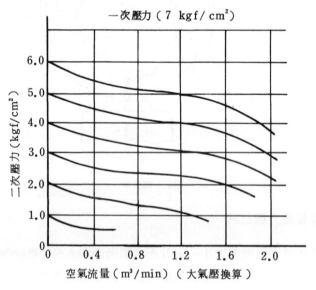

圖 3-38　調壓閥壓力—流量特性曲線

節。注意濾網須定期用煤油清洗。

調壓閥的選用及使用注意事項：

(1) 調壓閥前一定是裝空氣濾清器，以防止空氣中之水份、塵埃黏附，使調
壓閥之動作不良。

(2) 選用合於二次壓力範圍的調壓閥，一般使用壓力範圍在壓力調整範圍的
30～80％內使用。因一次、二次壓力太靠近時，會使壓力—流量特性
劣化之故。

(3) 調壓閥之壓力—流量特性曲線如圖3-38。由圖中可知流量越大，二次
壓力下降越大。故必須考慮大流量時，出力是否足夠？

(4) 調壓閥一次壓力必須大於二次壓力。

茲列舉調壓閥及空氣濾清器連低壓力調壓閥之規格，謹供各位讀者參考。

調壓器，附壓力錶
型式 LR-...-B

附件：
安裝托架
訂貨標示 10361　HLR-¾-1-B
連接個別單元之雙氣嘴
訂貨標示 6632　ESK-1

訂貨標示　另件號碼／型式	10341LR-¾-B	10342LR-1-B
接　口	G¾	G1
標準公稱流率	5080 l/min	5330 l/min
最大氣源壓力	25bar	
最大工作壓力	12bar	
溫度範圍	−10 至＋90°C	
材　質	外殼：黃銅；密封：人造橡膠	

低壓範圍用之濾清調壓器

型式 LFRN- ¼ - B

附安裝托架

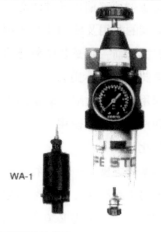

附件：

自動排水，型式WA - 1

低壓濾清調壓器為供應氣障感應器

經濾清無油之壓縮空氣。

WA-1

訂貨標示　另件號碼／型式	6106LFRN- ¼ - B
接　口	G ¼
流　量	在 0.2 bar 及 $\Delta p = 0.1$ bar：50 l/min
最大氣源壓力	10 bar
調壓範圍	0.1 至 1.6 bar
空氣消耗量	1 l/min
濾清器定額	孔之平均大小為 8μm
溫度範圍	－10 至 ＋60°C
材　質	殼：鋁，濾清器杯：特殊多元胺 密封：人造橡膠

3-3-3　壓縮空氣的潤滑

　　方向閥、氣壓缸、氣壓馬達等氣壓元件皆為滑動件，故必須給予適當的潤滑。此潤滑裝置乃是加油霧器，它是將一定量的潤滑油加入到壓縮空氣內，然後壓縮空氣帶着油霧至各氣壓元件，如此即可使各氣壓元件之滑動面得到適當的潤滑。其主要功用如下：

(1)　減少磨耗。　　　　　　　　(3)　防止銹蝕。

(2)　減少磨擦損失。

　　壓縮空氣的加油霧器必須具備的條件是：

(1)　設備的維護及操作要簡單，如檢查油面、加潤滑油等。

(2)　加油霧器的機能須完全自動，當工作開始及終了時，潤滑須同時開始及終止。

(3)　給油量須能配合氣壓控制系統所需供氣量的大小加以調整。

(4)　在加油霧器之出口必須能夠產生精細的油霧。

(5)　即使只是間斷需要壓縮空氣，油霧器亦能完成其機能。

　　大多數的壓縮空氣加油霧器均利用文氏管原理（如圖3-39），即利用噴嘴前端與後端所造成的壓降（△P），由容器內吸入潤滑油與空氣混合。

　　壓縮空氣加油霧器只有在空氣的流速足夠時才產生作用，一旦噴嘴之流速不足，便無法產生足夠的壓降，潤滑油便無法被吸入送到噴嘴霧化。

　　依據伯努利定理得：

$$\triangle P = P_1 - P_2 = \frac{r v_1^2}{2g} \left[\left(\frac{v_2}{v_1} \right)^2 - 1 \right]$$

又　　　$A_1 v_1 = A_2 v_2$

所以　　$$\triangle P = \frac{r v_1^2}{2g} \left[\left(\frac{A_1}{A_2} \right)^2 - 1 \right] \tag{3-1}$$

　　若流量增加，△P 亦增加，吸出潤滑油的量亦加大。但根據研究資料所得，此潤滑只須在氣壓元件之滑動面形成一薄薄的潤滑油膜即可，大部份的潤滑油皆由控制閥排放，形成浪費，故必須設法使給油量不因流量增加而大幅增加，由（3-1）式可知，若流量增加時，使 A_2 變大，就可使壓降△P 幾乎保持定值，則給油量就不會因流量之增大而大幅增大，其於上述原因，加油霧器之設計有如下兩種形式。

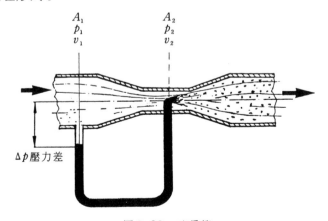

圖 3-39　文氏管

一、固定文氏管型加油霧器

如圖 3-40 。流入加油霧器本體之空氣因受中央部文氏管縮流之作用而壓力下降，一次側之空氣壓通過止回閥而加壓於油杯內之油面。由於文氏管前後部之壓差將油杯內之潤滑油經由導油管吸上，經由文氏管中央部之小孔，混入氣流之中，成霧狀而輸送至管路內。圖中之針型閥用以調整滴下之油量，給油塞用於添注潤滑油用。

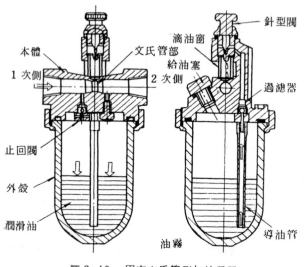

圖 3-40　固定文氏管型加油霧器

二、可變文氏管型加油霧器

如圖 3-41 。動作原理和固定式相同，所不同者其在空氣通路的中央部設置彈性體可作為可變限流。當流量少時限流的間隙少，流量增大時限流變形使間隙加大，因此能使文氏管前後之壓差變化不致太大，而使給油量不致因流量之變大而加大。

圖 3-42 為固定文氏管型加油霧器和可變文氏管型加油霧器特性之比較。

以上所述兩種加油霧器價格便宜，在直線管路中，油霧顆粒被帶離的距離在 8 公尺以內。又其潤滑油顆粒直徑有 96％ 至 97％ 大於 $80\mu in$ ，故在空氣管路中，將水份快速地凝結成油滴。

另外再介紹一種超微加油霧器。

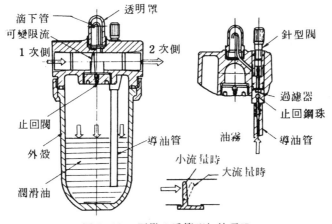

圖 3-41 可變文氏管型加油霧器

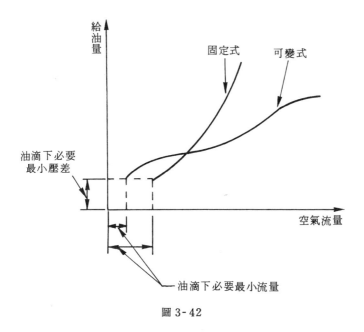

圖 3-42

三、超微加油霧器（油霧粒子選別式加油霧器）

如圖3-43。此和一般之加油霧器構造上有很大之差異，當空氣流過可變限流時，此時產生的壓差使油杯內的潤滑油通過導油管而押上滴下管滴下，此滴下的潤滑油不直接混入流動的空氣中，而係導入使油霧化的噴嘴，此時為使潤滑油噴射而將一部份的空氣導入此噴嘴而將油霧化。此時大的粒子落至油杯

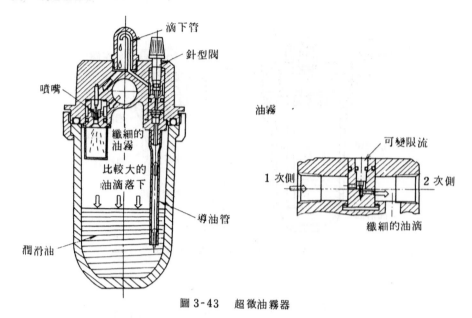

圖 3-43　超微油霧器

的潤滑油上，僅微粒子浮游在空氣流中送出。此型產生之油霧顆粒很小，可達
$2\mu m$，若在直線管中，此油霧顆粒可被帶離達 35 公尺此型價格較貴，有空氣
壓力時不能填油。

表3-5為以上三種加油霧器之優缺點比較表。

選用及使用須注意之事項：

(1)　注意最小滴油流量值或最少滴油壓力差，此可由型錄上得到。

表 3-5

種　　　類	優　　　　　　　點	缺　　　　　　　點
固定文氏管型	• 構造簡單。 • 無可動部壽命長。	• 空氣流量少時給油困難。 • 空氣流量的變動對應著給油量也會改變。
可變文氏管型	• 空氣流量少也能給油。 • 空氣的流動阻力小。	• 有可動部。
油粒子選別型	• 較遠部份也能給油。 • 油的消耗少。 • 可助潤滑部份的冷却。	• 微粒油霧化的油到達潤滑面時必須能再度液化。 • 容易成為煙狀放至大氣。

(2)　氣壓系統之最大壓縮空氣流量和最少壓縮空氣流量之比應在 10 以下。

(3)　不要忘記補給油杯中的油。

(4)　由加油霧器到潤滑對像距離不可超過 5 公尺以上。

(5)　加油霧器儘可能裝在機台之上部，要比潤滑之對像物略高。

(6)　注意導油管是否浸在潤滑油內，若否，則須添加潤滑油。

(7)　無給油氣壓系統不可使用加油霧器給油，若給油的話，會將其元件內部之油脂沖洗掉而加速其磨耗。

(8)　一般理論滴油數為每 1000 l 之壓縮空氣，必須加 1～12 滴油，實際使用時 1000 l 所需之油滴數為 4～5 滴。

(9)　表 3-6 為加油霧器可採用之潤滑油。

(10)　當使用低壓元件或氣壓近接感測器時，所用空氣不需加潤滑油，以免導致功能障礙。

　　茲列舉加油霧器之規格供各位讀者參考。

油霧器
型式 LO-...-S
操作中可加油
直接比例油霧器

附件：
安裝托架：型式 HR-...-S
此托架為使此系列適合黃銅系列之安裝尺寸
金屬護罩：型式 FRS-...-S

訂貨標示	10586	10630	6298	8842
另件號碼／型式	LÖ-⅛-S	LÖ-¼-S-B	LÖ-⅜-S	LÖ-½-S-B
接口	G⅛	G¼	G⅜	G½
標準公稱流率		1560 l/min	3150 l/min	4200 l/min
最大壓力範圍	14bar			
油霧器操作範圍		由 7.5 l/min 起		由 22 l/min 起
溫度範圍	-10 至 +60°C			
材　質	殼：玻璃纖維強化多元胺，油霧器杯：特殊多元胺，密封：人造橡膠			

表3-6　適當的潤滑油

適當的油類	粘度範圍
FESTO special oil Avia Avilub RSL 10 BP Energol HLP 10 Esso Spinesso 10 Shell Tellus Oil C 10 Mobil DTE 21 Blaser Blasol 154	在40°C時9至11mm²/s （＝cSt） 符合ISO 3448之 ISO等級VG 10

3-3-4　氣壓系統的調理組

　　調理組（F. R. L Unit）通常有壓縮空氣濾清器，壓縮空氣調壓器，壓縮空氣加油霧器所組成，其按裝順序是：空氣濾清器、空氣調壓器、加油霧器，不可顛倒，注意在無給油氣壓系統及低壓系統和近接檢出器系統，加油霧器免裝。

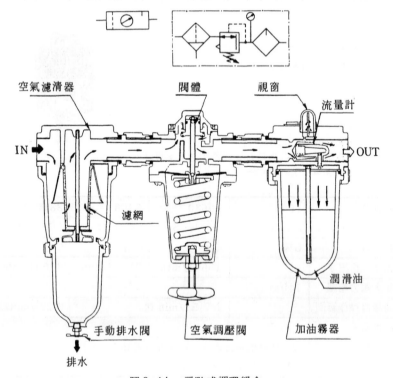

圖3-44　三點式調理組合

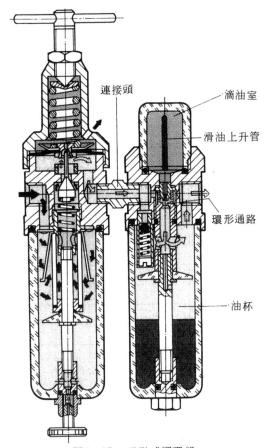

連接頭

滴油室

滑油上升管

環形通路

油杯

圖 3-45 二點式調理組

　　如圖 3-44 所示，空氣調壓器和空氣濾清器不在同一體上，故叫三點式調理組合；又圖 3-45 所示空氣調壓器和空氣濾清器係在同一體上，故稱爲二點式調理組合。

　　所有的調理組均有內部阻抗，故會在出口端形成壓降 $\triangle P$，而壓降 $\triangle P$ 取決於調理組流量與供氣壓力。圖 3-46 入口壓力依序爲 1 bar、2 bar、6 bar 時之流量和 $\triangle P$ 之關係圖。

　　圖中壓降 $\triangle P$ 爲入口壓力 P_1 與出口壓力 P_2 之差，故 $\triangle P$ 最大時等於 P_1，此時使用點之後的阻抗爲 0，而此時通過調理組之流量也最大。

例題　$P_1 = 6\,\text{bar}$，$\triangle P = 0.5\,\text{bar}$

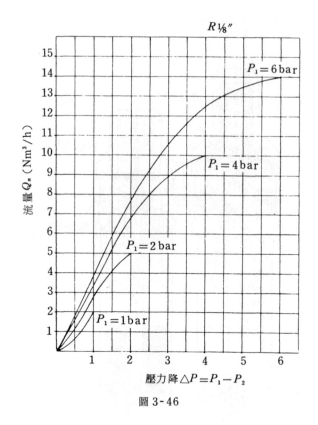

圖 3-46

則由圖 3-46 知流量為 $1.8\,\mathrm{Nm^3/h}$ 。

調理組的選用：

一般以空氣的消耗量及工作壓力的大小來決定調理組。

(1) 以 $\mathrm{Nm^3/h}$ 表示氣壓系統總空氣之消耗量以決定調理組之大小。又當空氣流量相當大時，調理組內產生的壓降亦相當大，故必須參考廠商所提供的資料再慎重的選用。

(2) 使用的工作壓力不得高於調理組上所標示的壓力。

調理組使用注意事項：

(1) 按裝順序不可顛倒，壓縮空氣由空氣濾清器入口流入，由加油霧器出口送出。

(2) 調理組必須垂直安裝，且必須位於氣壓系統元件之上方。

(3) 在任何情形下注意周圍溫度不能超過 $50°\mathrm{C}$ 。

(4) 不可超過最高使用壓力。

(5) 壓縮空氣最大消耗量和最小消耗量之比在 10 以下。

(6) 流量增大（如系統空氣消耗量加大），壓力降 $\triangle P$ 加大，宜注意。

(7) 餘使用注意事項和前述濾清器、調壓器、加油霧器同。

　　玆列舉調理組產品規格，供各位讀者參考。

調理組

公稱壓力 12 bar

型式 FRC- ... -S

FRS

附件：

安裝托架，型式 HR- ... -S

此托架主要在使此系列適合黃銅系列之安裝

尺寸。

濾清筒 5μm，型式 LEP- ...

能毫無問題地與標準之 40μm 濾清筒交換（

抓扣連接）

金屬護罩，型式 FRS- ... -S

自動排水，型式 WA-1

WA-1

訂貨標示	10574	10616	6289	8833
另件號碼／型式	FRC-⅛-S	FRC-¼-S-B	FRC-⅜-S	FRC-½-S-B
接　口	G⅛	G¼	G⅜	G½
標準公稱流率		780 l/min	1320 l/min	2350 l/min
最大氣源壓力	14 bar			
最大工作壓力	12 bar			
油霧器之功能範圍	由 7.5 l/min 起			由 22 l/min
濾清器之定額	標準型：平均細孔尺寸為 40μm			
凝結水量		43 cm³	88 cm³	86 cm³
溫度範圍	−10 至 +60°C			
材　質	外殼：玻璃纖維加強之 Polyamide 人造橡膠			
	濾清器與油霧器杯：特殊 Polyamide；密封：人造橡膠			

S 系列調理組用附件

訂貨標示 另件號碼／型式				
接　口	G ⅛	G ¼	G ⅜	G ½
安裝托架	11924 HR-⅛-S	6667 HR-¼-S	9281 HR-⅜-S	9282 HR-½-S
濾清筒，5μm	11921 LFP-⅛-S-5M	9277 LFP-¼-S-5M	9278 LFP-⅜-S-5M	9279 LFP-½-S-5M
金屬護罩	11925 FRS-⅛-S	10635 FRS-¼-S-B	7845 FRS-⅜-S	8843 FRS-½-S-B

調整組
型式 FRO-¾-B
　　　FRO-1-B

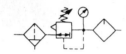
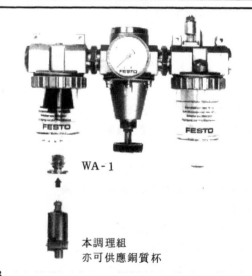

附件：
安裝架
訂貨標示
10326 HFO-¾-1-B
（需 2 只托架）
金屬護罩
訂貨標示
10419 FRS-¾-1-B
濾清筒，5μm
訂貨標示
10898 LFP-¾-1-5M-B
型式 WA-1 自動排水器

WA-1

本調理組
亦可供應銅質杯

訂貨標示 另件號碼／型式	10354 FRO-¾-B	10355 FRO-1-B
接　口	G¾	G1
標準公稱流率	4165 l/min	4335 l/min
最大氣源壓力	16/25 bar	
最大工作壓力	12 bar	
油霧器之功能範圍	過濾器定額 115 l/min	
濾清器之定額	標準型：平均濾孔尺寸 50 至 75μm	
凝結水量	80 cm³	
溫度範圍	−10 至 +50°C／−10 至 +90°C	
材　質	外殼：鋁，黃銅；濾清器及油霧器杯 macrolon；密封：人造橡膠 Perbunan	

※ 3-3-5 各種氣壓機器的配置例

　　講完了壓縮空氣的乾燥處理與調理，到底那些氣壓系統要加裝乾燥器，那些氣壓系統要加裝加油霧器，圖3-47提供各位讀者參考。

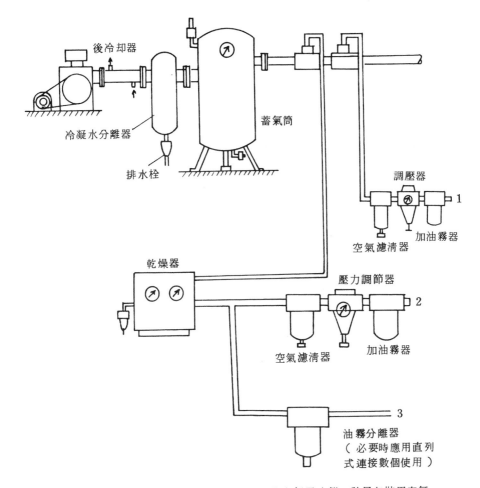

1的空氣用途例：一般的氣壓機器
　　　　　　　　一般產業機械
2的空氣用途例：可動型流體素子
　　　　　　　　無油封滑柱型閥
　　　　　　　　一般用氣壓機器

3的空氣用途例：計量包裝用空氣
　　　　　　　　純流體素子（流子）
　　　　　　　　食品藥品工業等

圖 3-47

3-4 壓縮空氣的配管

　　由壓縮機出來的壓縮空氣必須藉著管路將壓縮空氣輸送到各個工作站或氣壓設備上，因此如壓縮空氣的配管設計不良，將會產生如下問題：

(1)　壓力降變大，流量不足。

(2)　凝結水無法排放。

(3)　氣壓設備作動不良，信賴度降低。

(4)　保養、檢修困難。

　　為克服上述之問題，配氣管路設計更是重要。當然配管設計不只是管直徑選擇，還包含壓縮機之選擇（如供應壓力、空氣消耗量）、送氣管配管方式、配管材料、安裝方式、……等，都足以影響到管路設計後整個氣壓系統之性能，以下針對配管設計各事項，逐一說明。

3-4-1 配管的分類

　　依據氣壓系統配管之機能，配管可分類如下：（參考圖3-48）

1. 吸氣管

　　是由吸入口到壓縮機間之管路，此段管路壓力低，流量大，一般用大口徑之管路。

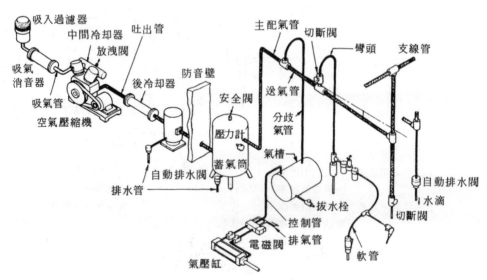

圖3-48　配管稱呼機能圖

2. 吐出管

由壓縮機到蓄氣筒之間的管路，此段管路的材料必須具備能夠耐高溫、高壓、耐振動等性質。

3. 送氣管

由蓄氣筒到氣壓控制器之間的管路，有主配氣管和分歧氣管之分。

4. 控制管

由控制閥和氣壓作動器之間的管路。

5. 排氣管

氣壓系統中較少排氣管，但如顧慮到噪音、油污等問題，可用排氣管集中至它處排放，但排氣管不宜太長，太長會產生背壓。

3-4-2　空氣壓縮機輸出壓力及供氣量之選定

壓縮機之供氣量（ Q_{comp} ）

$$Q_{comp} = (Q_{act} + Q_{future}) \times 1.2$$

Q_{act} ＝氣壓缸＋氣動工具＋氣壓噴嘴＋其它

Q_{future} ＝未來之擴充所需消耗空氣量

式中乘 1.2 乃是考慮到氣壓系統洩露等諸問題。

有了壓縮機輸出壓力，壓縮機之種類，壓縮機之供氣量，參考 3-1-3 節，即可決定所需驅動馬力。假如驅動馬力 200HP，則可考慮用 2 台 100HP 壓縮機，以免日後壓縮機故障時，使整個工廠內氣壓控制之生產設備全部癱瘓。

當然驅動馬力也可由經驗式得到，一般而言

每 100Nl/min ＠ 7bar 需要 1HP 之動力

3-4-3　配管方式

1. 直線式配管

如圖 3-49 所示。為最簡單的配管方式，但如果配管直徑選擇不良，當每一工作站皆在消耗氣體時，則管路下游的工作站將得不到適當的操作壓力和足夠的空氣量。又當其中有一工作站突然增加空氣消耗量，則會使管路之下游產生壓降。

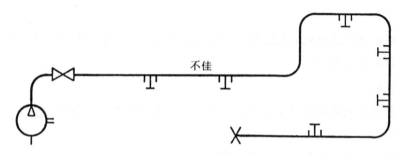

圖 3-49　直線式配管

2. 環狀配管

　　如圖3-50。如空間許可，可採用環狀配管。對於某一分歧管的空氣消耗量突然增加，可由雙方向急速補充氣體，使壓降減至最小程度。又為得到較均勻的壓縮空氣供應，宜採用此種配管型式。

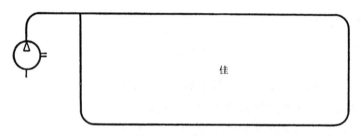

圖 3-50　環狀廻路

3. 互相連接的配管

　　如圖3-51。此亦為環狀廻路，由於空氣管線之縱向與橫向連接，使得任一點之空氣均能使用。

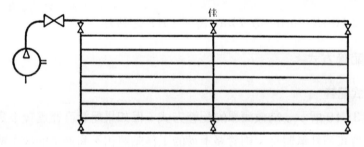

圖 3-51　互相連接的配管

此種配管之特性如環狀配管。惟在管線上裝有切斷閥,可分段隔離,以利清潔、檢查及維修。

4. 高低壓環狀管路

如圖3-52,在兩環狀管路間裝一減壓閥(調壓閥)即可得到高、低壓兩種壓力。

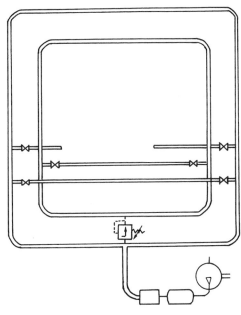

圖3-52　高低壓環狀配管

3-4-4　配管管徑之選定

通常在設計一個新配管系統時,考慮事項如下:

(1)　要考慮到未來增加的空氣消耗量,選用比目前更大一點管徑的配管。

(2)　最高壓縮空氣使用量時,壓力降差不能超過5%。

(3)　由蓄氣筒到廠房最遠之處,在最大流量時所允許之壓力降,依經驗在0.1~0.3 bar。

配管管徑如選擇不良,影響到系統之壓降、能源使用、效率等諸問題,亦有可能必須將原配管系統拆除,重新設計,浪費金錢,故對配管管徑的選擇,不得不謹慎。

下列因素可用來決定配管管徑的選擇:

(1) 空氣消耗量。　　　　　(4) 許可壓力降。

(2) 未來之擴充量。　　　　　(5) 工作壓力。

(3) 配管總長。　　　　　　(6) 配管中之接頭、彎管等數目。

　　配管管徑的選擇，工程上皆採用列線圖表法。列線圖表如圖 3-53、圖 3-54 以下一例題說明。

例題 某一工廠擬裝配一氣壓系統，配管方式採用直線配管，其條件如下：
工作壓力為 8 bar，許可壓力降 △P = 0.1 bar，初期空氣消耗量 240 Nm³/h，三年後總消耗量 960 Nm³/h，管總長 280 m，含有六個 T 型接頭、五個直角肘形管接及一個雙位閥瓣，試求其所需之配管直徑。

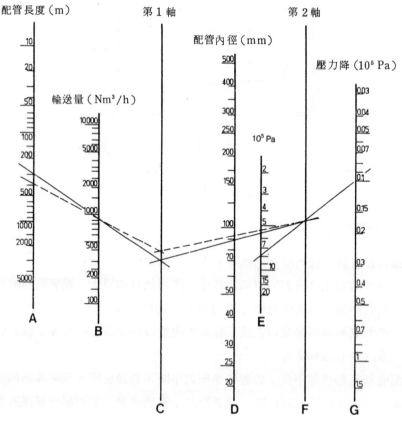

來源：FMA Pokorny Frankfurt 之 "壓縮空氣手冊"。

圖 3-53　　公稱直徑 (mm)

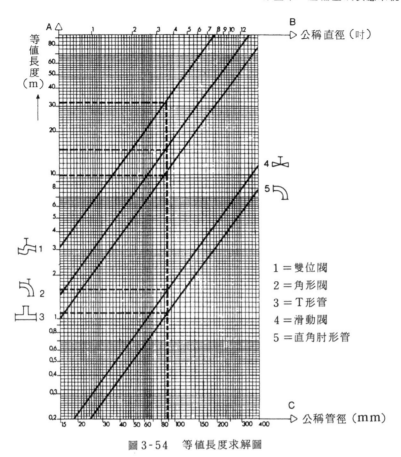

圖 3-54　等值長度求解圖

解　以圖表表示如下：

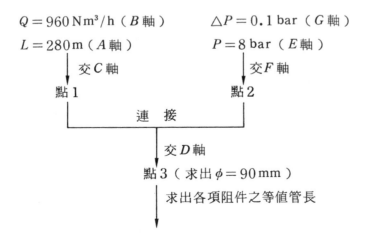

$Q = 960 \, \text{Nm}^3/\text{h}\,(B \, 軸)$　　　　$\triangle P = 0.1 \, \text{bar}\,(G \, 軸)$

$L = 280 \, \text{m}\,(A \, 軸)$　　　　　　　$P = 8 \, \text{bar}\,(E \, 軸)$

　　↓ 交 C 軸　　　　　　　　　　↓ 交 F 軸

點 1　　　　　　　　　　　　　　點 2

　　　　　　　連　接

　　　　　　　　↓ 交 D 軸

點 3（求出 $\phi = 90 \, \text{mm}$）

　　　　　↓ 求出各項阻件之等值管長

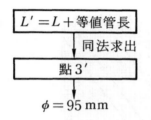

$$L' = L + 等值管長$$

同法求出

點 3′

$$\phi = 95\,mm$$

從列線圖表（圖3-53），連接管長（A軸）和空氣輸送量（B軸）延長與C軸相交於點1。連接工作壓力（E軸）和壓力降（G軸），和直線F軸交於點2，連接點1、點2，可在配管內徑（D軸）得到點3，此交點即爲配管直徑。由圖3-54決定各阻流元件之等值管長：

六個T形接頭（90mm）＝6×10.5＝63m

一個雙位閥（90mm）　　＝1×32＝32m

五個直角肘形管接（90mm）＝5×1＝5m

合計　　　100m

合計管長 $L' = L +$ 等值管長

$$L' = 280 + 100 = 380\,mm$$

利用新的合計管長、空氣消費量、允許壓力降及工作壓力，利用圖3-53重覆上述過程，可得新的配管直徑。

本例題得到新的配管直徑爲95mm。

討論：

(1) 本例題係採用直線式配管，故主配氣管之管徑由計算所得爲95mm，配管材料用瓦斯鋼管（JIS G3427），由表3-7得在公稱尺寸 3½″ 時管內徑93.2mm，公稱尺寸 4″ 時，管內徑105.3mm，故必須選用公稱尺寸4″，管內徑爲105.3mm之瓦斯鋼管。

(2) 如採用環狀配管，則可避免廠內配管太長（直線式），產生供氣不足的現象。當然如採用環狀配管，管內徑可爲直線式配管所需尺寸的2/3，故配管內徑爲 95×2/3＝63.3mm，再由表3-7得，用公稱尺寸 2½″ 之瓦斯鋼管即可。

(3) 配管材料亦可採用不銹鋼管、銅管、耐高壓塑膠管、……等，可依據工作環境和工作條件、經濟問題等採用適當的配管材料。

表3-7 瓦斯鋼管尺寸

稱呼尺寸	尺 寸 （mm）		
	外 徑	近似厚度	近似內徑
1/8	10.5	2.0	6.5
1/4	13.8	2.3	9.2
3/8	17.3	2.3	12.7
1/2	21.7	2.8	16.1
3/4	27.2	2.8	21.6
1	34.0	3.2	27.6
1¼	42.7	3.5	35.7
1½	48.6	3.5	41.6
2	60.5	3.8	52.9
2½	76.3	4.2	67.9
3	89.1	4.2	80.7
3½	101.6	4.2	93.2
4	114.3	4.5	105.3
5	130.8	4.5	130.8
6	165.2	5.0	155.2
7	190.7	5.3	180.1
8	216.3	5.8	204.7
9	241.8	6.2	229.4
10	267.4	6.6	254.2

（詳細參照 JIS G3427）

3-4-5 配管材料

配管材料的選用以安裝容易，能抵抗腐蝕、價格便宜、強度夠、散熱良好為主要需求。配管材料又可分爲送氣管（主配氣管及分歧氣管）材料和機器配管材料。

一、送氣管材料

銅管（紫銅、黃銅） 鋼管（黑皮、鍍鋅）

不銹鋼管 耐壓塑膠管

二、機器配管材料

塑膠軟管　　　　　　　　　橡膠軟管

茲將各種配管材料之特性說明如下：

1. 鋼　管

固定配管使用，大致使用瓦斯鋼管（碳鋼鋼管），又可分爲黑皮管和鍍鋅管。氣壓系統較常採用鍍鋅管，因其價格便宜，且表層鍍鋅，防銹良好。但是鍍鋅管在配管螺紋接合處易漏氣，螺紋切削部位容易生銹，防腐蝕能力較黑皮管差，因此使用鍍鋅管當配管時，必須加裝調理組以清理鐵銹。表3-7爲瓦斯鋼管之尺寸，供各位參考。

2. 銅　管

固定配管時使用有黃銅管及紫銅管。主要用在耐熱、耐腐蝕之場合，尤其伸展性佳，易於加工作業，但成本較高。

3. 不銹鋼管

固定配管使用，主要用在耐熱、耐蝕性之場合，因其施工作業困難，故在直管或大口徑之配管方採用。

4. 耐壓塑膠管

可做固定配管使用，其配管壽命爲半永久性。

5. 塑膠軟管

大致使用在機器配管，其特性是耐腐蝕、耐油性，且易於加工。故在小管徑的地方、壓力低的地方或拆裝頻繁的地方，可採用塑膠軟管，尤以和快速接頭配合，已成爲最快速簡單的氣壓系統管路連接的方法。塑膠軟管依使用壓力可分低壓塑膠軟管和常壓塑膠軟管。

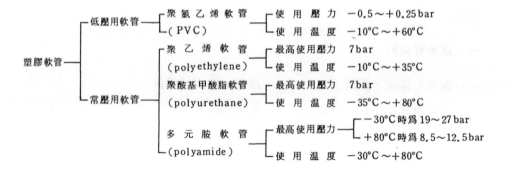

6. 橡膠軟管

　　使用在機器配管。如遇有任意彎曲，而塑膠的機械應力不足以勝任則採用橡膠軟管。其價格較塑膠軟管貴，且配管處理也較困難。

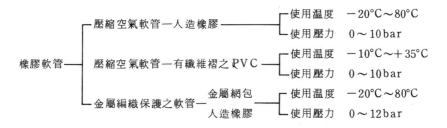

　　橡膠軟管之規格一般係以外徑為準，不像普通管子以內徑為準，宜注意。圖3-55、3-56為塑膠軟管和橡膠軟管，供各位參考。

塑膠軟管

圖3-55　塑膠軟管

壓縮空氣軟管

壓縮空氣軟管

金屬編織保護之軟管

圖3-56　橡膠軟管

3-4-6　管路接頭

1. 螺紋接頭

　　各式螺紋接頭如圖3-57。一般為使防漏更確實，皆採用斜度螺紋。施工時在螺紋上加止洩帶或防漏用接着劑，以保證密封。螺紋接頭一般是用鑄鐵、黃銅等製造。

2. 法蘭接頭

　　如圖3-58。一般管子和法蘭之間係採用焊接，法蘭和法蘭之間加入襯墊或O形環當密封並用螺紋鎖緊即可，通常使用在經常做保養檢查的空壓機週圍之配管或大口徑的配管上。

3. 擴口式接頭

　　如圖3-59。係將薄鋼管、不銹鋼管，或黃銅管的頭端擴成喇叭口形，再用螺帽將喇叭口部鎖緊。

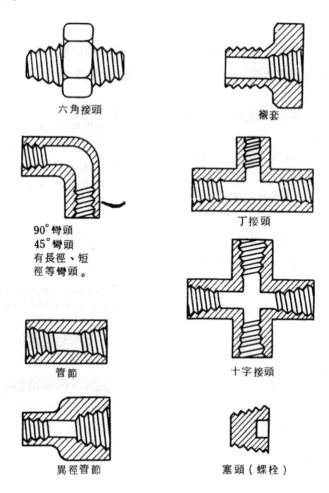

六角接頭

襯套

90°彎頭
45°彎頭
有長徑、短
徑等彎頭。

丁接頭

管節

十字接頭

異徑管節

塞頭（螺栓）

圖3-57　螺紋接頭

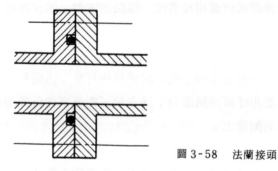

圖3-58　法蘭接頭

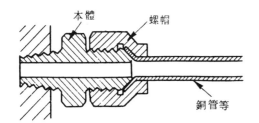

本體　　　螺帽

銅管等

圖3-59　擴口式接頭

4. 套筒式接頭

　　如圖3-60、3-61。圖3-60(a)之套筒為一很容易變形之金屬材料所做成，藉螺帽之鎖緊而使套筒和管子密合，而達到密封之目的。圖3-60(b)當螺帽鎖緊時套筒尖端嵌入管子壁肉而達到密封之效果。

　　圖3-61為塑膠管用套筒式接頭，其套筒由合成樹脂做成。

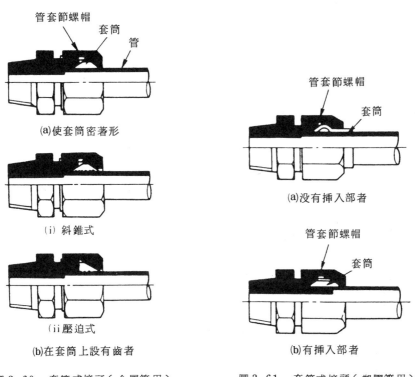

管套節螺帽
套筒
管

(a)使套筒密著形

(i) 斜錐式

(ii壓迫式

(b)在套筒上設有齒者

圖3-60　套筒式接頭（金屬管用）

管套節螺帽
套筒

(a)沒有插入部者

管套節螺帽
套筒

(b)有插入部者

圖3-61　套筒式接頭（塑膠管用）

5. 橡膠軟管接頭

如圖 3-62 。將橡膠軟管插入有鋸齒狀牙的一端，然後用管夾鎖固 。

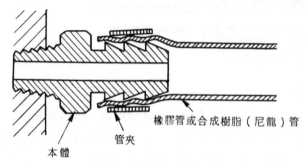

圖 3-62　橡膠軟管接頭

6. 塑膠管用接頭

塑膠管用接頭口徑較小者係把管子插入如圖 3-62 所示鋸齒狀牙接頭中，再在管夾鎖緊 。

一般塑膠管用接頭則採用圖 3-63 所示氣壓用管接頭（ JIS B8381 ）。

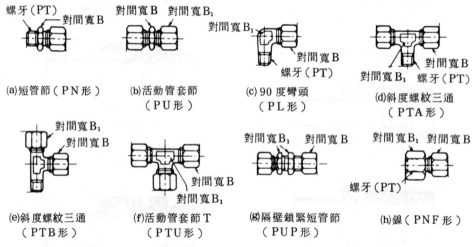

(a)短管節（PN形）　(b)活動管套節（PU形）　(c) 90 度彎頭（PL形）　(d)斜度螺紋三通（PTA形）

(e)斜度螺紋三通（PTB形）　(f)活動管套節 T（PTU形）　(g)隔壁鎖緊短管節（PUP形）　(h)鎳（PNF形）

圖 3-63　氣壓用管接頭種類

7. 快速接頭

如圖 3-64 所示 。用於希望簡便裝卸的場合 。當承受壓力時 ，筒夾（ grip ）會抵緊管壁而拔不出來 ，當要拆時 ，只要將一卡筒用手一押便可解除筒夾的緊張力而輕易拔出 。這種接頭適合小口徑的氣壓配管 ，且裝配成本低廉等特性 。

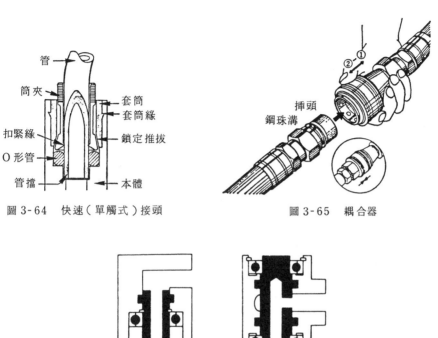

圖 3-64　快速（單觸式）接頭

圖 3-65　耦合器

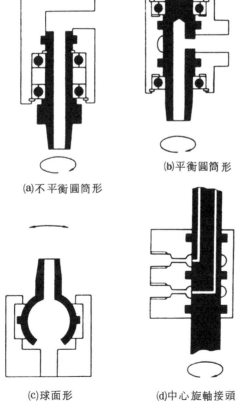

(a)不平衡圓筒形

(b)平衡圓筒形

(c)球面形

(d)中心旋軸接頭

圖 3-66　旋轉接頭

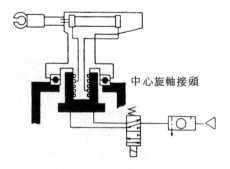

中心旋軸接頭

圖 3-67 中心旋轉接頭應用例

8. 耦合器

　　耦合器用在管路連接分開頻繁的場合。只要操作外側的環即可達到解除或固定內側鋼珠的鎖定（如圖 3-65 ）。接頭內藏止回閥，防止分離時的洩漏，有單方向和雙方向作用者。

9. 旋轉接頭

　　設計成可以當壓縮空氣送進回轉部，接頭本身也可跟着旋轉，如圖 3-66 。圖 3-67 為其應用，中心旋轉接頭非常適用於機器人的廻旋部。

　　管或接頭的端部常切螺紋，連接管和接頭、管與機器、接頭與機器。配管主要用PT螺紋、PF螺紋、小形機器也用M5。

　　以下列舉各式接頭，供各位參考。

鋸齒形氣嘴　型式 N- ... 附密封環	
軟管接頭 型式 RTU- ... 具鋸齒形氣嘴	
軟管接頭 具鋸齒形氣嘴	
快速接頭 型式 CK- ...	

快速接頭 型式 ACK-... 具陰螺紋及封環	
角形接頭 型式 GCK-... 成斜度，自我密封螺紋	
T 型旋轉接頭 型式 TCK-... 俱中空螺絲	
L 型旋轉接頭 型式 LCK-... 俱中空螺絲	
三向接頭 型式 FCK-... 軟管用	
隔箱接頭 型式 SCK-... 軟管用	
隔箱接頭 型式 QCK-... 俱陰螺紋及封環	
結合螺帽 型式 MCK-... 供軟管連接用	
快速推拉配件 型式 CS-...	
快速推拉肘形接頭 型式 LCS-... 接頭上部可旋轉 360°	

快速推拉 L 型接頭 型式 WCS-...	
快速推拉 T 型接頭 型式 TCS 接頭上部可旋轉 360°	
快速推拉 T 型連接頭 型式 FCS	
插入軟管之接頭 型式 N-... 附封環	
插入軟管之接頭 型式 C-...	
軟管夾子 型式 SK-... 符合 DIN 3017	
螺紋密封帶 型式 GWB-0.1 供密封有螺紋之連接	
陽螺紋連接器 型式 CX-... 附封環，PX 軟管用	
陰螺紋連接器 型式 ACX-... 俱陰螺紋及封環，PX 軟管用	
可旋轉肘形接頭 PX 軟管用 型式 LCX-...　　附 2 封環	

可旋轉T形接頭 PX軟管用 型式TCX 附2封環	
軟管接頭 供額定壓力為0.1bar之塑膠 軟管用	
有螺紋之直線式接頭 鋼管連接器 型式QM-...	
肘形接頭 型式G-...	
分支T型接頭 型式FR-...	
旋擺T形接頭 型式TJK-... 俱陰螺紋並附2封環	
旋擺肘接頭 型式LJK-... 俱陰螺紋並附2封環	

3-4-7 配管管路安裝問題

配管管路安裝需注意如下事項：

(1) 壓縮空氣的管路盡可能避免安裝在狹窄的溝槽內。因狹窄的溝槽內空氣
不易流通，無法獲得適當的冷却，以致水蒸氣不能凝結除去。

(2) 在水平方向的管路中，分歧管的管路必須從主配氣管的頂部上面接出，以免凝結水爲空氣流所帶走。（參考圖3-68）

(3) 主配氣管管路在順空氣流動方向有1～2％的下向傾斜度，以利排水且在最低處應裝集水器（參考圖3-68）。

(4) 如配管之管路很長，爲防下游壓力不足，可採用環狀配管方式。

(5) 主配氣管管路的入口或分歧管路與設備之間一定要設空氣過濾器，以防止排洩物、鐵垢等的流出。

(6) 從主配氣管管路拉出分歧管路時，必須裝設切斷閥。同時爲了局部管路維修方便起見，也可在適當處裝設切斷閥。

(7) 在主要氣壓裝置的配管入口側及出口側，應設如圖3-69所示切斷閥及旁通管路。

(8) 由於和空氣壓縮機連接的配管會傳遞振動，故須用如圖3-70所示伸縮配管。

(9) 配管施工前，應對各種接頭、管子做適當處理，以清除毛邊、鐵屑、灰塵等。配管完成，在和設備連接之前，應用壓縮空氣沖乾淨管子內部。

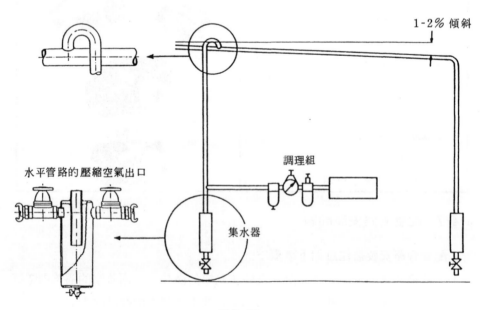

圖 3-68

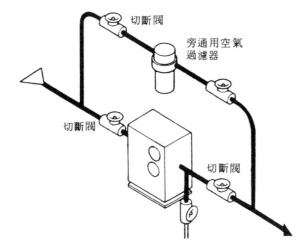

圖 3-69 主管路的旁通管路

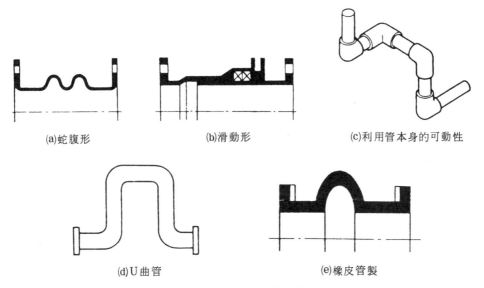

(a)蛇腹形　　　　　(b)滑動形　　　　　(c)利用管本身的可動性

(d)U曲管　　　　　　　　(e)橡皮管製

圖 3-70 伸縮配管實例

⑽ 圖 3-71 爲配管要領例，請參考。

⑾ 可撓性配管採用圖 3-72 的施工要領，要儘量不使配管受到不合理的彎曲。

⑿ 圖 3-73 所示爲密封劑的塗抹法及止洩帶的捲法，宜注意。

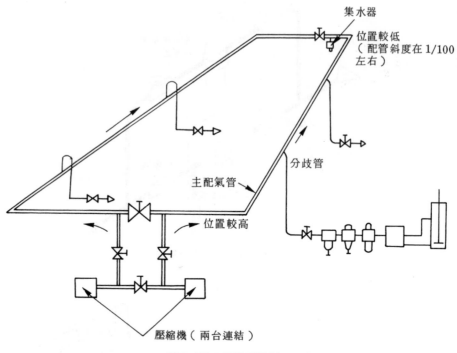

圖 3-71　配管要領例

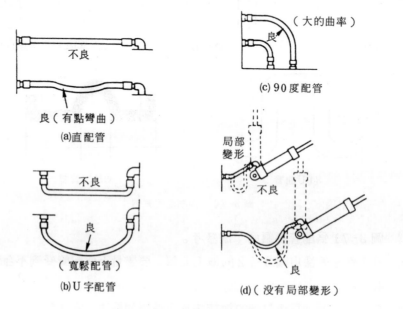

圖 3-72　可撓性配管方法

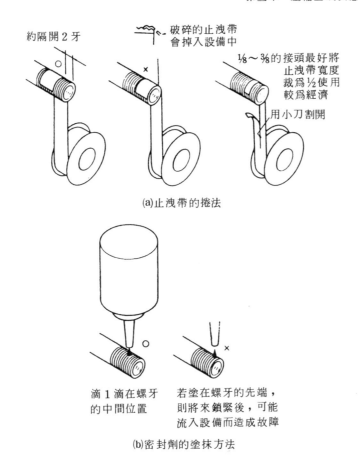

約隔開 2 牙

破碎的止洩帶
會掉入設備中

⅛～⅜的接頭最好將
止洩帶寬度
裁為 ½ 使用
較為經濟

用小刀割開

(a)止洩帶的捲法

滴 1 滴在螺牙
的中間位置

若塗在螺牙的先端，
則將來鎖緊後，可能
流入設備而造成故障

(b)密封劑的塗抹方法

圖 3-73 密封劑的塗抹法及止洩帶之捲法

習 題

3-1 空氣壓縮機有那幾種型式，並簡述之。

3-2 壓縮機的選擇，須考慮到那些事項，簡述之。

3-3 壓縮機之型式與大小，主要依那兩因素而定？

3-4 某一氣壓系統空氣消耗量 $200\,\mathrm{Nm^3/min}$，工作壓力在 $7\,\mathrm{bar}$，可採用那一型式之壓縮機？所需之驅動馬力多少？

3-5 簡述蓄氣筒之功用。

3-6 簡述壓縮機之斷續調節。

3-7 簡述壓縮機安裝注意事項。

3-8　壓縮空氣之乾燥處理有那些方式？簡述其原理、特性、優缺點。

3-9　簡述冷凝水分離器安裝須注意事項。

3-10　何謂壓力露點？

3-11　如何選擇壓縮乾燥器，簡述之。

3-12　簡述乾燥器安裝注意事項。

3-13　空氣濾清器之功用為何？簡述其動作原理。

3-14　簡述空氣濾清器使用注意事項。

3-15　調壓閥之功用為何？簡述其動作原理。

3-16　簡述調壓閥使用注意事項。

3-17　壓縮空氣中加潤滑油之目的為何？是不是所有之氣壓元件皆要加潤滑油？

3-18　簡述固定文氏管型加油霧器之動作原理。

3-19　簡述加油霧器之選用及注意事項。

3-20　簡述調理組之選用。

3-21　壓縮空氣配管不良會產生那些問題？

3-22　簡述配管的機能。

3-23　配管的分類有那幾種。

3-24　簡述主配氣管配管方式、特性。

3-25　配管管徑之選擇須考慮到那些因素。

3-26　簡述各種配管材料之特性。

3-27　管路接頭有那幾種？

3-28　簡述管路安裝注意事項。

3-29　如欲得到一乾燥、高品質之壓縮空氣，請問經過那些過程方可得到，請以方塊圖表示之。

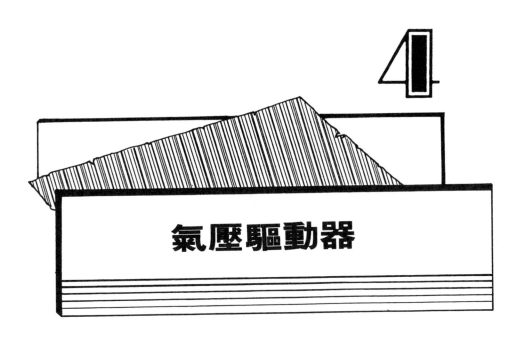

氣壓驅動器

以空氣為動力源，產生機械式運動者，稱為氣壓驅動器；所謂機械式運動，大概可分為直線運動與旋轉運動，前者有氣壓缸，後者一般為氣壓馬達。

4-1 氣壓缸的分類

氣壓缸構造簡單，而且壓縮空氣中所擁有的膨脹能量也最容易轉變成機械的往復直線運動，故廣為工業界所採用。正因為氣壓缸可以產生簡單的機械動作，所以它具有各式各樣的使用方法，種類亦相當繁多。圖4-1為各式各樣的氣壓缸，表4-1依不同的角度對氣壓缸做一區分表。底下對一般常用的氣壓缸及特殊用途氣壓缸作一詳細的說明。

圖 4-1　氣壓缸

表 4-1　氣壓缸的分類

分 類		圖 形 記 號	功 能
活 塞 的 形 式	活 塞 形		最普遍的氣缸形式，可再細分為單動 雙動、差動形。
	衝 柱 形		擁有一個活塞直徑和活塞桿直徑一樣 大的受壓可動部。
	非 活 塞 形		不採用活塞當受壓可動部的氣缸。
	① 膜 片 形		使用膜片當受壓可動部的氣缸。
	② 摺 袋 形		使用摺袋當受壓可動的氣缸。

表 4-1 （續）

分　　　　　類		圖 形 記 號	功　　　　　　　　能
動作的形式	單 動 式		只能供給壓縮空氣給活塞單側的氣缸。
	雙 動 式		可以供給壓縮空氣給活塞兩側的氣缸。
	差 動 式		活塞與活塞桿的環狀面積對回路的功能極重要的氣缸。
活塞桿的形式	單　　桿		只有在活塞的單側有活塞桿的氣缸。
	雙　　桿		在活塞的兩側都有活塞桿的氣缸。
有無緩衝裝置	無 緩 衝		沒裝緩衝裝置的氣缸。
	單 側 緩 衝		只有在單側裝有緩衝裝置的氣缸。
	雙 側 緩 衝		在兩側皆裝有緩衝裝置的氣缸。
多氣缸	套 筒 式		具有能達到長行程的多段壓缸管式活塞桿之氣缸。
	串 聯 式		具有連接成串的多數活塞之氣壓缸。
	多 位 式		裝二個以上的氣缸連在一起，可做多端點位置的選擇。
定位的形式	二 位 置 式		具有前進端和後退端兩種位置最普遍的氣缸。
	多 位 置 式		串連多數個氣缸，可選定幾個不同位置的氣缸。
	剎 車 氣 缸		可利用剎車在任意位置處停止的氣缸。
	定位器氣缸		可以針對任意的輸入信號依一定函數來定位的氣缸。

表 4-1 （續）

分　　　　類		圖 形 記 號	功　　　　　　　　能	
安裝的形式	腳　架　式		固	參考表 4 - 7
	法　蘭　式		定	
	U 形 鈎 式		擺	
	樞　軸　式		動	
	回　轉　式		回　轉	
大小	內 徑 × 行 程		氣缸的大小是用壓缸管的內徑和行程來分類。	
有無給油	給　油　形		必要加油到要使氣缸運轉的壓縮空氣中。	
	無　給　油　式		不需要加油到要使氣缸運轉的壓縮空氣中。	
其他	可 變 行 程 式		備有可限制行程的可變擋板之氣缸。	
	衝　擊　式		具有可產生急速動作的構造之氣缸。	
	塑　膠　式		用塑膠材料製造的氣缸。	
	纜　線　式		使用纜線來取代活塞桿的氣缸構造。	

4-2　直線運動氣壓缸

4-2-1　單動氣壓缸

　　單動氣壓缸壓縮空氣只在活塞之單側施加，壓力源消失後活塞的回行靠其內裝彈簧或利用外力自重復位。此種氣壓缸只在作動的方向需要壓縮空氣，故可節省一半的壓縮空氣。

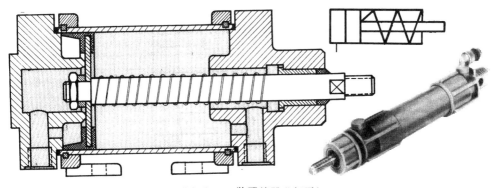

圖4-2　內裝彈簧單動氣壓缸

圖4-3

1. 內裝回行彈簧單動氣壓缸

內裝回行彈簧必須能使活塞快速的退回至起始位置。內裝回行彈簧的單動氣壓缸，其行程受到彈簧自由長度的限制，故行程長度在100mm以內。單動氣壓缸的應用是：夾緊、退料、壓入、舉起、進給等操作應用。圖4-2為內裝彈簧回行的單動氣壓缸。

圖4-3亦是單動氣壓缸，其作動行程系利用彈簧，而活塞之回行則借助壓縮空氣，其優點是當失去動力後產生利車作用，如大卡車、客車、火車的利車器。

2. 膜片氣壓缸

如圖4-4。亦稱"煎餅氣缸"或"夾緊氣壓"，借著橡膠、塑膠、或金屬製之膜片取代活塞的功能。活塞桿連接在膜片的正中央，無滑動密封，須藉由膜片材料的伸張所造成之磨擦產生密封作用。

膜片氣壓缸行程非常短約2mm可用於夾緊或壓床上印花，鉚合等用途。

圖4-4　膜片氣壓缸

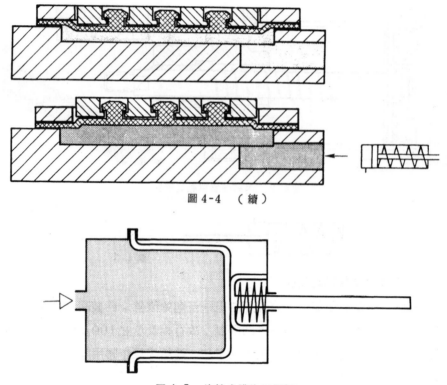

圖 4-4 （續）

圖 4-5 滾捲式膜片氣壓缸

3. 滾捲式膜片氣壓缸

如圖4-5。其構造和膜片氣壓缸類似，一旦壓縮空氣進入時，膜片沿著氣缸之內壁滾動將活塞桿往外推出，其行程約50～80 mm，此膜片氣壓缸大，磨擦力則來得小。

4-2-2 雙動氣壓缸

雙動氣壓缸依活塞及活塞桿設計變化，用途不同，有雙動單桿氣壓缸，雙動雙桿氣壓缸，緩衝氣壓缸、特殊設計雙動氣壓缸。壓縮空氣可分別供給活塞兩側，並借助方向閥改變氣壓缸的前進與回行，此種最常被採用。

1. 單桿氣壓缸

如圖4-6，只在活塞之單側有桿之氣壓缸，活塞之兩側面積不一樣，故出力不等。一般而言，其行程可無限制，但須考慮到活塞桿的撓曲及彎曲強度。在一般氣壓使用上，此種型式符合大部份需求。

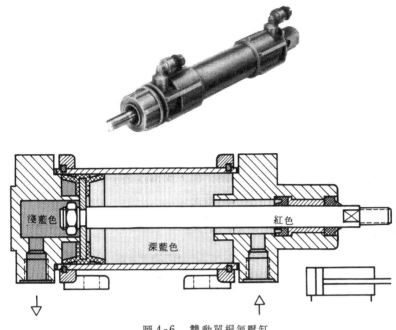

圖 4-6　雙動單桿氣壓缸

2．雙桿氣壓缸

　　如圖4-7 。活塞兩側均有活塞桿，活塞兩側面積皆相同，故活塞之前進、回行出力一樣。此種氣壓缸有一極大優點，即活塞桿在前、後端蓋均有支撐，因此桿之移動極爲穩定。如有側向負荷之情形，最好採用雙桿氣壓缸。

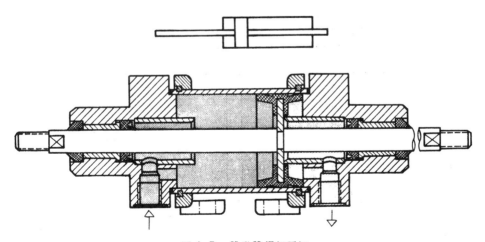

圖 4-7　雙動雙桿氣壓缸

3. 緩衝氣壓缸

　　如圖4-8。為避免活塞桿在推拉大型重物或氣壓缸之速度太快而產生劇烈碰撞。必須在活塞行程的終端位置前妥為緩衝。此緩衝原理乃是活塞到達終點前，正常排氣被連接於活塞桿的〝緩衝活塞〞所切斷，迫使空氣通過另一可調節流口送出。故在氣壓缸的最後部份，壓縮空氣又被壓縮形成一氣墊，可使活塞緩緩移動到達端點位置。緩衝原理參考圖4-9。當氣壓缸回行（前進）時，空氣可毫無阻礙得以全速前進。

　　緩衝氣壓缸依設計之不同有單側緩衝、雙側緩衝。緩衝裝置有固定式和可調整式，故可歸納如表4-2四種不同形式。

圖4-10可供緩衝氣壓缸選定參考資料。

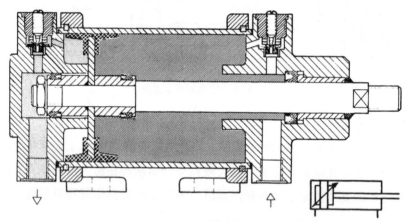

圖4-8　緩衝氣壓缸

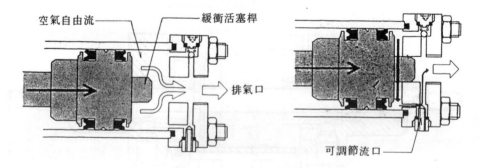

圖4-9　緩衝原理

表 4-2

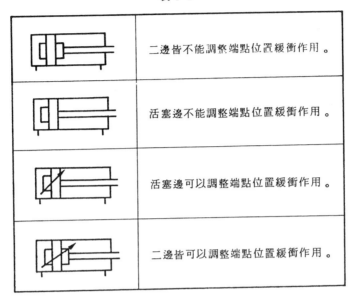

	二邊皆不能調整端點位置緩衝作用。
	活塞邊不能調整端點位置緩衝作用。
	活塞邊可以調整端點位置緩衝作用。
	二邊皆可以調整端點位置緩衝作用。

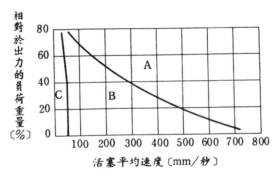

註 A：在氣缸內無法利用緩衝吸收衝擊的範圍

　B：在氣缸內可利用緩衝吸收衝擊的範圍

　C：沒有緩衝也可以使用的範圍

圖 4-10　負荷與活塞速度之關係（額定壓力為 7bar）

※**4. 特殊設計雙動氣壓缸**

一、串連式氣壓缸

　　如圖 4-11 所示，將數個活塞串連成一體共用一氣缸。對於要求較大氣缸出力時，氣缸直徑因受空間限制無法加大而軸向又正好有足夠的空間可資活動時

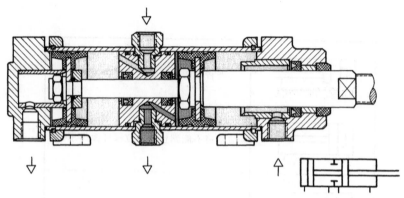

圖 4-11　串連式氣壓缸

，可採用串連式氣壓缸。圖 4-11 有二個雙動氣壓缸，如二個活塞同時供給壓縮空氣，則活塞桿之出力約可增加一倍，故在伸出部份的活塞桿通常加粗直徑以防止出力過大而產生彎曲。

二、多位置氣壓缸

　　係在同一軸上擁有二個以上的活塞，各活塞在各自獨立的氣缸空間內活動，利用各壓缸內所加入氣壓使活塞分別移動。如圖 4-12 所示，係二個不同行程長度氣壓缸的結合，可組合出 4 個端點位置。多位置氣壓缸構造簡單，定位精度高，對於需要定位置數量多的場合（如選別材料或成品），經常被採用。

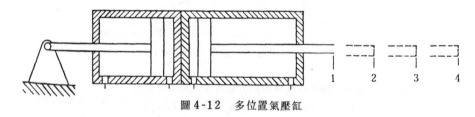

圖 4-12　多位置氣壓缸

三、衝擊氣壓缸

　　衝擊成型作業，需要很大的衝擊力，必須採用衝擊氣壓缸。根據動能公式：$KE = \dfrac{1}{2}mV^2$，提高速度 V，可大幅增加動能，然在高速運動時，壓縮空氣無法即時供給以產生高加速度，所以在衝擊氣壓缸上有一蓄氣室以緊急供給高加速度時所需的空氣，如圖 4-13。其動作原理如下：

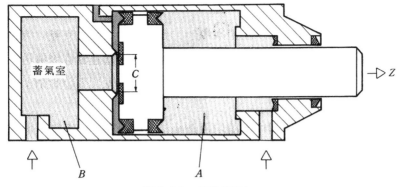

圖4-13　衝擊氣壓缸

　　*A*空間充滿壓縮空氣，再利用操作閥瓣使*B*空間壓力增高，*A*空間則排氣當*C*面積所受之力大於*A*空間的活塞力時，活塞自其密封位置開始移動，這麼一來活塞露出之面積增大，因此力量也加大，壓縮空氣可以很快由空間*B*迅速進入截面積較大之部位，因此活塞之速度即刻加快。

　　衝擊氣壓缸之衝擊速度為7.5～10m/s（一般為1～2m/s），適於加壓、衝邊、鍛造、衝孔、衝斷等作業，但在長行程的成形操作中，行程速度及衝擊能很快的消失，故不適用於長行程的作業。

四、纜索氣壓缸

　　如圖4-14所示，一條纜索導引在二個輥輪上且與活塞的的每一邊相接，因此氣壓缸的進氣與排氣時能使纜索產生一拉力而左右運動。典型運用如開門動作。

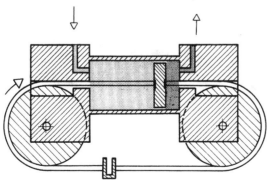

圖4-14　纜索氣壓缸

五、無桿式氣壓缸

　　如圖 4-15，完全摒棄傳統活塞桿的方式，它在氣壓缸管軸向開有一槽縫，且在活塞上設一活塞軛，從槽縫突出於外側，將活塞運動直接傳送於連接架上。槽縫部份係利用兩片不銹鋼製封帶橫跨於兩端端蓋間來作封閉，以保持氣壓缸內外密封。

　　無桿式氣壓缸其主要零件系採用鋁合金，施以硬化陽極處理，重量輕而耐用。其行程特長，可達 10 m，並可縮短裝配空間，為一般傳統氣壓缸之一半左右。

　　以上所述無桿式氣壓缸其活塞和連接架有機械式連接，此種構造之氣壓缸其活塞直徑大於 40 mm；如活塞直徑小於 40 mm，活塞和連接架無機械式連接，而採用活塞上的磁鐵吸引外套的磁鐵環運動，達到密封的效果。

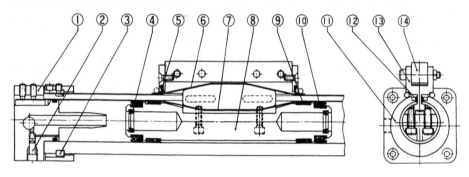

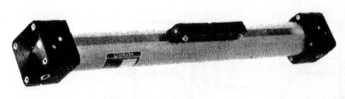

號碼	名　　稱
1	壓　缸　蓋
2	緩　衝　針
3	環　　　片
4	緩　衝　迫　緊
5	除　塵　器
6	外　側　密　封　帶
7	內　側　密　封　帶
8	活　　　塞
9	磨　　　環
10	活　塞　迫　緊
11	壓　　　缸
12	滑　動　支　持　片
13	活　塞　軛
14	連　接　架

圖 4-15　無桿式氣壓缸

六、無接觸感應式氣壓缸

如圖 4-16，除了活塞上裝有一環形永久磁鐵外，和一般氣壓缸並無兩樣。氣壓缸上裝一滑軌，無接觸感測近接開關裝在滑軌上，氣壓缸之前進與後退位置，可由近接開關之位置調整，如採用之近接開關爲電氣訊號產生器（電氣簧片開關），其定位精度可達 ±0.1 mm。

圖 4-17 爲近接開關之動作原理。圖(a)在作動前近接開關之接點打開不通電；圖(b)當接近磁場時，接點隨即閉合，產生電氣訊號。磁場則是由活塞上之永久磁鐵提供。至於電氣簧片開關其內部電路如圖 4-18。

 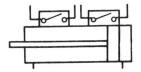

圖 4-16　無接觸感應式氣壓缸

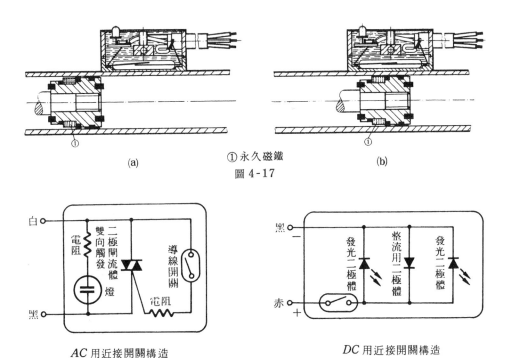

(a)　　　　　　①永久磁鐵　　　　　(b)

圖 4-17

AC 用近接開關構造　　　　　　　DC 用近接開關構造

圖 4-18

七、可變行程氣壓缸

可變行程氣壓缸具有限制行程的可變阻擋塊（stopper）構造，最簡單的方法就是像表4-1圖形符號中所示，利用穿透氣壓缸端蓋且車有螺紋的阻擋塊移動而達到調整行程的目的，當然只有單桿氣壓缸才能做到這點。

※ 4-3　搖擺式氣壓缸

搖擺式氣壓缸乃是出力軸被限制在某個角度內做往復旋轉的一種氣壓缸，故又叫旋轉式氣壓缸。

搖擺式氣壓缸目前可說是和直線式運動的氣壓缸一樣廣被工業界採用。圖4-19為其使用例。

搖擺式氣壓缸也是利用壓縮空氣所擁有膨脹作功的能量，轉變為機械式運動，依其構造，可分為葉片型和活塞型兩類。

※ 4-3-1　葉片型搖擺式氣壓缸

如圖4-20所示，壓縮空氣作用在安裝有出力軸的葉片上，產生回轉扭拒，其輸出功率取決於受壓的葉片面積和使用之空氣壓力。

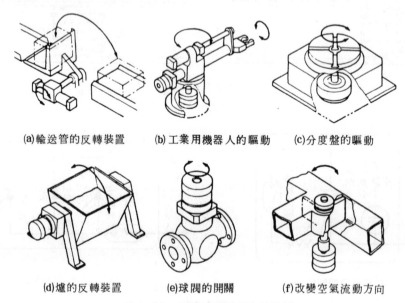

(a)輸送管的反轉裝置　　(b)工業用機器人的驅動　　(c)分度盤的驅動

(d)爐的反轉裝置　　(e)球閥的開關　　(f)改變空氣流動方向

圖4-19　搖擺式氣壓缸的使用例

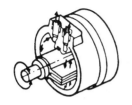

圖 4-20　葉片型搖擺式氣壓缸

　　依葉片數之不同，有單葉型、雙葉型等，葉片愈多，擺動之角度變小，但相對的，扭拒卻增大。單葉型擺動角度在 270～300 度，雙葉型 90～120 度，三葉型則在 60 度以內。此類氣壓缸密封上有困難，葉片直徑或寬度，亦有限制，只可產生小扭拒。

※ 4-3-2　活塞型搖擺式氣壓缸

1. 齒條及小齒輪型搖擺式氣壓缸

　　如圖 4-21 所示。活塞上的齒條移動帶動小齒輪回轉以得到出力扭矩。此型搖擺式氣壓缸可在內部設緩衝裝置，但構造複雜。又可使用一調整螺絲在其額定回轉角度內調整小齒輪回轉之角度。小齒輪之回轉角度有 45°，90°，180°，270° 至 720° 各種商用標準。其扭矩之大小取決於壓縮空氣之壓力、活塞面積及齒數比而定。此類之氣壓缸可應用在翻轉製件、金屬管之彎形、調節大型空調及設備等處使用。

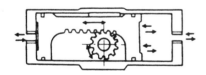

圖 4-21　齒條及小齒輪型搖擺式氣壓缸

2. 螺桿型搖擺式氣壓缸

　　如圖 4-22 所示。活塞的移動，帶動出力軸的螺旋桿而使出力軸產生回轉運動。此型活塞上設有防止回轉軸可承受反作用力。此型氣壓缸出力軸回轉角度可達 360 度以上，市面之規格品以 100～370 度為多。但如把活塞行程加長則可使出力軸得到更大的回轉角度。其外型較大，效率只有 80 ％左右。

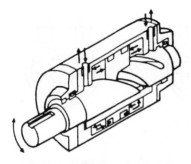
圖 4-22 螺桿型搖擺式氣壓缸

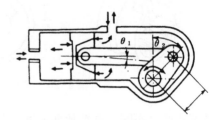
圖 4-23 曲柄型搖擺式氣壓缸

3. 曲柄型搖擺式氣壓缸

如圖 4-23 所示。此型氣壓缸系利用曲柄將活塞的直線運動變成回轉運動，故回轉角度受限制，一般約在110度以內。出力扭矩因回轉角度之不同而改變。

4. 軛型搖擺式氣壓缸

如圖4-24所示。回轉角度受限制，出力扭矩亦受回轉角度之變動而不同。

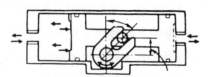
圖 4-24 軛型搖擺式氣壓缸

※4-4 特殊用途氣壓缸

1. 方型活塞桿氣壓缸

有單動和雙動形式。圖 4-25 為雙動型。其活塞桿為方型故不會產生回轉，故在空間受限制而無法加裝導桿時可充份使用此種氣壓缸。

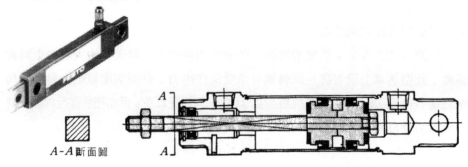
A-A 斷面圖

圖 4-25 方型活塞桿氣壓缸

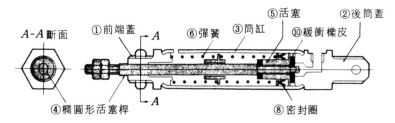

圖 4-26　橢圓型活塞桿氣壓缸

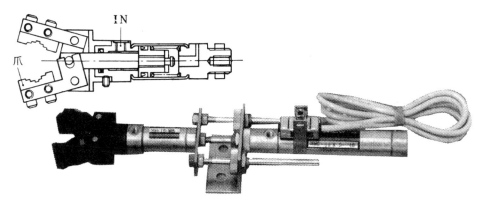

圖 4-27　機械手氣壓缸

2. 橢圓型活塞桿氣壓缸

　　如圖 4-26 所示，活塞桿爲橢圓形，功用如方型活塞桿氣壓缸。

3. 機械手用氣壓缸

　　如圖 4-27 所示，其活塞桿上加一連桿裝置，當活塞桿前行時，爪張開，活塞桿回行時，爪閉合用以夾小型工件，此型氣壓缸有單動和雙動形式。

4. 刹車氣壓缸

　　壓縮空氣具有壓縮性，故利用傳統的氣壓缸很難精確地控制其行程中間定位，若需高精度的中間定位（±0.2mm以內），則須採用刹車氣壓缸。

　　刹車氣壓缸依作用方向、動力、作用的目的分類如下：

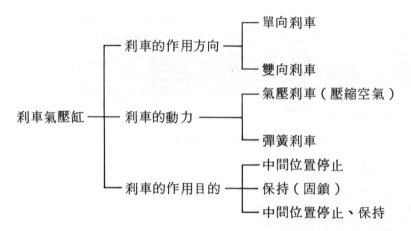

利車氣壓缸依其利車方式之不同有下列六種型式（圖4-28）

(a) 滾斜式

如圖 4-28 (a)利用彈簧及斜面原理構成，其動作原理參考圖 4-29 ，當活塞桿前行時先將利車彈簧頂住，使斜面無法將活塞桿夾住成緊密狀態。如當活塞桿到達某一位置，將氣源切斷，此時利車彈簧會將斜面頂住而使活塞桿停留在任何位置。

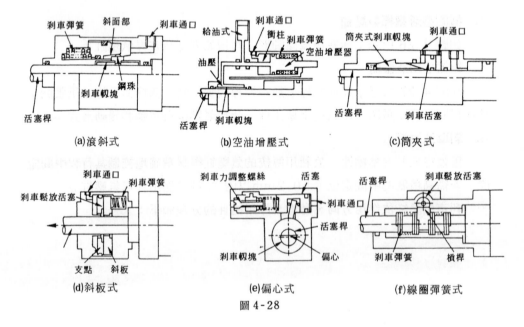

圖 4-28

· 刹車彈簧壓縮

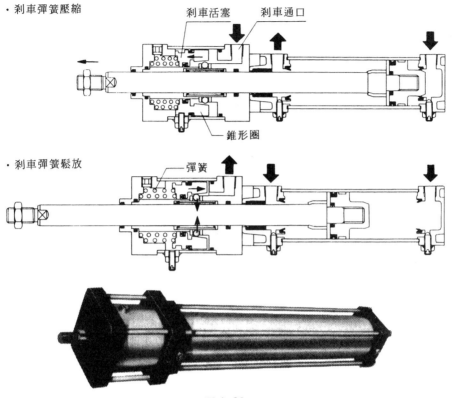

圖 4-29

(b)　空油增壓式

　　如圖 4-28 (b)乃利用空油增壓器，產生高壓的油壓來製造刹車力。由刹車通口排出壓縮空氣，則可利用彈簧力使空油增壓器的活塞壓向左方，藉衝柱製造高壓油做為煞車力，這些高壓油壓縮在刹車軔塊的四週，對活塞桿施以刹車作用。

(c)　筒夾式

　　如圖 4-28 (c)，利用剖分為兩半且兩端帶有斜度的筒夾（collet chuck）。充當刹車軔塊，用來夾緊活塞桿，產生刹車作用。

(d)　斜板式

　　如圖 4-28 (d)，利用斜板產生刹車力，當活塞桿向左方移動時，壓縮空氣由刹車通氣口排出，藉著彈簧力則可使斜板以支點為中心逆時針方向回轉，利用斜板上和活塞桿接觸的上下兩點（刹車接觸部近於點或線的接觸），便可對活塞桿施加刹車力。

(e) 偏心式

如圖 4-28 (e)，使活塞桿的中心和剎車韌塊的回轉中心有點偏心，利用壓縮空氣或彈簧使剎車韌塊回轉，於是剎車韌塊就會逐漸擠壓活塞桿而產生剎車力。

(f) 線圈彈簧式

如圖 4-28 (f)，系利用線圈彈簧的變形產生剎車力。

茲將以上所述一般常用氣壓缸之特徵整理如下：

種　　類	特 徵	
	優　　　　點	缺　　　　點
單動型附彈簧	• 空氣的消費爲雙動型的½ • 操作閥以 3 口閥爲最佳	• 有彈簧的阻力 • 單程的出力，速度由彈簧的力量決定 • 全長較短，成本高
單動型　　無	同　　　　　　　　　上	• 回程需要外力
雙動型　　單桿	• 往復的速度，力容易控制 • 構造簡單小型	• 往復的速度，力多少有差異 • 操作閥要用 4 ，5 口閥
雙動型　　雙桿	• 往復的速度，力容易控制 • 氣壓缸的動作確認訊號容易取得 • 往復的速度、力一定	• 全長較長 • 操作閥要用 4 ，5 口閥
串連式氣壓缸	• 以氣壓缸徑作比較可出較大的力	• 全長較長
多位置氣壓缸	• 可停止在行程中的一定位置	同　　　　　　　　　上
衝擊氣壓缸	• 利用衝力能做大的功率	• 氣壓缸需要自身的機械強度 • 容易產生噪音
膜片氣壓缸	• 無流體的洩漏 • 動作圓滑 • 不需潤滑	• 行程短 • 外徑較大 • 較低壓不能使用

滾捲式膜片氣壓缸	・無流體的洩露 ・動作圓滑 ・不需潤滑	・行程短 ・外徑較大 ・較低壓不能使用
搖動型葉輪	・廻轉軸方向短，較小型 ・構造簡單	・防止空氣的洩漏困難 ・廻轉角度在一廻轉以下
搖動型齒條齒輪	・廻轉角度1圈以上 ・容易防止空氣的洩漏（活塞型）	・構造複雜 ・外型大

4-5　雙動氣壓缸的構造及其組成零件

4-5-1　構造

　　雙動氣壓缸大致已規格化了，但依實際用途需要，也可做適當的更改。本節是以氣壓缸端蓋板固定的方法對其構造作適當之分類如表4-3。

表4-3　按氣壓缸端蓋板固定的方法分類

裝配形式	構　　　造　　　例	裝配形式	構　　　造　　　例
牽桿式	螺帽　　牽桿	法蘭式	法蘭　螺柱
螺紋鎖緊式	螺紋	整體式	前後端蓋板和筒缸成一體
壓緊配合式	壓緊配合	鍵槽安裝式	鍵

1. 牽桿式

牽桿式乃是利用牽桿將筒缸兩端之端蓋板結合牢固者。此種形式的氣壓缸其端蓋板和活塞可大量生產，再分別按照各種規格需求生產和行程搭配的筒缸、牽桿、活塞桿等零件，不但可大量生產，且成本降低，廣為工業界採用。牽桿式氣壓缸適合於重負荷使用。

2. 螺紋鎖緊式

乃是將筒缸兩端的內徑車削螺紋，再和外徑已車好螺紋的端蓋板配合，通常使用在氣壓缸筒缸內徑較小的產品上，較適於輕負荷使用。

3. 壓緊配合式

此乃將筒缸之內徑插入端蓋板的外徑，並在筒缸之端部加壓成緊密接合狀態。此種形式之氣壓缸其筒缸內徑在 40 mm 以下，適於輕負荷使用。

4. 法蘭式

法蘭式的筒缸，系利用鑄造、鍛造或焊接的方法在筒缸之端部製作一凸緣（flange），而端蓋板系以螺栓結合在法蘭（凸緣）上。鑄造品使用在筒缸內徑較大而行程較短者，鍛造品則適用於小形者，焊接品可用在筒缸較大而行程長者。

5. 整體式

此種構造系將前後端蓋板和筒缸完全做成一個整體，製造方法可用鑄造、鍛造或焊接。一般皆用在小形氣壓缸上。

6. 鍵槽安裝式

此乃在筒缸的內側及端蓋板的外側已先加工妥鍵槽，端蓋板鍵槽上一部份有孔。將端蓋板壓入筒缸配合而成。此種構造的氣壓缸使用在輕負荷上。

4-5-2 組成零件

活塞形氣壓缸主要是由活塞、活塞桿、筒缸、前後端蓋板、牽桿、襯套、各種密封等主要零件所組成，參考圖 4-30。

1. 活塞

活塞必須和筒缸內徑做磨擦滑動，且必須承受撞擊，固此必須具備足夠的強度和磨耗性。活塞之外圍上裝有襯墊當密封使用。

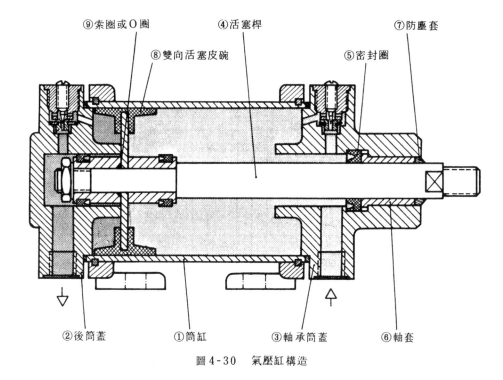

⑨索圈或Ｏ圈　　④活塞桿　　⑦防塵套

⑧雙向活塞皮碗　　⑤密封圈

②後筒蓋　　①筒缸　　③軸承筒蓋　　⑥軸套

圖4-30　氣壓缸構造

2. 活塞桿

活塞桿設計時必須考慮到能承受壓縮、拉張、彎曲、振動等各種負荷的足夠強度及耐磨耗性。

活塞桿上之螺紋一般由輥輾成形，活塞桿之表面粗度要求在 $1\mu\mathrm{m}$ 以內。

3. 筒缸

筒缸內徑必須承受和活塞之間的滑動磨擦和壓縮空氣之壓力，故必須有足夠的耐磨性及耐壓性。一般而言，筒缸之缸壁必須經過精密加工及鏜磨加工，並經適當之鍍鉻處理。

4. 端蓋板

位於筒缸之兩端，如有緩衝機構的氣壓缸，其緩衝機構即在端蓋板內。前端蓋板上安裝有支撐活塞桿用的襯套及密封活塞桿的襯墊。

5. 牽桿

牽桿必須具有足夠之強度以擋住端蓋板所承受的壓力和衝擊力。

茲將以上所述五種組件依負荷之不同其所用之材料列表（表4-4）如下：

表 4-4 氣 缸 材 料

氣缸零件	氣 缸 型 式		
	輕 載	中 載	重 載
筒 缸	硬拉製無縫鋼管或冷拉製的鋼管。	硬拉製無縫銅或鋼管；鋁、銅、鐵或鑄鋼。	硬拉製無縫管、黃銅、青銅、鐵或鋼。
端 蓋 板	鑄鋁合金、構造用鋁、黃銅、青銅、鑄鐵。	鋁，鑄鐵或鋼，構造用黃銅或青銅。	高張力延性鑄鐵或鍛鋼。
活 塞	鉛合金或鑄鐵。	鋁合金，黃銅，鑄鐵。	鑄鐵或鋼，表面包青銅。
活 塞 桿	中碳鋼，表面研磨並鍍硬鉻。	中碳鋼、表面研磨光亮並鍍硬鉻；或研磨光亮的不銹鋼。	熱處理，研磨光亮並表面鍍硬鉻的合金鋼。
牽 桿	鋁合金或鑄鐵。	鑄鋁、鑄鐵或延性鑄鐵。	高張力的鑄鋼或構造用鋼。

6. 活塞桿襯套

此襯套用來引導活塞桿之往復運動，係由燒結青銅金屬鍍膜的塑膠製成。此襯套亦可採用無給油軸承。

7. 刮塵環

目的在阻止塵埃或灰泥進入氣壓缸，如氣壓缸上有此裝置，則不再需要用摺疊式保護套。

8. 密封

氣壓缸為了防止漏氣及外物的侵入，必須採用密封裝置。密封裝置分為固定用密合墊（gasket）（靜止密封）和活動用襯墊（packing）。

固定用密合墊以O形環為代表，而襯墊則有擠壓式襯墊（squeeze packing）及唇式襯墊（lip packing）。

擠壓式襯墊是利用襯墊壓縮變形，藉其彈性反作用力產生接觸壓力而加以密封；唇式襯墊是利用唇部突緣的壓力進行密封。

密封材料的選擇必須考慮如下事項：

⑴ 密封與溫度、潤滑劑

若密封材料不適合氣壓缸之運轉溫度，則會導致永久變形，使密封材料被破壞，喪失密封之功能。圖 4-31 為襯墊材質其使用溫度範圍。

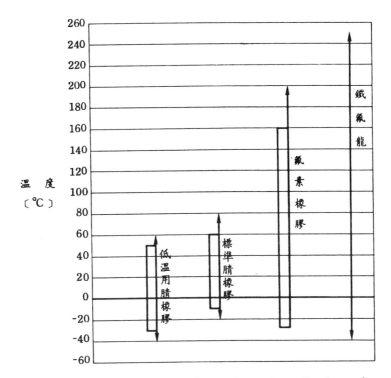

註 ☐ ：表示即使長時間使用也保證安全的溫度

圖4-31　襯墊材質及其使用溫度範圍

表 4-5　各種潤滑油對氣壓系統器材適合性

種　　　類	特　　　徵	用　　　途	評　價
機　　　油	用途最廣、便宜的油料，含有石臘成份，易於凝固，若精製未完全，呈膠著狀，會生摩耗。	一般機械的潤滑油	×
齒　輪　油	由最低級至最高級的都有，含有脂肪、活性硫等添加劑，對合成橡膠會產生侵蝕。	汽車、一般機械的齒輪用。	×
錠　子　油	含苯胺成份低，爲一種輕質潤滑油，會使合成橡膠等，密封材產生膨脹的情形。	低荷重、高速軸承等精密機械用。	×
透　平　油	由臘基溶劑精製油的高級品，耐酸化、耐乳化性優良，有添加透平油的酸化安定性特別優良。	各種透平機或其他高速軸承用。	○
一般油壓作動油	爲一般油壓機器用而開發，含各種添加劑以達必要之特性，和透平油系列相類似。	一般油壓機器用。	○
多　用　途　油	同上及爲工業上多目的的用途而開發。	一般油壓機器用及工業用多目的的油。	○

適合性評價　○：適用　×：不適用或儘量不採用

表 4-6　襯墊（packing）的種類及其特性

種類	名稱	形狀	材質	密封性（空氣）	摩擦阻力	耐久性	對溝槽的安裝性	對於表面要求加工粗度	耐壓性	速度（m/秒）	主要用途 活塞	活塞桿	緩衝	固定
唇式襯墊	U 形襯墊		氯基甲酸乙脂橡膠	優	優	優	○	1.5～3.0S	優	1	○	○.	○	△
			合成橡膠	中優	中優	良	○	1.5～3.0S	良	0.5	○	○	○	△
			皮革	可	中優	優	○	1.5～1.2S	優	1	○	○	○	△
	V 形襯墊		合成橡膠	良	可	良	×	1.5～6.0S	優	0.5	△	○	×	△
			PTFE	良	優	良	×	1.5～3.0S	良	0.3	△	○	×	△
			皮革	良	良	優	×	1.5～12 S	中優	1	△	○	×	△
	L 形襯墊		氯基甲酸乙脂橡膠	優	可	優	×	1.5～3.0S	優	0.5	○	×	○	△
			合成橡膠	優	可	良	×	1.5～3.0S	良	0.5	○	×	○	△
			皮革	可	良	優	×	1.5～12 S	優	1	○	×	○	△
	J 形襯墊		合成橡膠	優	可	良	×	1.5～6.0S	良	0.5	×	○	×	△
			皮革	可	良	優	×	1.5～12 S	優	1	×	○	×	△
擠壓式襯墊	O 形環		合成橡膠	優	良	良	○	1.5～3.0S1	良	0.5	○	○	○	○
	D 形環		合成橡膠	優	良	良	○	105～3.0S	良	0.5	○	○	×	△
	三角形環		合成橡膠	良	優	可	○	1.5～3.0S	可	0.5	△	△	×	△
	T 形環		合成橡膠	優	優	優	○	1.5～3.0S	優	0.5	○	○	○	△
	方 形 環		合成橡膠 PTFE	優	—	良	△	1.5～3.0S	良	—	×	×	×	○
	滑動密封		合成橡膠 PTFE	良	優	優	△	1.5～3.0S	良	1	○	○	×	△
	X 形環		合成橡膠	優	優	良	○	1.5～3.0S	良	0.5	○	○	×	△
其他	活 塞 環		PTFE	可	優	良	○	0.8～1.5S	優	3	○	×	×	×
			金屬，碳			優				5				
	弓 形 襯 墊		PTFE	可	優	良	×	0.8～1.5S	優	3	×	○	×	×
			金屬，碳			優				5				
	迷宮式襯墊			不可	優	優	—	—	不可	10-30	○	○	×	×

潤滑油選用不當，易使氣壓缸內之密封材質產生冷化，表 4-5 提供各種潤滑油對氣壓系統器材的適合性之知識以為讀者選用之參考。

(2)　滑動面的表面粗度

滑動面之表面粗度對襯墊的磨耗、洩漏、壽命、及氣壓缸的最低動作壓力有深大之影響。依據 JIS 規定，活塞桿之表面及筒缸之內面其表面粗度為 1.6 s，活塞之滑動面為 3.2 s，襯套之滑動面為 1.6 s。

(3)　密封的形狀

若密封的形狀和溝槽的設計無法符合氣壓缸的使用條件，則無法發揮密封的功能，尤以運動部位的襯墊更需注意。

表 4-6 為襯墊的種類及其特性，供各位參考。但在一般使用條件下，活塞及活塞桿上最常使用的是 U 形襯墊及 O 形環。最近之無給油氣壓缸則大致採用有溝 U 形襯墊或 X 形環。

4-6　氣壓缸的安裝

氣壓缸的安裝形式如表 4-7 所示。表中所示回轉氣壓缸（rotating cylinder）是指具有回轉連接器，可和連接管路做相對連續的回轉運動，活塞桿仍沿軸向運動。此和搖擺式氣壓缸不同（oscillating rotary actuator），宜注意。

4-7　氣壓缸之規格表示

氣壓缸的大小係按筒缸之內徑及行程來表示。但一完整之規格表示方式，包含內徑、行程、安裝方式，有無緩衝裝置，活塞桿之接頭形式等，茲表示如下：

$A - B - C \times D - E$

A ：安裝形式　（參考表 4-7）

B ：緩衝裝置

　　B ：附緩衝裝置

　　N ：不附緩衝裝置

　　R ：前端蓋附緩衝裝置

　　H ：後端蓋附緩衝裝置

表 4-7　氣壓缸的按裝形式

負荷的運動方向	安　裝　方　式		構　造　例	備　　　考
固 定	負荷做直線運動	腳 座 型	軸向腳座型 （向外） （ L B ）	最普遍最簡單的安裝法，主要於輕負荷方面
			軸側腳座型 （ L A ）	
		法 蘭 型	活塞桿側法蘭型 （ F B ）	最強有力的安裝，必須使負荷運動方向與軸心對準
			頭側法蘭型 （ F A ）	
擺 動	負荷在同一平面內擺動，凡是有擺動的可能性，即使是做直線運動，亦可使用	U 型 鈎	單U形鈎 （ C A ）	必須使負荷的擺動方向與氣缸的擺動方向一致不要讓活塞桿受到徑向負荷作用因係搖擺運動，故須設法不與他物碰觸
			雙U形鈎 （ C B ）	
		耳 軸 型	活塞桿側耳軸型 （ T A ）	
			中間耳軸型 （ T C ）	
			頭側耳軸型 （ T B ）	
回 轉	負荷做連續回轉	回轉氣缸		使用對回轉密封有絕對功能的設計

C　：筒缸之內徑 mm

D　：行程 mm

E　：活塞桿接頭

　　Y：附 Y 型接頭

　　I：附 I 型接頭

　　N：不附接頭

圖 4-32 為 FESTO 產品活塞桿接頭。

圖 4-32　活塞桿接頭

例題　購買之氣壓缸為頭側法蘭型，附緩衝裝置，氣壓缸內徑 40 mm，行程
200 mm，附 Y 型接頭。

解　表示方式如下：

$$FA - B - 40 \times 150 - Y$$

4-8　直線運動氣缸有關的計算

為了說明上的方便起見，我們可想像有一利用雙動氣壓缸來推動工具機的
工作枱，以切削位於其上的工件之實例。此氣壓缸之負荷必須考慮如下項目：

　　F_N：工作需要的有效力（此處為切削力）

　　F_{dyn}：使重量加速的動力（此處包含工作枱重量＋工作重量）

　　F_{RZ}：氣壓缸之磨擦阻力

　　F_{Ra}：工作枱滑動之磨擦阻力

　　F_g：氣體流出所造成的背壓（可忽略不計）

則氣壓缸之負荷以如下式子表示

$$F = F_N + F_{dyn} + F_{RZ} + F_{Ra} \tag{4-1}$$

式中工作枱之磨擦阻力可以如下式子表示：

$$F_{Ra} = \mu \cdot G$$

μ：磨擦係數 $0.15 \sim 0.30$

G：（工作枱重＋工件重）

4-8-1　氣壓缸的出力

氣壓缸的出力和空氣壓力、筒缸內徑、磨擦阻力等有關。氣壓缸之理論出力表示如下

$$F_{th} = A \cdot P \tag{4-2}$$

式中　　F_{th}：理論出力（kp）

A：活塞有效面積（cm²）

P：操作壓力（bar）kp/cm²

在使用上以實際出力最重要，實際出力必須考慮到磨擦阻力、彈簧力等（在此沒考慮到工作枱重量、慣性力、工作有效力等）。磨擦阻力和彈簧力皆可假定為理論出力之 $3 \sim 20 ‰$ ，故雙動缸之實際出力表示如下：

$$F_n = A \cdot P - F_{RZ} \tag{4-3}$$

單動缸之實際出力表示如下：

$$F_n = A \cdot P - F_{RZ} - F_F - F_S \tag{4-4}$$

F_n：實際出力（kp）　　　　　F_F：彈簧反作用力（kp）

A：活塞之有效面積（cm²）　　F_S：彈簧之預應力（kp）

F_{RZ}：壓缸之磨擦阻力（kp）

例題　雙動氣壓缸內徑 50mm，活塞桿直徑 12mm，操作壓力 6 bar，試求此雙動氣壓缸之實際出力（前進和回行）。設襯墊之磨擦力為理論出力之 10% 。荷重忽略不計。

解　氣壓缸前進

實際出力：

$$F_n = A \cdot P - F_{RZ} = \frac{\pi D^2}{4} \cdot P - F_{RZ}$$

$$= \frac{3.14 \times 5^2}{4} \times 6 - (\frac{3.14 \times 5^2}{4} \times 6) \times 0.1 \doteqdot 106 \, Kp$$

氣壓缸回行

實際出力：

$$F_n = A \cdot P - F_{RZ} = \frac{\pi}{4} (D^2 - d^2) \cdot P - F_{RZ}$$

$$= \frac{\pi}{4} (5^2 - 1.2^2) \times 6 - [\frac{\pi}{4} (5^2 - 1.2^2) \times 6] \times 0.1$$

$$\doteqdot 100 \, Kp$$

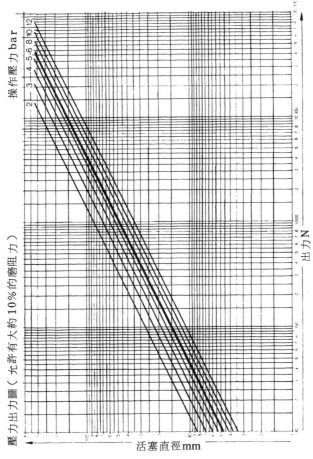

圖 4-33　壓缸出力圖

壓缸之出力亦可由圖4-33得到。圖4-33系根據下列公式列出：

$$F = \frac{\pi D^2}{4} \times P - F_{RZ} \qquad (4\text{-}4)$$

故上述之例題可由圖4-33迅速求出壓缸之出力。又已知壓缸之負荷，可迅速由圖4-33求出壓缸之內徑及工作壓力。

例題 負荷為800N，有效操作壓力為6bar，試求所需筒缸之內徑（活塞直徑），工作壓力調定值。

解 由圖4-33

800N之平行線和6bar線之交點，此點接近最大的筒缸內徑為50mm，而50mm之垂直線和800N水平線之交點落在4至5bar之間，故工作壓調在4.5bar左右。（採用標準壓缸，參考表4-9）

一般而言，如實際出力等於負荷，則靜止不動。因此實際出力一定要大於負荷。實用上常以負荷率來表示氣壓缸負荷的情形，而：

$$負荷率 (\eta) = \frac{氣壓缸負荷 (F)}{氣壓缸理論出力 (F_{th})} \% \qquad (4\text{-}5)$$

而負荷率之取法和氣壓缸之速度有關，依據日本空氣壓協會推薦值如表4-8。

曉得負荷率之後我們即可由(4-5)式求得筒缸之內徑，以雙動氣壓缸為例：

前進行程：

$$\eta = \frac{F}{\frac{\pi}{4} D^2 \cdot P}$$

表4-8

活塞速度（mm/s）	負荷率
50	80％以下
100	65％以下
150	55％以下
200	50％以下

移項得：

$$D = \sqrt{\frac{4 \times F}{\eta \times P \times \pi}} \quad （\text{cm}） \tag{4-6}$$

回程行程：

$$\eta = \frac{F}{P \times \dfrac{\pi}{4}(D^2 - d^2)}$$

移項得：

$$D = \sqrt{\frac{4 \times F}{\eta \times \pi \times P} + d^2} \quad （\text{cm}）$$

例題 有一支壓缸按裝如圖4-34。條件如下：$w = 5\,\text{kgf}$，負荷率＝0.5，行
程＝30 cm，工作壓力＝7 bar，物體和斜面間之磨擦係數 $\mu = 0.2$，求
應選多大內徑之氣壓缸。

例　$F = w \sin\theta + \mu w \cos\theta$

　　　$= 33.66\,\text{kgf}$

$$D = \sqrt{\frac{4 \times F}{\eta \times P \times \pi}}$$

$$= \sqrt{\frac{4 \times 33.66 \times 9.8\,\text{N}}{\pi \times 0.5 \times 7 \times 10^5\,\text{N/m}^2}}$$

$$= 3.5\,\text{cm}$$

故由表4-9選用40 mm
標準氣壓缸。

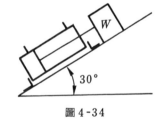

圖4-34

4-8-2　氣壓缸的速度

　　氣壓缸活塞移動的速度和負荷大小、有效空氣壓力、配管長度、控制閥和
工作元件間的通路斷面積、配管內徑、有無緩衝等因素有關，很難計算求出。

表 4-9　標準氣壓缸尺寸表

內　　徑	活 塞 桿 徑	活　塞　桿　牙
40	16	M 14 × 1.5
50	20	M 18 × 1.5
63	20	M 18 × 1.5
80	25	M 22 × 1.5
100	32(30)	M 26 × 1.5 *M 27 × 1.5
125	36(35)	M 30 × 1.5 *M 30 × 2.0
140	36(35)	M 30 × 1.5 *M 30 × 2.0
160	40	M 36 × 1.5 *M 36 × 2.0
180	45	M 40 × 1.5 *M 42 × 2.0

　　一般氣壓缸活塞移動之速度爲 $0.1 \sim 1.5 \, \mathrm{m/s}$。如移動速度低於 $0.1 \, \mathrm{m/s}$ ，則活塞之移動產生停停走走現象，即是滯滑（stick-slip）。如欲得到此 0.1 $\mathrm{m/s}$ 更低之速度，則可以在氣壓缸旁再加一穩速油筒。

　　活塞移動之速度可用閥瓣加以調節，如加節流閥可降低活塞之速度，加快速排放閥可提高活塞速度。

　　圖 4-35 爲氣壓缸之速度特性，當供給壓力 P_1 在 3 bar 以上時，壓力增加，速度也不增加，但如將供氣側及排氣側之節流孔加大則氣壓缸之速度增加，反之，速度變小。

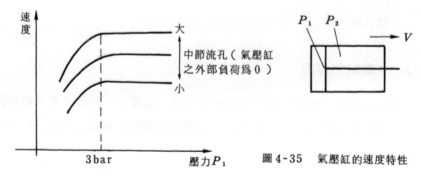

圖 4-35　氣壓缸的速度特性

※以下之公式可概略估計出氣壓缸活塞之速度：

(1) 無負荷時之活塞速度

$$V \doteqdot \frac{2S}{\frac{\pi D^2}{4}} \quad （\text{cm/s}）$$

(2) 慣性力小之負荷時活塞速度

$$V \doteqdot \frac{2S}{\frac{\pi D^2}{4}} (1+2\alpha) \quad （\text{cm/s}）$$

式中　D：活塞外徑（cm）

　　　S：閥，配管之綜合有效斷面積（cm²），等於

$$\frac{1}{\sqrt{\frac{1}{S_v^2} + \frac{1}{S_p^2}}}$$

　　　S_v：空氣閥之有效斷面積（cm²），求法參考第五章

　　　S_p：配管部之有效斷面積（cm²），等於

$$\frac{\pi}{4} a^2 \sqrt{\lambda \frac{l}{\alpha} + 1}$$

　　　a：配管內徑（cm）

　　　λ：配管摩擦系數

　　　　　尼龍管＝0.012

　　　　　塑膠管＝0.02

　　　l：配管之長度（cm）

　　　α：負荷率＝$\dfrac{\text{負　　荷}}{\text{壓缸理論出力}}$

使 用 壓 力	負 荷 率 α
2 bar ～ 3 bar	$a \leq 0.4$
3 bar ～ 6 bar	$a \leq 0.6$
6 bar ～ 8 bar	$a \leq 0.7$

4-8-3　氣壓缸行程

　　大直徑長行程的氣壓缸所需空氣量大，甚不經濟，故氣壓缸的行程不能大於 2000 mm。

　　氣壓缸的最大可能行程依裝配方法、活塞桿直徑、負荷關係、有無引導及負荷的方向等因素而定。長行程氣壓缸易生撓曲負荷，撓曲負荷不得高於桿徑及最大行程所決定之最大負荷。底下分兩個方向來探討，即活塞桿軸方向的負荷和活塞桿徑方向的負荷。

一、活塞桿軸方向的負荷

　　活塞桿軸方向受到壓縮負荷時，只要活塞桿的長度超過活塞桿直徑的 10 倍，就得考慮撓曲負荷。計算時還得考慮實際的安裝條件，選擇適當的公式套用。

　　當 $l/k < m\sqrt{n}$ 時，$l/k = 20\sim120$，可用 Rankine's 公式計算，即：

$$w_k = fcA / [1 + a/n(l/k)^2] \qquad (4\text{-}8)$$

　　當 $l/k > m\sqrt{n}$ 時，用 Euler's 公式計算，即：

$$w_k = n\pi^2 EI / l^2 \qquad (4\text{-}9)$$

式中　　w_k：撓曲負荷（kgf）

　　　　n：活塞桿之終端係數（圖 4-36）

　　　　A：活塞桿之截面積（cm²）

　　　　l：活塞桿的長度（cm）

　　　　k：旋轉半徑（cm）（$k = \sqrt{\dfrac{I}{A}}$）

　　　　I：活塞桿的斷面二次矩（cm⁴）

　　　　E：活塞桿材料之縱彈性係數（kgf/cm²）

　　　　a：實驗常數

　　　　fc：實驗係數（kgf/cm²）

　　　　m：等值細長比

　　採用硬鋼時，$fc = 4900$ kgf/cm²，$a = \dfrac{1}{5000}$，$m = 85$

　　採用軟鋼時，$fc = 3400$ kgf/cm²，$a = \dfrac{1}{7500}$，$m = 90$

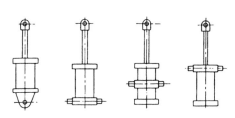

(a)兩端採用銷結合式（$n = 1$）

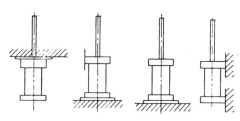

(b)氣缸固定而活塞桿前端自由的方式
（$n = 1/4$）

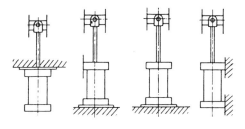

(c)氣缸固定，活塞桿前端有引導（採銷結合）
的方式（$n = 2$）

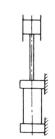

(d)氣缸固定，活塞桿前端有引導的
方式（$n = 4$）

圖 4-36

二、活塞桿上的徑向負荷

依據 JIS 規定，活塞桿襯套面上，必須能夠承受活塞理論出力的 $1/20$ 之徑向負荷。因此活塞桿前端所能承受之最大徑向負荷 F_x（圖4-37）可由下式求出：

$$F_x = \frac{1}{20} \times \frac{L}{(L+L_1)} \times \frac{\pi D^2}{4} \times P \tag{4-10}$$

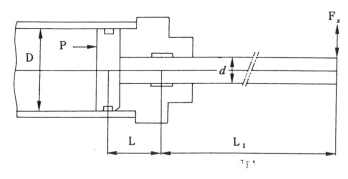

圖 4-37　活塞桿前的徑向負荷

式中　　D：筒缸內徑（cm）

　　　　P：空氣壓力（kgf/cm²）

　　　　L：由襯套中心至活塞中心距離（cm）

　　　　L_1：由襯套中心至活塞桿前端之距離（cm）

　　因此，由式（4-10）知，當行程很長時，F_x 值很小，代表此氣壓缸無法承受大的徑向負荷，故只要預測會有徑向負荷時，必須加裝引導支撐。

　　在活塞桿不產生撓曲的現象之下，我們可由（4-8）（4-9）（4-10）三式求得活塞桿之直徑。我們也可由撓曲負荷圖（圖4-38）求得活塞桿之直徑。圖4-38 係根據（4-11）式繪出。即

$$F_K = \frac{\pi^2 \cdot E \cdot J}{l^2 \cdot S} \qquad\qquad (4\text{-}11)$$

式中　　F_K：可允許撓曲負荷（N）

　　　　E：彈性模數（N/mm^2）

　　　　J：慣性力矩（cm⁴）

　　　　l：有效行程＝2×行程

　　　　S：安全係數，取5

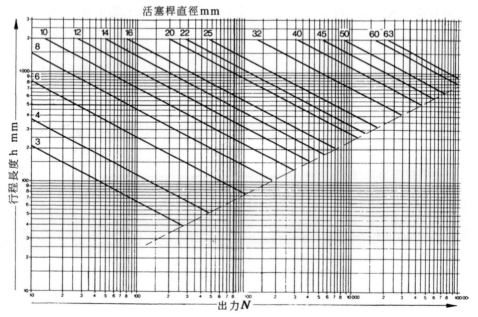

圖 4-38

例題　負荷 $800N$，行程為 $500\,mm$，活塞直徑 $50\,mm$，求活塞桿直徑。

解　將 $F_K = 800\,N$ 之垂直線和 $h = 500\,mm$ 之水平線相交，最接近較大之活塞桿徑為 $16\,mm$，亦即活塞桿直徑在 $14\,mm$ 以上即不會產生撓曲現象。參考表 4-9 故採用之壓缸為壓缸內徑 $50\,mm$，活塞桿直徑為 $20\,mm$ 之標準壓缸。

4-8-4　空氣消耗量

欲選擇壓縮機之大小，必先曉得氣壓系統空氣之消耗量，氣壓系統空氣之消耗量包含氣壓缸及氣壓缸和換向閥之間的管路體積、氣壓馬達、噴嘴等。氣壓馬達和噴嘴之空氣消耗量可由型錄得知，至於氣壓缸及氣壓缸和換向閥之間管路空氣之消耗量可由計算求得。

在計算氣壓缸之空氣消耗量時，必須將其換算為標準大氣壓力下的空氣量，故要乘以壓縮比，其計算式如下：

$$壓縮比 \times 活塞有效面積 \times 行程$$

壓縮比之定義如下：

$$壓縮比 = \frac{1.013\,bar + 操作壓力\,(bar)}{1.013\,bar}$$

空氣消耗量以每分鐘的正常立什（吸入一般自由空氣）為單位($Nl\,/\mathrm{min}$)。單動氣壓缸空氣消耗量計算式如下：

$$Q_1 = S \cdot n \cdot \frac{\pi D^2}{4} \cdot 壓縮比 \tag{4-12}$$

雙動氣壓缸空氣消耗量計算式如下：

$$Q_1 = \left[\, S \cdot \frac{\pi D^2}{4} + S \cdot \frac{\pi (D^2 - d^2)}{4} \,\right] \cdot n \cdot 壓縮比 \tag{4-13}$$

式中　Q_1：空氣消耗量 ($Nl\,/\,分$)

　　　S：行程 (cm)

n：每分鐘動作次數

D：缸筒內徑（cm）

d：活塞桿直徑（cm）

　　氣壓缸和換向閥之間管路之空氣消耗量，也要換算為大氣壓力下之空氣量，參考圖4-39，雙動氣壓缸管路之空氣消耗量為：

$$Q_2 = (\frac{\pi}{4} d^2 \cdot n \cdot 壓縮比) \times (l_1 + l_2) \qquad (4\text{-}14)$$

故對一雙動氣壓缸之總空氣消耗量為

$$Q = Q_1 + Q_2$$

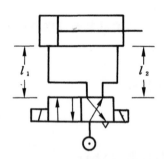

圖 4-39

例題　有一雙動氣壓缸內徑為 25 mm，桿徑為 12 mm，行程 100 mm，每分鐘動作次數（前進、回行）20 次，工作壓力 6 bar，試求其每分鐘之空氣消耗量。

解　壓縮比 $= \dfrac{1.033 + 6}{1.033} = 6.8$

$$Q = [\, S \cdot \frac{\pi D^2}{4} + S \cdot \frac{\pi (D^2 - d^2)}{4} \,] \cdot n \cdot 壓縮比$$

$$= [\, 10 \cdot \frac{\pi \cdot 2.5^2}{4} + 10 \cdot \frac{\pi \cdot (2.5^2 - 1.2)^2}{4} \,] \cdot 20 \cdot 6.8$$

$$= 11.8 \, Nl \,/\, 分。$$

　　在氣壓缸動作時其前後端蓋位置皆需考慮在空氣消耗量內計算，參考表 4-10。

表 4-10

活 塞 直 徑 （mm）	前 端 蓋 邊 （cm³）	後 端 蓋 邊 （cm³）
12	1	0.5
16	1	1.2
25	5	6
35	10	13
50	16	19
70	27	31
100	80	88
140	128	150
200	425	448
250	2005	2337

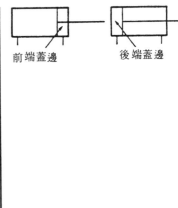

前端蓋邊　　　　　後端蓋邊

　　如果不想計算氣壓缸到換向閥之間管路空氣消耗量，則將（4-12）式（4-13）式乘以一係數 α ，此 α 值取 $1.3\sim1.5$ 即可求出整體空氣之消耗量。

※4-9　搖擺式氣壓缸之計算

　　搖擺式氣壓缸之空氣消耗量計算式如前所述，而其出力扭矩整理如表 4-11

表 4-11

名　稱	出　　力　　計　　算　　式
葉 片 型	$$T = \eta \frac{D^2 - d^2}{8}\, b(P_1 - P_2)\, n\,[\text{kgf}\cdot\text{cm}]$$ 　其中：T：出力扭矩 $[\text{kgf}\cdot\text{cm}^2]$ 　　　　η：效率 　　　　D：葉片室直徑 $[\text{cm}]$ 　　　　d：葉片部軸部直徑 $[\text{cm}]$ 　　　　b：葉片室的寬 $[\text{cm}]$ 　　　　n：葉片數 　　　　P_1：供給空氣壓力 $[\text{kgf}/\text{cm}^2]$ 　　　　P_2：排氣壓力 $[\text{kgf}/\text{cm}^2]$

表 4-11 （續）

名　稱	出　　　力　　　計　　　算　　　式
活 塞 桿 型 · 齒條·小齒輪型	$T = \eta \dfrac{\pi D^2 d}{8}(P_1 - P_2) n \ [\text{kgf} \cdot \text{cm}]$ 其中：T：出力扭矩 [kgf·cm] η：效率 D：氣缸管內徑 [cm] d：小齒輪節圓直徑 [cm] P_1：供給空氣壓力 [kgf／cm²] P_2：排氣壓力 [kgf／cm²]
螺 桿 型	$T = \eta \dfrac{d}{2}\left[\dfrac{\pi}{4}(D^2 - d^2)(P_1 - P_2)\right]\dfrac{l - \mu \pi d}{\pi d + \mu l} \ [\text{kgf} \cdot \text{cm}]$ 其中：T：出力扭矩 [kgf·cm] η：效率 D：氣缸管內徑 [cm] d：螺旋桿直徑 [cm] P_1：供給空氣壓力 [kgf／cm²] P_2：排氣壓力 [kgf／cm²] μ：螺旋桿摩擦係數 l：螺旋桿的節距 [cm]
曲 柄 型	$T = \eta \dfrac{\pi D^2}{4}(P_1 - P_2) l \dfrac{\sin\theta_2}{\cos\theta_1} \ [\text{kgf} \cdot \text{cm}]$ 其中：T：出力扭矩 [kgf·cm] η：效率 D：氣缸管內徑 [cm] P_1：供給空氣壓力 [kgf／cm²] P_2：排氣壓力 [kgf／cm²]
軛 型	$T = \eta \dfrac{\pi D^2}{4}(P_1 - P_2) l \dfrac{1}{\cos^2\theta} \ [\text{kgf} \cdot \text{cm}]$ 其中：T：出力扭矩 [kgf·cm] η：效率 D：氣缸管內徑 [cm] P_1：供給空氣壓力 [kgf／cm²] P_2：排氣壓力 [kgf／cm²]

※4-10　氣壓缸使用注意事項

※4-10-1　選定時注意事項

一、氣壓缸的出力

(1) 可由(4-1)(4-2)(4-3)(4-4)式求出氣壓缸的出力或負荷，或由圖4-33選定筒缸之內徑。

(2) 氣壓缸活塞桿之移動速率和負荷率有關。速度較慢的情況，負荷率取60～70％以決定筒缸之內徑及使用之空氣壓力。如速度較快，只要負荷率一高，則造成移動速度之變化，因此如欲使動作穩定，負荷率必須定在50％以下，再求筒缸的內徑及使用之壓力。

(3) 氣壓缸必須採用規格品(參考JIS或ISO)。

二、活塞桿直徑與最大行程

(1) 活塞桿移動時避免產生撓曲現像。活塞桿直徑及最大行程可由(4-8)(4-9)(4-10)式或圖4-38選定。

(2) 活塞桿直徑及端部螺紋須採用規格品(參考表4-9)。

三、緩衝裝置

(1) 氣壓缸是否需要緩衝裝置，可參考圖4-10。

(2) 視情況需要，檢討是否要裝外部緩衝器。

四、氣壓缸的運動速度

(1) 氣壓缸之運動速度在0.1～1.5 m/s為宜。

(2) 氣壓缸在高速運動時，宜注意下列事項：

① 襯墊之材質是否適合。

② 盡量減少負荷率(50％以下)，以防止因負荷變動或空氣壓力變化而使動作速度產生變化。

③ 管路壓降是否增大，檢討是否要加蓄壓器。

④ 是否需要較大壓源，是否要加裝快速排氣閥？

⑤ 是否要裝外部緩衝裝置。

五、氣壓缸的按裝形式

(1) 依使用環境選擇最適宜的安裝方式（參考表 4-7）。

(2) 檢討是否要加裝引導支撐（導軌）。

※ 4-10-2　安裝時注意事項

　　安裝的正確與否，影響氣壓缸的使用壽命，故安裝氣壓缸時，宜注意下列事項：

一、固定式氣壓缸

(1) 負荷的運動方向和活塞桿運動的軸心要一致。如圖4-40。連接部最好用球面接頭。

(2) 氣壓缸之出力很大，故安裝台之剛性要足夠。參考（圖4-41）。

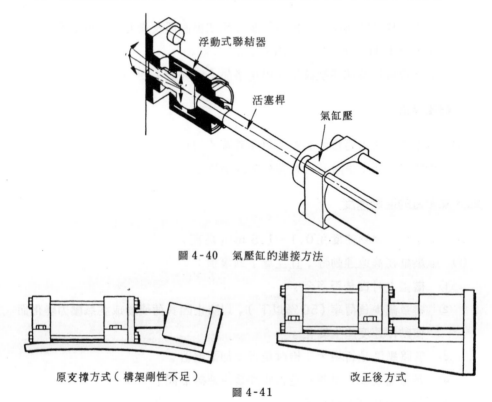

　　浮動式聯結器

　　活塞桿

　　氣缸壓

圖 4-40　氣壓缸的連接方法

原支撐方式（構架剛性不足）　　　　改正後方式

圖 4-41

(3) 固定氣壓缸時，考慮是否需要加裝擋板（止動塊）（參考圖4-42）。

(4) 為防止活塞桿的自重而下垂或壓缸筒的彎形，考慮是否要加裝支撐或導軌。

(5) 考慮負荷的方向，採取適當的安裝。參考圖4-43。

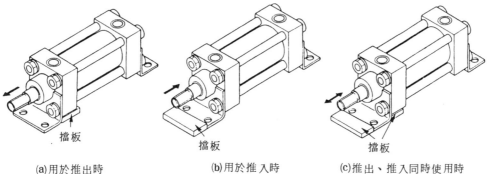

(a)用於推出時　　　　(b)用於推入時　　　　(c)推出、推入同時使用時

圖4-42　腳座型氣壓缸的安裝方式

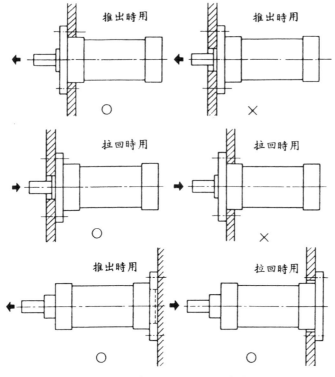

圖4-43　法蘭型氣壓缸的安裝方式

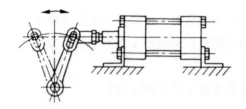

圖 4-44　固定型氣壓缸做圓弧
運動時的連接方法

(6)　如圖 4-44，盡量避免把固定式氣壓缸和做圓弧運動的臂桿連接在一起
　　。如情非得已，在臂桿上開長形孔，且不要讓活塞桿受到徑向負荷。

二、擺動式氣壓缸

(1)　擺動式氣壓缸要追隨負荷方向移動，故活塞桿之連接配件以採用球型接
　　頭為宜。

(2)　如圖 4-45，U形鈎和耳軸型的銷配合時間隙太大，易生彎曲力矩而使
　　銷折斷。

(3)　如圖 4-46，在長行程時易生撓曲，故可將安裝托架移至前端蓋。

(4)　如圖 4-47，高度 H 不可太大，因氣壓缸出力會對托架的安裝部產生很
　　大的力量，而使安裝螺栓折斷，宜注意。

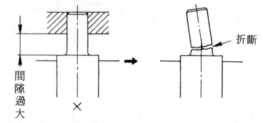

圖 4-45　U型鈎和耳軸型的銷與軸承安裝注意重點

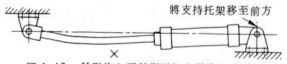

圖 4-46　U形鈎和耳軸型壓缸安裝時注意事項

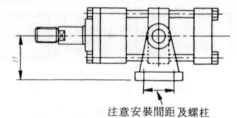

注意安裝間距及螺柱
圖 4-47　安裝軸承托架時應注意

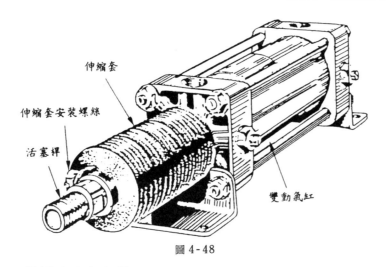

伸縮套

伸縮套安裝螺絲

活塞桿

雙動氣缸

圖 4-48

※ 4-10-3　使用時注意事項

(1)　使用溫度範圍在 5～60°C 內為宜，溫度太高（60°C 以上），襯墊會劣化，溫度如低於 5°C，易產生水份凍結之困擾。

(2)　在塵埃多的場合，考慮加裝伸縮保護套（摺疊套）（如圖 4-48）以保護滑動部份。

(3)　要使用清淨的壓縮空氣並加適當之潤滑油。

(4)　考慮配管壓降及消音器所造成的背壓。

※ 4-11　搖擺式氣壓缸使用時應注意事項

※ 4-11-1　選定注意事項

　　搖擺式氣壓缸的選定必須考慮到扭矩、回轉能量、負荷率等，圖 4-49 為其選用時整個思考流程圖及檢查項目。

一、負荷及必要扭矩

　　考慮靜扭矩及慣性扭矩。如負荷的速度很慢時，可忽略由回轉運動所造成的慣性扭矩，此情況下搖擺式氣壓缸出力扭矩 T_H 應選用滿足（4-15）的產品。

$$T_H = \frac{T_s}{\eta} \quad (\text{kgf} \cdot \text{cm}) \tag{4-15}$$

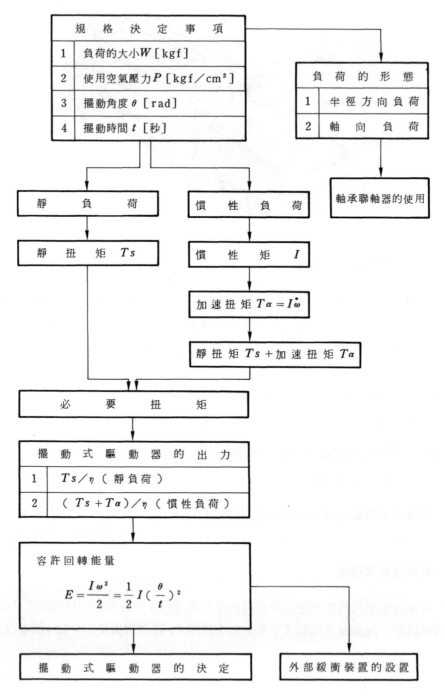

圖 4-49

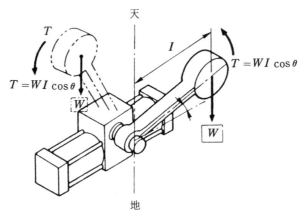

圖 4-50　負荷變動激劇

式中　　T_H：搖擺式氣壓缸之出力扭矩（kgf・cm）

　　　　T_s：靜扭矩（kgf・cm）

　　　　η：效率

　　（4-15）式之效率 η 如沒有負荷變動取 0.6～0.7，如有負荷變動取 0.5 以下。尤其像圖 4-50 所示，負荷 W 回轉時產生很大的負荷變動，此時 η 訂為 0.3 比較妥當。

　　當負荷速度加速時，必須考慮慣性扭矩，慣性扭矩 T_α 為：

$$T_\alpha = I\dot\omega \ （kgf・cm）\tag{4-16}$$

式中　　I：慣性矩（kgf・cm）

　　　　$\dot\omega$：角加速度（rad/s²）

故搖擺式氣壓缸之出力扭矩等於 $T_s + T_\alpha$。

二、回轉能量

　　回轉能量可由（4-17）式求得，如果回轉體的能量太大，考慮是否要加裝外部緩衝裝置或選用大一點的氣壓缸。

$$E = \frac{I\omega^2}{2} = \frac{1}{2}I(\frac{\theta}{t})^2 \ （kgf・cm）\tag{4-17}$$

式中　　E：回轉體的回轉能量（kgf‧cm）

　　　　I：慣性矩（kgf‧cm‧s²）

　　　　ω：角速度（rad/s）（$\omega = \dfrac{\theta}{t}$）

　　　　θ：擺動角度（rad）

　　　　t：擺動時間（s）

※ 4-11-2　使用時注意事項

一、回轉能量

　　回轉體的回轉能量不能超過搖擺式氣壓缸出力軸所容許能量，故一般要安裝外部緩衝裝置，如圖4-51 。

二、外部阻擋器

　　為求擺動角度精密的場合，最好將外部阻擋器設在負荷側直徑較大之處，而不設在氣缸內部。最好能將外部阻擋器做成可調整式。

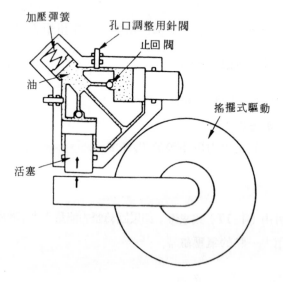

圖 4-51　外部緩衝裝置

三、外部荷重

搖擺式氣壓缸出力軸其徑向負荷，軸向負荷，容許彎曲荷重均比較小，故設法避免在出力軸受到徑向負荷和軸向負荷。

四、出力軸的連接法

為使氣壓缸出力軸和被驅動軸正確對準，考慮採用撓性聯軸器。

五、負荷率

重力之作用方向改變（參考圖4-50），就會使負荷率變化造成回轉速度過劇變化。故建議搖擺式氣壓缸之負荷率在50％以下。

4-12　氣壓馬達的分類

氣壓馬達是利用空氣壓力的能量來產生連續回轉的驅動器。早期，氣壓馬達一般被應用在礦坑、化學工廠、船舶等易產生爆炸的場所以取代電氣馬達，至於一般產業，則是少用。近年來，由於低速高扭矩型氣壓馬達的問世，產業界對氣壓馬達的需求更是殷切。圖4-52為氣壓馬達的應用實例。

氣壓馬達依構造之不同，可分為容積型及速度型，如表4-12。容積型是利用壓縮空氣的壓力能量，而速度型則是利用壓力和速度的能量。容積型使用在產業機械上，速度型則使用在超高速迴轉的裝置。

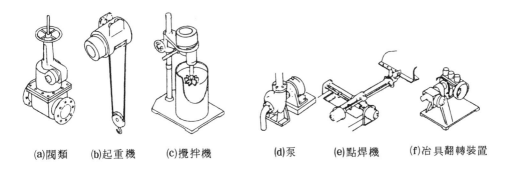

(a)閥類　　(b)起重機　　(c)攪拌機　　　　(d)泵　　　(e)點焊機　　(f)冶具翻轉裝置

圖4-52　氣壓馬達的應用實例

表 4-12　氣壓馬達的分類

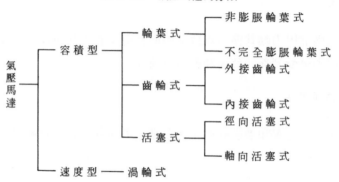

一、輪葉式氣壓馬達

　　輪葉式氣壓馬達之旋轉轉子（rotor）的中心和外殼中心有一偏心量，轉子上有槽孔，葉片（3～10枚）插入轉子圓周的槽孔內。葉片（由合成樹脂製成）在徑方向滑動並與內殼表面密封，利用流入葉片和葉片之間的空氣，使轉子旋轉。槽孔底部裝有彈簧或預壓力以使葉片在馬達起動之前得以和內殼表面密接，又適度的離心力可得較佳的氣密性。

　　此型氣壓馬達構造簡單，價格低廉，都用於需要中容量高速旋轉的地方。一般出力為 0.075～7.5 kW，無負荷狀態回轉數為3000～15000 rpm，不附減速機之條件下，最大出力的回轉數為在無負荷狀態下回轉數的50%左右。

　　輪葉式氣壓馬達依其構造之不同，可分為非膨脹輪葉式及不完全膨脹輪葉式兩種。

1. 非膨脹輪葉式氣壓馬達

　　如圖4-53所示，由給氣口進來的壓縮空氣尚未膨脹便作用在葉片①上而

圖 4-53　非膨脹輪葉式氣壓馬達

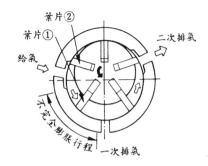

圖 4-54　不完全膨脹輪葉式氣壓馬達

獲得旋轉動力。葉片①和葉片②之間的壓縮空氣並無作用（力量互相抵消）。其消耗空氣量比不完全膨脹輪葉式多，效率也比較低，但是每單位容積出力較大，故其體積可做得較小。只要將給氣口和排氣口配管對調即可使馬達逆轉。

2.　不完全膨脹輪葉式氣壓馬達

如圖 4-54 所示，具備不完全膨脹行程的構造。由給氣口送入的壓縮空氣進入葉片①與葉片②之間的空間，以相當於葉片①②面積差之扭矩旋轉，壓縮空氣由一次排氣口排氣。因其利用了空氣膨脹能量，故效率較非膨脹式爲佳。將給氣口配管對調，即可逆轉。

二、齒輪式氣壓馬達

齒輪式氣壓馬達係使壓縮空氣作用在兩個密接齒輪的銜接齒形，迫使齒輪旋轉產生扭矩，出力軸由其中一個齒輪接出。齒輪馬達可作極高功率（44 kW 或 60 hp）的傳動機器使用，正逆轉容易。小型機種可得 10000 rpm 高速回轉，依其構造有外接齒輪式氣壓馬達和內接齒輪式氣壓馬達兩種。

1.　外接齒輪式氣壓馬達

如圖 4-55 所示，係使用兩個正齒輪，並不利用壓縮空氣之膨脹作用，而係由壓縮空氣作用在齒腹上產生扭矩。如採用人字形齒輪（Double Helical Gear），則利用其膨脹行程產生扭矩。

2.　內接齒輪式氣壓馬達

如圖 4-56 所示，壓縮空氣作用在固定太陽齒輪和行星齒輪之間時，則行星齒輪進行自轉並產生出力扭矩。

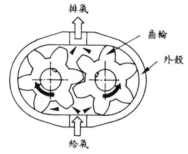

圖4-55　外接齒輪式氣壓馬達

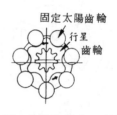

圖4-56　內接齒輪式氣壓馬達

三、活塞式氣壓馬達

　　活塞式氣壓馬達是利用壓縮空氣作用在活塞端面上，並藉助斜板、連桿、曲軸等機構而將活塞力轉變爲馬達軸的回轉，其輸出功率的大小和輸入空氣壓力、活塞數目、活塞面積、行程長度、活塞速度等有關。

　　活塞式氣壓馬達一般都被利用在中、大容量及必需低速回轉的地方，起動扭矩極佳。依其構造，可分爲徑向式、軸向式二種氣壓馬達。

1. 徑向活塞式氣壓馬達

　　如圖4-57所示，將3～6個氣壓缸依星形排列，氣壓缸之給氣、排氣，由旋轉分配閥所支配，故有的氣壓缸在進氣，有的氣壓缸在排氣。壓縮空氣進入氣壓缸作用在活塞之端面上，並透過連桿、使曲軸回轉，故馬達之出力軸產生旋轉。因活塞移動之行程有重疊現象，故出力非常平穩；又回轉部份受慣性之作用，故無負荷狀態之轉速最高爲3000 rpm，最大出力在1000 rpm左右或更低。如將進氣口和排氣口之配管對調，便可逆轉，如藉助回轉分配閥的正時調整，可使正、逆轉之出力相同。

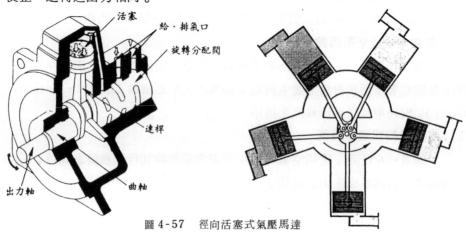

圖4-57　徑向活塞式氣壓馬達

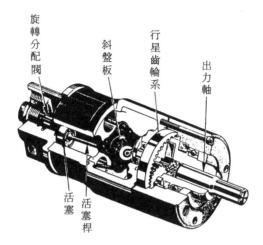

圖 4-58　軸向活塞式氣壓馬達

2. 軸向活塞式氣壓馬達

　　如圖 4-58 所示，4～6 個氣壓缸以出力軸爲中心呈同心排列。作用於活塞上的力量經由活塞桿驅動連接於活塞桿上的斜盤板使其回轉，再經行星齒輪系使出力軸旋轉。其構造較複雜，出力僅在 2.6 kW 以下，但卻可得到較大的起動扭矩。

四、渦輪式氣壓馬達

　　如圖 4-59 所示，系將壓縮空氣直接吹在輪葉上，利用壓縮空氣之速度能和壓力能轉變爲回轉運動，一般使用在高速低扭矩的場合，可得 2000～4000

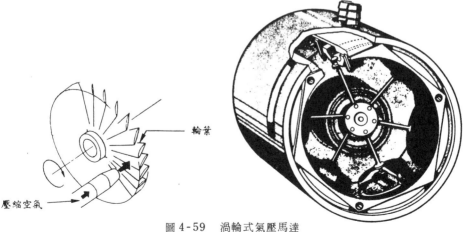

圖 4-59　渦輪式氣壓馬達

表 4-13

	活　塞　、　齒　輪　型	葉　輪　、　渦　輪　型
空氣消耗量／馬力	比　較　少	多
廻　轉　速　度	慢	快
重　量　／　馬　力	大	小
啓動扭矩／馬力	大	小
最　大　出　力	在較低速廻轉處出力最大	在高速廻轉處出力最大

rpm之轉速。又牙醫使用之氣鑽亦屬此型，其轉速可達 15000 rpm。

以上所述氣壓馬達之特性，整理如表 4-13 。

4-13　氣壓馬達的特徵

氣壓馬達之一般共同特徵如下：

(1) 氣壓馬達比起電動馬達，其慣性／出力之比值所決定的時間常數較少，故可平穩的起動與停止，且出力／重量之比值較大。

(2) 由於空氣具有壓縮性，所以轉速易受負荷之影響，當負荷大於馬達之扭矩時，馬達之速度慢慢遞減，最後停止，而不似電氣馬達有燒毀之虞，故超負荷時安全，一但負荷減輕，馬達又恢復轉動。

(3) 在含有爆炸性氣體的工作環境下也可安全操作，又不虞爆炸。

(4) 容易得到高速的廻轉且正逆轉非常容易。

(5) 利用蓄壓筒做空氣壓源，可作緊急用的動力來源。

(6) 改變供氣量可改變速度，故變速度容易。

(7) 空氣之消耗量大，故全效率低。

(8) 排氣噪音很大，可利用消音器大幅減輕。

(9) 可保持作業環境之清潔。

※4-14　氣壓馬達的特性

圖 4-60 系在給氣壓力一定，排氣壓力爲零之條件下所繪出氣壓馬達的性能曲線。茲參考圖 4-60 討論氣壓馬達的特性。

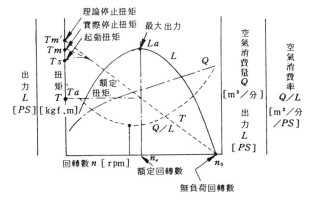

（註）給氣壓力：一定，排氣壓力：0

圖 4-60　氣壓馬達的性能曲線

一、扭矩與轉速

　　扭矩和回轉數成反比關係。無負荷時扭矩為零，此時回轉數最大，隨著負荷增加，扭矩逐漸變大，回轉數減少，當負荷扭矩平衡時，馬達停止，此時之扭矩叫停止扭矩。馬達在停止時再起動所需的扭矩叫起動扭矩，由於靜摩擦和動摩擦之影響，馬達之起動扭矩為停止扭矩的80％左右。又在低速回轉時，易生滯著滑動（stick slip）現象而使運動呈斷續不穩，宜注意。

二、出力與回轉數

　　出力和回轉數的關係是一鐘狀曲線。最大出力所對應的回轉數叫額定回轉數 N_a 約為無負荷回轉數的 $1/2$。氣壓馬達的性能，以額定回轉數的扭矩、出力為代表。

　　在某一出力下，任意的扭矩 T 及回轉數 N 可用下求出：

$$N = N_a \left(2 - \frac{T}{T_a} \right) \text{（rpm）} \qquad (4\text{-}18)$$

$$T = T_a \left(2 - \frac{N}{N_a} \right) \text{（kgf·m）} \qquad (4\text{-}19)$$

式中　　N_a：額定回轉數

　　　　T_a：額定扭矩

依經驗，實際停止扭矩爲：

$$T_m = (1.5 \sim 1.9) T_a \qquad (4\text{-}20)$$

起動扭矩爲：

$$T_s = (1.2 \sim 1.7) T_a \qquad (4\text{-}21)$$

三、空氣消耗量與空氣消耗率

轉數增加，空氣消耗量增加，無負荷時，空氣消耗量最大。將空氣消耗量以出力除之即是空氣消耗率，而空氣消耗率依氣壓馬達之種類，空氣壓力、負荷等條件而異，大約爲 $0.4 \sim 1.1 \, \text{m}^3$ /分/ps ，其中以活塞式最經濟，效率最佳。

在最大出力的 $70 \sim 85$ ％附近空氣消耗率最小，故在此條件使用最理想。

四、供氣壓力的影響

如圖 4-61 ，供氣壓力改變，扭矩—回轉數之性能曲線的斜度大致不變。又出力隨供給壓力之增高而提高且回轉數亦提高。

五、效率

氣壓馬達之效率定義是：流入氣壓馬達的能量和出力軸輸出的作功比率。效率可用下式求出：

$$\eta = \frac{wT}{\Delta PQ} = \frac{2\pi nT}{(\frac{\Delta P}{\Delta P + 1}) Q_N} \qquad (4\text{-}22)$$

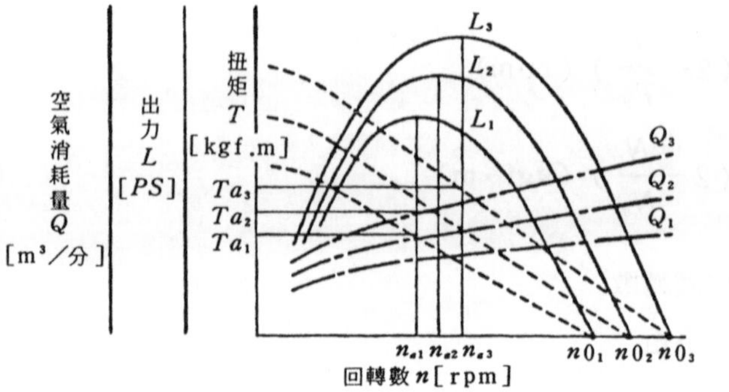

圖 4-61

式中　　w：角速度（rad/秒）

　　　　ΔP：氣壓馬達入口和出口的壓力差（kgf/cm² abs）

　　　　T：扭矩（kgf・cm）

　　　　Q：壓縮時的空氣流量

　　　　Q_N：換算成大氣時的空氣流量（cm³/秒）

　　　　n：每一秒的回轉數（rps）

六、空氣流量和扭矩之關係

　　參考圖 4-62，若供給空氣量不足時，氣壓馬達之回轉數降低，出力也降低。

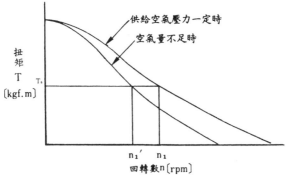

圖 4-62　空氣流量與扭矩之關係

※4-15　氣壓馬達的選用

一、氣壓馬達容量的決定

　　氣壓馬達容量包含扭矩、回轉數、出力，決定時一般應注意事項如下：

1. 選定時以型錄所列之性能數據之70～80％來選。

2. 在最大出力的70～80％處其空氣消耗率最佳，故盡量使用此範圍內之回轉數。

　(1)　由連續回轉的驅動扭矩、出力來選

　　　若連續回轉時驅動扭矩較起動扭矩大，則採用驅動扭矩決定氣壓馬達容量之大小。如氣壓馬達有安裝減速機，則由運動所必要的驅動扭矩T和回轉數n，再利用下式求出力L，再由性能曲線決定氣壓馬達的容量。

$$L = \frac{Tn}{716.2} \quad (\text{ps}) \tag{4-23}$$

式中　L：出力（ps）

T：驅動扭矩（kgf・m）

n：回轉數（rpm）

(2) 由起動扭矩來選

① 由靜的起動扭矩來選

如靜的起動扭矩較驅動扭矩為大，則採用靜的起動扭矩從特性曲線上求氣壓馬達容量的大小。

② 由動的起動扭矩來選

動的起動扭矩計算可由下式求得即：

$$T_K = \frac{GD^2 n_1}{125t} + T_F (\text{kgf・m}) \tag{4-24}$$

$$t = \frac{GD^2 n_1}{125(T_K - T_F)} \quad (\text{kgf・m}) \tag{4-25}$$

式中　T_K：起動扭矩（kgf・m）

T_F：回轉數 n_1 時的扭矩（kgf・m）

n_1：回轉數（rpm）

GD^2：飛輪慣性效果（kgf・m）

動的扭矩求出之後再由性能曲線決定馬達之容量。

二、氣壓馬達規格的決定

1. 有無減速機

安裝減速機可改變轉數、扭矩，使用氣壓馬達時必須討論是否需要減速機

2. 有無剎車

馬達回轉時會有慣性，切斷氣源後假設仍會再廻轉一下，為保持精確定位或即刻停止，考慮是否要加裝剎車裝置。

3. 正、反轉

檢討是否需要正、反轉？

4．安裝方法

有些氣壓馬達須要由油槽供給潤滑油，按裝時要注意。

5．其他

(1) 氣壓馬達所用之潤滑油宜特別注意，尤其在低溫之下，起動扭矩有惡化之虞宜注意。

(2) 如在停電時欲使用氣壓馬達做爲緊急需用時，必須設計一個容量能和空氣消耗量相匹配的蓄壓筒。

※4-16　氣壓馬達使用時注意事項

參考圖4-63。

(1) 空氣供給的配管內徑要取僅運送必需的空氣量之內徑。

(2) 不可使用如接頭等管徑太小的東西。

(3) 壓縮機、蓄壓筒、三點組合、閥件等要有能確保最大出力時的空氣消耗量的容量或流量。

(4) 用適當的潤滑油潤滑，否則會發熱，效率降低。

(5) 儘量減少排氣側之背壓。

(6) 排氣口之消音器因系連續使用，故需採用有足夠大之有效斷面積的產品。

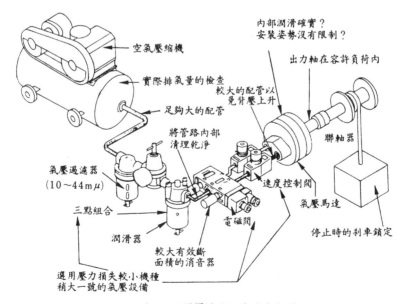

圖4-63　氣壓馬達使用時注意事項

(7) 排氣側配管時宜用較大直徑之配管以減少排氣阻力降低背壓。

(8) 長時間的無負荷運轉會影響壽命，應避免，若在額定回轉數以下使用，可達高效率。

(9) 選用壓縮機時，以實際排氣量為準。

(10) 氣壓馬達連續運轉時要注意排氣口附近會引起結凍。

(11) 氣壓馬達使用在有間歇運動之場所較佳。

(12) 在低速範圍易產生滯滑現像，故最小使用回轉數有限制。

(13) 將刹車和氣壓馬達合併使用時，即使失去壓縮空氣也會鎖定位置，使安全無虞。

習　題

4-1 簡述氣壓驅動器的種類。

4-2 緩衝氣壓缸之緩衝原理為何？

4-3 簡述衝擊氣壓缸之動作原理。

4-4 購買之氣壓缸為軸向腳座型，不附緩衝裝置，內徑 50 mm，行程為 100 mm，附 I 型接頭，試表示出其規格。

4-5 一雙動氣缸的筒缸內徑 50 mm，活塞桿直徑 15 mm，行程長度 200 mm 每分鐘 10 行程，操作壓力 6 bar，試求空氣消耗量，前進行程與後退行程之活塞力。假設摩擦力佔理論活塞力的 10％。

4-6 負荷為 1000 N，工作壓力為 6 bar，試求氣壓缸筒缸之內徑，工作壓力之調定值。

4-7 某一氣壓缸驅動 800 N 之負載，氣壓缸之負荷率為 65％，工作壓力為 6 bar，試求活塞之直徑（雙動氣缸，前進行程）。

4-8 負荷為 900 N，行程為 400 mm，不讓活塞桿產生撓曲，試由圖 4-38 求活塞桿之直徑。

4-9 簡述氣壓缸選定注意事項。

4-10 簡述氣壓缸安裝及使用注意事項。

4-11 簡述氣壓馬達之分類及每一種類氣壓馬達之特性比較。

4-12 簡述氣壓馬達之共同特徵。

4-13 簡述氣壓馬達的選定及使用注意事項。

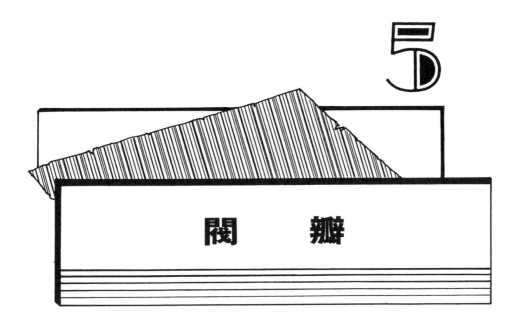

氣壓控制系統包含訊號元件、訊號處理元件和工作元件供氣組等。訊號元件、控制元件和訊號處理元件的功用在於影響工作元件（驅動器）的操作，合稱為閥瓣。

閥瓣能控制壓縮空氣的通過與切斷，改變壓縮空氣流動方向，同時可調節壓縮空氣的流量與壓力。閥瓣依不同功能而設計，可分為如下五種：

(1)　方向閥瓣　　　　　　　　(3)　壓力控制閥瓣

(2)　止回閥瓣　　　　　　　　(4)　流量控制閥瓣

(5)　切斷閥瓣

本章節除了介紹各種閥瓣的功能、構造之外，並將各種閥瓣應用到基本廻路上，使讀者對各種閥瓣的功能，有深一層的了解。

5-1　方向閥瓣

方向閥瓣主要在控制壓縮空氣的流動路徑即壓縮空氣的通過、切斷（開路、閉路）或改變流動方向。

5-1-1 閥瓣的符號表示法

在氣壓廻路圖中的閥瓣，皆用符號來表示，而閥瓣的符號僅表示閥瓣的功能，並不表示其設計原理與構造。

一、符號的意義

在此解釋表 5-1 中所述的中立位置（正常位置，normal position）和起始位置（開始位置，initial position）。

在能自動回位（如利用彈簧回位）的閥瓣中所謂中立位置係指閥瓣的活動件在閥瓣不接裝時所停留的位置；起始位置為閥瓣的活動件於閥瓣已接裝在系統內並經接通供壓及電源後所停留的接轉位置，於此位置可以開始設計閥瓣的接轉程式。

表 5-1

	閥的啓閉接轉位置用方塊表示。 相互鄰接方塊的數目說明閥可以接轉的位置數目如二個方塊表示二位，三個方塊表示三位，其餘類推。
	方塊內的線條表示空氣流動路徑。
	方塊內的箭頭表示空氣流動方向。
	方塊內的橫斷短線表示空氣流動為切斷位置。
	閥內流動路徑連接用點表示。
	在方塊外面所繪製的短線條表示閥在未動前的位置接口（入口及出口）或表示閥在中立位置。

表5-1 （續）

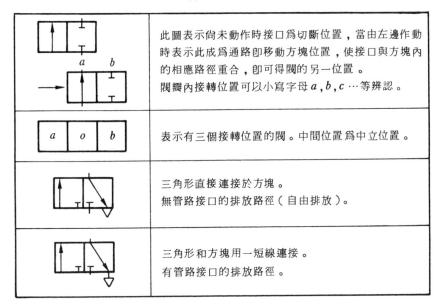

	此圖表示尚未動作時接口爲切斷位置，當由左邊作動時表示此成爲通路即移動方塊位置，使接口與方塊內的相應路徑重合，即可得閥的另一位置。閥瓣內接轉位置可以小寫字母 *a, b, c* ⋯等辨認。
	表示有三個接轉位置的閥。中間位置爲中立位置。
	三角形直接連接於方塊。無管路接口的排放路徑（自由排放）。
	三角形和方塊用一短線連接。有管路接口的排放路徑。

二、方向閥的命名

方向閥的命名依其接口數目及接轉位置數目命名，名稱的第一個數字規定爲閥內的路徑數目或受控制接口數目，第二個數字規定閥之接轉位置數目，例如：

3/2一位閥瓣： 三個受控制接口

二個接轉位置（二個方塊）

4/3一位閥瓣： 四個受控制接口

三個接轉位置（三個方塊）

三、常用方向閥符號：

表5-2爲常用方向閥符號及其名稱對照。

表 5-2

符　　　　號	名　　　　稱	中　立　位　置
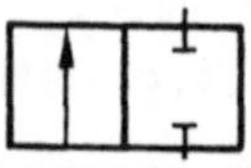	2/2—位閥	切斷（關閉）
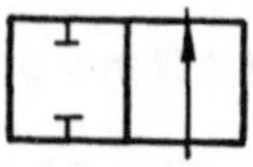	2/2—位閥	開啓
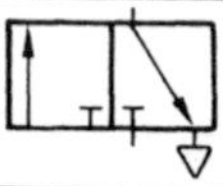	3/2—位閥	切斷（關閉）
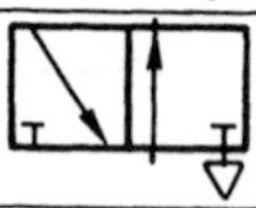	3/2—位閥	開啓
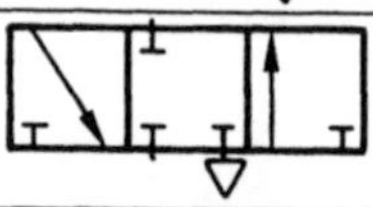	3/3—位閥	切斷（關閉）
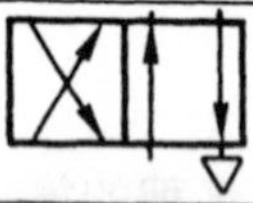	4/2—位閥	一條通路，空氣入口 另一條通路，空氣排放
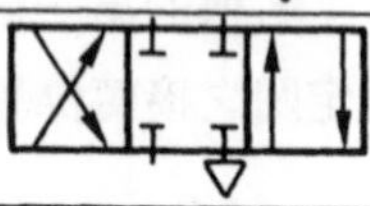	4/3—位閥	中立位置切斷（關閉）
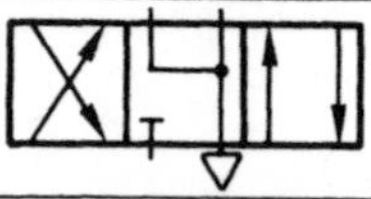	4/3—位閥	（浮動閥位） *A* 及 *B* 口同一位置排放
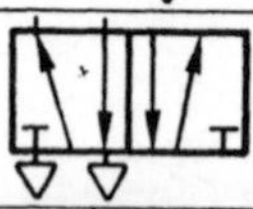	5/2—位閥	二個獨立排放
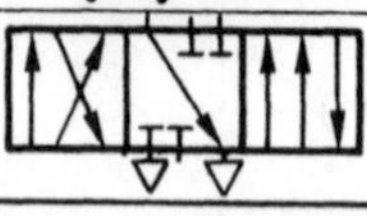	6/3—位閥	二條通路位置

四、方向閥各接口命名

為了使方向閥瓣的正確安裝，各接口可以大寫英文字母表示：

工作管路接口　　　*A*，*B*，*C*，………

壓力源接口　　　　*P*，………

排氣接口　　　　　$R, S, T, \cdots\cdots$

控制管路接口　　　$Z, Y, X, \cdots\cdots$

例：

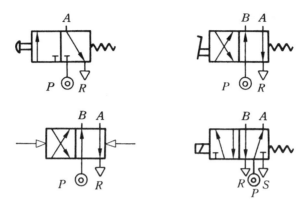

五、**方向閥瓣的作動方式**

如何改變方向閥的接轉位置，大致有底下數種：

1. 人力作動

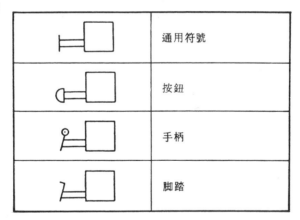

	通用符號
	按鈕
	手柄
	腳踏

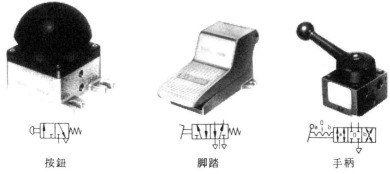

按鈕　　　　　　　　腳踏　　　　　　　　手柄

2. 機械作動

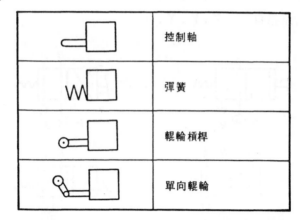

	控制軸
	彈簧
	輥輪槓桿
	單向輥輪

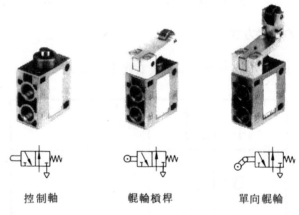

控制軸　　　　　　輥輪槓桿　　　　　　單向輥輪

3. 電氣作動

	電磁鐵 用一個線圈
	電磁鐵 數個線圈在同方向作用
	電磁鐵 有相反方向作用的線圈

4. 壓力作動

直接作動	
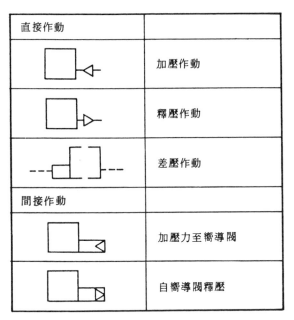	加壓作動
	釋壓作動
	差壓作動
間接作動	
	加壓力至嚮導閥
	自嚮導閥釋壓

直接作動

間接作動

5. 聯合作動

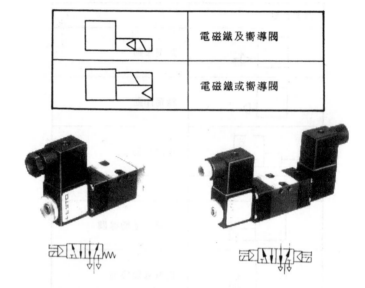

	電磁鐵及嚮導閥
	電磁鐵或嚮導閥

例：3/2一位閥，按鈕作動，彈簧回位。

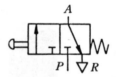

4/2一位閥，加壓力直接作動，彈簧回位。

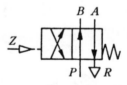

5-1-2 方向閥的功能及特性

一、2/2一位閥

2/2一位閥僅有一壓力源入口 *P* 及一工作管路接口 *A*，在氣壓系統中當切斷閥使用，又依控制之需要有"常閉型"和"常開型"。圖5-1，圖5-2為其簡單的構造與符號。

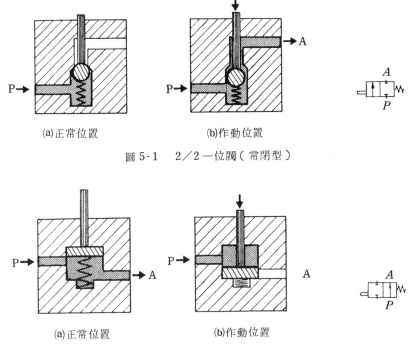

(a)正常位置   (b)作動位置

圖 5-1   2／2一位閥（常閉型）

(a)正常位置   (b)作動位置

圖 5-2   2／2一位閥（常開型）

二、3/2一位閥

     3/2一位閥有一壓源入口 P ，工作管路接口 A ，排氣口 R 。依控制之需要有〝常閉型〞和〝常開型〞，圖5-3 ，圖5-4 為其簡單的構造及符號表示。

     3/2一位閥可作：

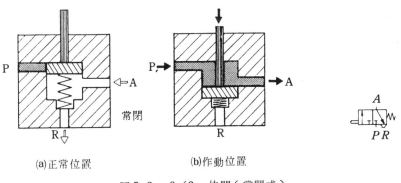

(a)正常位置   (b)作動位置

圖 5-3   3／2一位閥（常閉式）

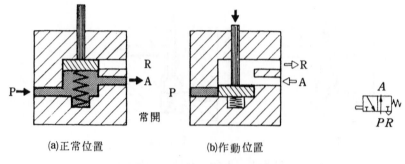

(a)正常位置　　　　(b)作動位置

圖 5-4　3／2一位閥（常開式）

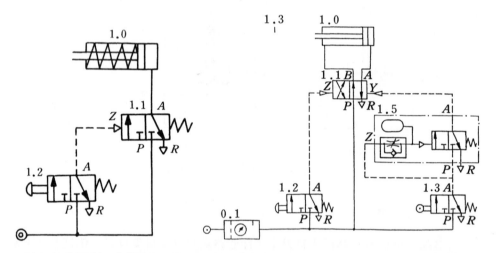

(a) 3／2位閥（1.1）當控制元件　(b) 3／2位閥當訊號元件（1.2,1.3）與訊號處理元件（1.5）

圖 5-5

(1)　單動氣壓缸之控制元件，控制其前進與後退。

(2)　訊號元件，如啓動訊號與位置訊號的產生。

(3)　訊號處理元件，如延時閥等。

(4)　氣壓系統之開關。參考圖5-5

三、4/2一位閥

如圖5-6所示，有一壓源入口 P ，二個工作管路接口 A 、 B 及一排氣口 R ，此型閥有二個工作管路接口，故無所謂＂常閉＂或＂常開＂。

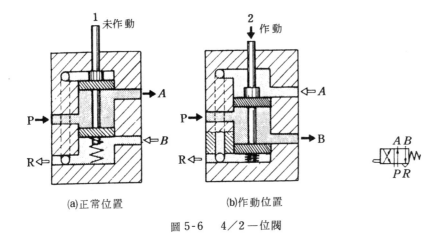

(a)正常位置　　　　　(b)作動位置

圖 5-6　　4／2一位閥

四、5/2一位閥

　　如圖5-7所示，比四口閥多了一排氣口，即每一工作管路有各別的排氣接口。

　　4/2一位閥和5/2一位閥可用來①當作控制雙動氣壓缸的往復運動的控制元件，如圖5-8、5-9所示。一般常用5/2一位閥以代替4/2一位閥。②當作訊號處理元件，如後面廻路設計所述串級系統中之氣壓源選擇等。

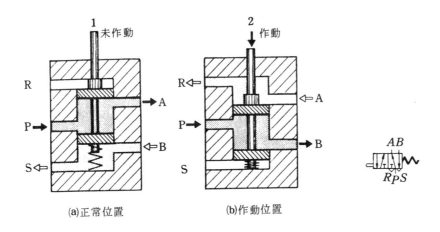

(a)正常位置　　　　　(b)作動位置

圖 5-7　　5／2一位閥

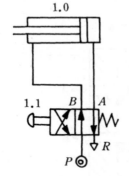
圖 5-8　4／2一位閥的應用

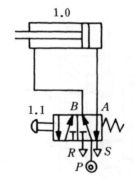
圖 5-9　5／2一位閥的應用

5-1-3　方向閥的構造

　　方向閥瓣的構造依使用壽命、空氣流量、作動方式、連接方法及尺寸大小等因素決定。方向閥瓣的構造依其內部作動可分為：

$$
\left.\begin{array}{l}
\text{提升閥} \left\{\begin{array}{l} \text{球座閥} \\ \text{盤座閥} \end{array}\right. \\
\text{滑動閥} \left\{\begin{array}{l} \text{縱向滑柱閥} \\ \text{縱向滑板閥} \\ \text{旋轉滑板閥} \end{array}\right.
\end{array}\right.
$$

一、提升閥

　　提升閥是利用圓球、圓盤、平板或圓錐的提升，以控制通路的開啟或切斷。閥座常利用一簡單的橡膠嵌入件來完成密封。閥內活動件受磨耗的零件數目很少，故使用壽命長，又其整體結構比較堅固，且不受塵土的影響。

　　提升閥必須克服回位彈簧力及壓縮空氣壓力，故需要較高的作動力。

1.　球座閥

　　球座閥之外形尺寸比較小，構造簡單，價格便宜，封閉性較差，使用在不重要的用途上。其主要是藉彈簧之力迫使圓球壓向閥座。此類閥瓣主要為2/2一位閥（如圖5-10），也有做成經由控制軸排氣的3/2一位閥（如圖5-11）。其作動方式皆由人力或機械為之，靠彈簧回位。

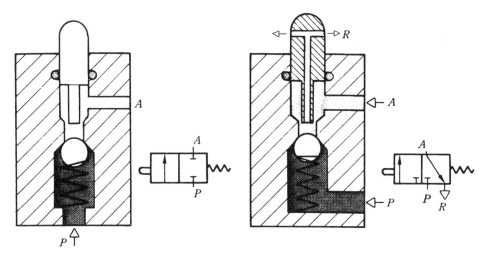

圖 5-10　2／2一位閥（常閉型）　　圖 5-11　3／2一位閥（常閉型）

2. 盤座閥

　　盤座閥構造簡單並具有良好的封閉性。作動反應時間短，移動一小段距離可得很大的空氣流量。盤座閥主要是製成2／2一位閥，3／2一位閥及4／2一位閥，依控制之需求又有"常閉"型及"常開"型。此類閥瓣可由人力、機械、電氣或氣壓作動，作動時，需克服閥內彈簧的對抗力及空氣壓力。

　　圖5-12為單盤片3／2一位閥（常開型），圖5-13為雙盤片3／2一位閥（常閉式）。圖5-13之方向閥當控制軸之作動速度緩慢時，將有很多壓縮空氣逸回大氣，即不能完成有用的工作，此屬於排放重疊型。

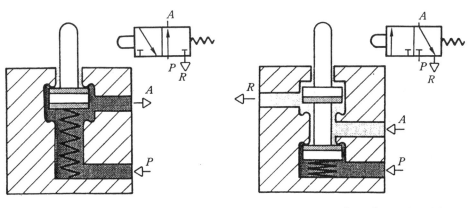

圖 5-12　3／2一位閥（常開型）　　圖 5-13　3／2一位閥（常閉式）

圖5-14為單盤片3/2一位閥（常閉型），爲非重疊型，控制軸緩慢作動時亦無空氣損失。控制軸被作動時，控制軸和盤片之面密合，切斷 A 和 R 的通。再向下壓時盤片離開閥座，P 和 A 通。控制軸鬆釋，彈簧使盤片回位。

圖5-15為雙盤片3/2一位閥（常開型），屬於排放重疊型。

圖5-16為盤片座型的4/2一位閥，由二個3/2一位閥所組合，一個閥瓣的中立位置關閉，另一個閥瓣的中立位置開啟，此屬於非排放重疊型。

圖5-17為氣壓作動的3/2一位閥（常閉型），嚮導壓縮空氣由控制口引

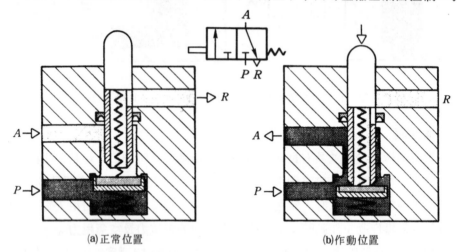

(a)正常位置　　　　　　　　　　(b)作動位置

圖 5-14　　3／2一位閥（常閉型）

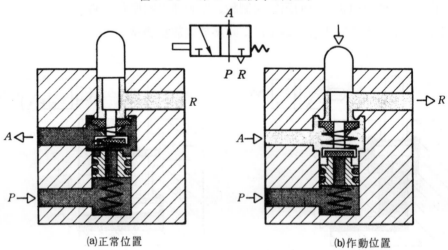

(a)正常位置　　　　　　　　　　(b)作動位置

圖 5-15　　3／2一位閥（常開型）

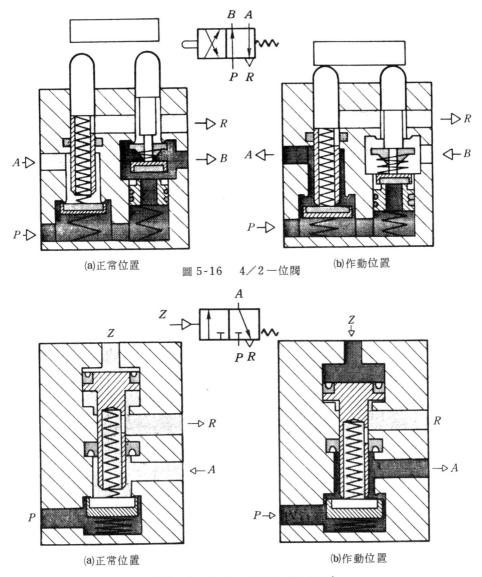

(a)正常位置　　圖 5-16　4／2一位閥　　(b)作動位置

圖 5-17　3／2一位閥（氣壓作動）

入，驅動嚮導滑柱，則 P 和 A 通；當 Z 口之嚮導空氣被切斷，盤片和滑柱借彈簧力作用退回原位。

圖 5-18 系利用一個人力操作的 3／2一位閥和氣壓作動的 3／2一位閥以驅動一大容積的單動氣缸（大直徑及長行程）。當閥瓣 1.2 被作動時，閥瓣 1.1 Z 有嚮導訊號，閥瓣 1.1 接轉換位，活塞桿前進。

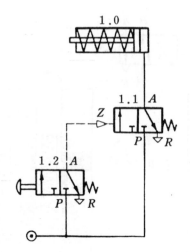

圖 5-18

圖 5-19 為氣壓操作超微閥瓣（3/2 一位閥），係根據盤座原理工作，嚮導空氣由控制口 Z 引入推動膜片，和膜片連接的嚮導滑柱及其密封件即關閉及開啟各接口。

此類閥瓣當做氣壓系統的訊號元件使用或用以驅動小容積的氣壓缸。操作壓力為 6 bar 時，作動壓力為 1.2 bar，操作壓力範圍為 1.2～8 bar，標稱流量 Q_N 為 100 Nl/min。

圖 5-20 為根據浮盤片原理做成 5/2 一位閥，亦屬於超微閥瓣，可當控制元件使用，用於控制小容積雙動氣缸的往復運動。壓縮空氣由二邊（Z 口和 Y 口）交替進入可使閥瓣產生接轉，例如 Z 口有嚮導壓縮空氣引入，滑柱左移 P → A 通，B → R 通，除非 Y 口有嚮導壓縮空氣引入，否則閥瓣不會改變位置。

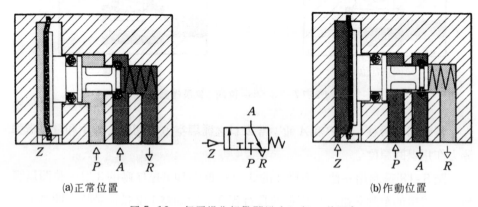

(a)正常位置　　　　　　　　　　　　　　　(b)作動位置

圖 5-19　氣壓操作超微閥瓣（3/2 一位閥）

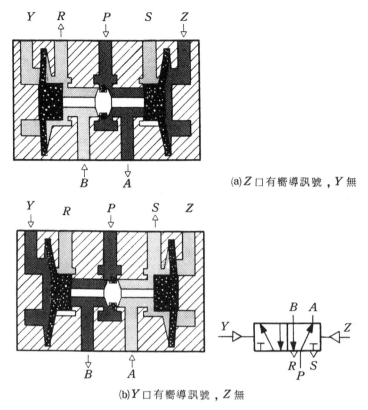

(a)Z口有嚮導訊號，Y無

(b)Y口有嚮導訊號，Z無

圖 5-20　氣壓操作超微閥瓣（5／2一位閥）

記住引入Y口或Z口的壓縮空氣只要是一脈衝即可使閥瓣產生接轉，但Z口和Y口不能同時有訊號（壓縮空氣）存在。

　　以下所述電磁閥，其構造亦屬於提升閥。電磁閥可用於遠距離或短接轉時間的控制中使用，可利用電氣定時裝置、電子定時器、電氣極限開關或壓力開關等產生電氣訊號以改變電磁閥的接轉位置。電磁閥有直動式電磁閥和導引式電磁閥二種。

　　直動式電磁閥如圖 5-21，屬於小尺寸，故電磁力可直接吸引柱塞而使閥之接轉位置改變。如圖中所示，當電磁鐵通電後，電磁力大於彈簧力，柱塞被吸提上升，$P \rightarrow A$通，R關閉，如將電源切斷，彈簧將柱塞拉下，$P \rightarrow A$不通，$A \rightarrow R$通。

　　如想用直動式電磁閥控制大流量的壓縮空氣，閥之體積必得加大，電磁鐵

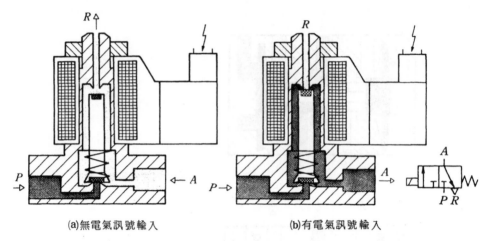

(a)無電氣訊號輸入   (b)有電氣訊號輸入

圖 5-21   直動式電磁閥（3／2─位閥）

也得加大方得吸引柱塞，此種方式甚不經濟，因此必須改用導引式電磁閥。導引式電磁閥由嚮導電磁閥（3/2─位閥）與氣壓作動的主閥所構成，如圖5-22為導引式4/2─位電磁閥。其動作如下：

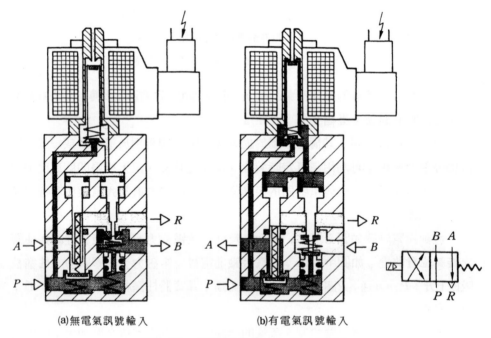

(a)無電氣訊號輸入   (b)有電氣訊號輸入

圖 5-22   導引式電磁閥（4／2─位閥）

　　主閥的供壓通路 P 有一小孔道通到嚮導閥的閥座，彈簧力使柱塞壓向嚮導閥的閥座。當電磁閥通電，電磁力吸引柱塞被提上升，空氣則流入主閥的嚮導滑柱。空氣壓力使嚮導滑柱向下移動且使閥盤離開閥座，壓縮空氣由 $P \to A$ 通，$B \to R$ 通，此閥屬於非排放重疊型。電磁鐵之電源被切斷，則恢復原來的位置。

　　以機械方式作動的方向閥為避免需要太大的作動力也可加裝嚮導閥。圖 5-23 為輥輪槓桿作動的導引式 3/2 一位閥，其動作如下：

　　主閥的供氣通路 P 有一小孔道通到嚮導閥的閥座，當作動力加在輥輪上時，嚮導閥被開啓，壓縮空氣通入膜片室，並使閥盤向下移動迫使主閥滑柱移動。首先切斷 A 到 R 之通路，爾後 P 到 A 通。作動力移去，則恢復原來的位置。

　　圖 5-24 為導引式 4/2 一位閥，其動作原理如上所述。

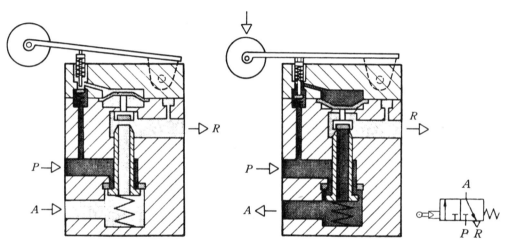

圖 5-23　導引式 3／2 一位閥（輥輪槓桿）

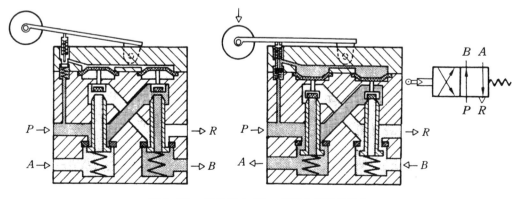

圖 5-24　導引式 4／2 一位閥（輥輪槓桿）

二、滑動閥

滑動閥係利用滑柱、滑柱滑板或旋轉滑板的運動使各個接口相通或關閉。

1. 縱向滑柱閥

縱向滑柱閥係利用滑柱的縱向移動使各通路相通或關閉，因沒有壓縮空氣或彈簧的對抗力，故所需之作動力較低。其滑柱的移動可採用人力、機械、電氣、或氣壓等作動方式。

圖5-25為利用氣壓作動的5/2一位閥，其通路的改變係應用滑柱原理。

前面所述之電磁閥其構造為提升閥，而電磁閥的構造亦有屬於滑動閥。也可分為直動式和導引式兩種。

導引式電磁閥是由電磁嚮導閥和氣壓作動之主閥所構成，如圖5-26所示，其動作原理是嚮導閥流路的改變用以作動主閥滑柱的移動以改變接轉位置，因此主閥不是以電氣信號來直接控制，而是由嚮導閥將其變為空氣信號後，間接控制。

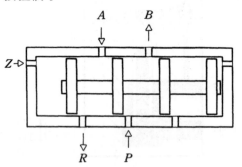

作動位置1：Z 有嚮導訊號，Y 無

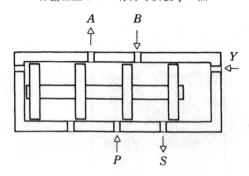

作動位置2：Y 有嚮導訊號，Z 無

圖5-25　5/2一位閥（縱向滑柱原理）

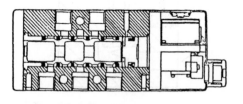

(a)

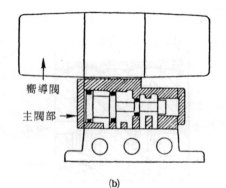

嚮導閥

主閥部

(b)

圖5-26　導引式之電磁閥

　　因此塵埃不會影響主閥的作動，也不會有線圈被燒毀之虞。但必須確保主閥換向之最低作動壓力（通常1～2bar），同時其嚮應速度較直動形慢爲其缺點。

　　直動式電磁閥是線圈激磁直接使主閥切換，如圖5-27故作動壓力可爲零，同時其響應速度較導引式快，但如果有塵埃進入使滑柱卡住不動，則線圈有被燒毀之危險。

　　有關氣壓上常用的電磁閥其作動原理，留到第十一章再做詳細介紹。

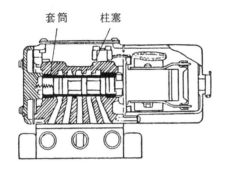

(a)單電磁鐵換向閥

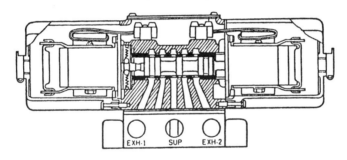

(b)雙電磁鐵二位置閥

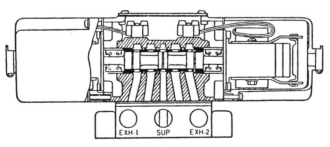

(c)三位置閥

圖5-27　直動式電磁閥

　　此類閥瓣，其滑柱和外殼內孔之間的密封較爲困難。如果滑柱和外殼內孔之間不加任何密封裝置，則滑柱和外殼內孔間之間隙不能超出 0.002～0.004 mm，不然會產生過度洩漏現象。爲降低加工成本及使裝配作業簡單，可在滑柱上加 " ○ " 圈或雙杯形皮碗或在外殼內孔加裝 " ○ " 圈，當密封使用。參考圖 5-28 。

　　圖 5-29 爲一種簡單手動縱向滑柱閥，可在氣壓系統的前面當切斷閥瓣使用。移動外殼的位置，使 P →A 通，R 口閉，另一位置 A →R 通，P 口閉。

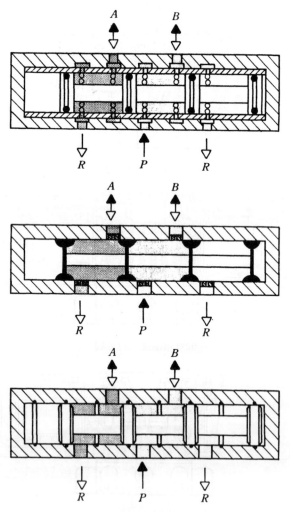

圖 5-28　滑柱和外殼之間的密封種類

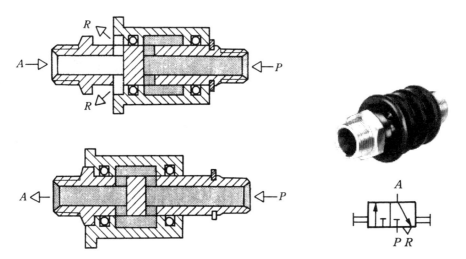

圖 5-29　手動縱向滑柱閥（3／2—位閥）

2. 縱向滑板閥

　　縱向滑板閥乃利用滑柱的移動帶動滑板來連接或分開各通路。滑板係藉氣壓或彈簧力壓向閥座，故能自動調節，即使滑板面上產生磨耗，亦能保持有效的密封。

　　至於縱向滑柱本身則利用"○"圈來密封以分開各空氣室，注意，此"○"圈移動時不經過任何通氣孔。

　　圖5-30為利用氣壓操作的4／2—位縱向滑板閥，嚮導壓縮空氣由 Y 控制口引入時，滑柱左移，$P→B$ 通，$A→R$ 通；當嚮導壓縮空氣由 Z 控制口引入

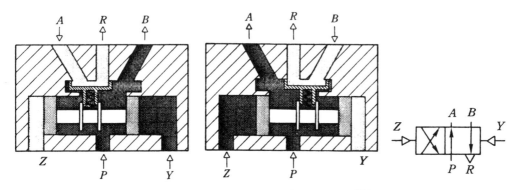

作動位置1：Y 有嚮導訊號，Z 無　　作動位置2：Z 有嚮導訊號，Y 無

圖 5-30　氣壓操作縱向滑板閥（4／2—位閥），加壓控制

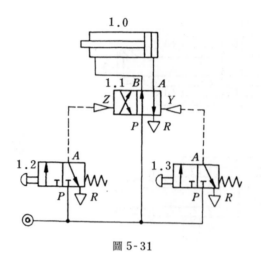

圖 5-31

時，滑柱右移，$P \rightarrow A$ 通，$B \rightarrow R$ 通。切斷控制管路的氣源，在滑柱從另一控制邊接受訊號前，停留於現在位置。注意此為加壓控制，Z 口和 Y 口之控制訊號只要是脈衝訊號即可。

　　圖 5-31 為雙動氣壓缸的間接控制，閥瓣 1.1 為加壓控制的 4/2 一位閥，當閥瓣 1.2 作動時，Z 有訊號閥瓣 1.1 接轉換位，活塞前進，直到閥瓣 1.3 作動前，活塞桿仍是外伸。

　　以上所述為加壓控制，相對的，改變滑柱的移動也有釋壓方式，惟釋壓方式動作可靠性較差，工業界上少採用，在此不說明。

三、旋轉滑板閥

　　旋轉滑板閥係利用二個盤片使各通路互相連接或分開，通常用手或腳來操作，主要有 3/3 一位閥和 4/3 一位閥。

　　圖 5-32 為 4/3 一位旋轉滑板閥（中位閉），圖 5-33 為中位排放的 4/3 一位旋轉滑板閥。

　　圖 5-34 為利用旋轉滑板閥來控制氣壓缸的往復運動。圖(a)和圖(b)可使活塞桿停留在行程範圍以內的任何位置，惟因空氣具有可壓縮性，故負荷改變時，活塞桿有移動之可能，故無法做精確的中間位置定位。圖(c)當方向閥位於中間位置時，加一外力可使活塞桿移動至任何需要位置，此可稱為調定位置或浮動位置。

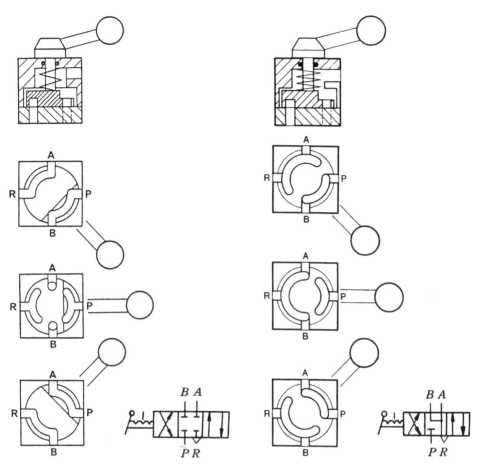

圖5-32　4／3一位旋轉滑板閥（中位閉）　　圖5-33　4／3一位旋轉滑板閥（中位排放）

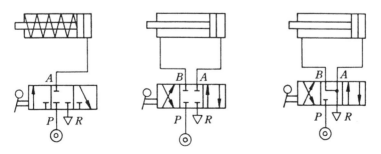

(a) 3/3一位閥中立位置關閉 (b) 4/3一位閥中立位置關閉　(c) 4/3一位閥中立位置排放

圖5-34

表5-3 提升閥和縱向滑柱閥之比較

比較項目 ＼ 構造	提 升 閥	滑 柱 閥
閥 的 操 作 力		○
流 體 的 洩 漏	○	
使 用 壓 力 範 圍		○
流 體 的 污 染	○	
閥 的 容 量		○
周 圍 的 塵 埃	○	
閥 的 開 閉 動 作 速 度	○	
潤 滑	○	

備註：上表中○印者是該項目較有利也表示比較優良

因提升閥和縱向滑柱閥較常使用，在此對其優缺點作一適當比較，如表 5-3 。

5-1-4 方向控制閥的分類

方向控制閥依構造及用途區分有幾種分類方法也有各種稱呼方法，茲將各種分類方法歸納如表5-4 。

表5-4 方向控制閥的分類

分 類		符 號	說 明	分 類		符 號	說 明
閥 口 數	2 口 閥		進、出口只有二個的閥	操 作 方 式	人 力		用人力作動
	3 口 閥		有三個進、出口的閥		機 械		用凸輪等觸動操作
	4 口 閥		有四個進、出口的閥		嚮 導		用引導壓力推動切換
	5 口 閥		有五個進、出口的閥		電 磁		用電磁力作動切換
					電磁內部引 導 式		用電磁作動，引導壓力切換

表 5-4　（續）

分　類		符　號	說　明	分　類		符　號	說　明
接轉（切換）位置數	2 位 置		閥的接轉位置有 2 個	主閥形式	提 升 閥		閥體和閥座與流體流動方向成垂直
	3 位 置		閥的接轉位置有 3 個		滑 柱 式		圓柱狀軸在圓筒內滑動，以切換流動方向
	4 位 置		閥的接轉位置有 4 個		滑 板 式		閥體和閥座滑動，以切換流路
中立位置的流通狀態	閉中心式		在中立位置，所有流道封閉	主閥數	單 一 閥		主閥只有一個
	PAB導通		中立位置,PAB 三口相通		雙 閥		主閥有二個組裝一起，如冲床之安全閥
	ABR導通		中立位置,ABR 三口相通	按裝形式	單 一 式		單一閥體按裝
正常位置流通形態	常 閉 式		正常位置，流道封閉		底 座		閥體和底座分開
	常 開 式		正常位置，流道導通		滙 流 座		可將多個閥體按裝在同一滙流座上
閥體復歸方式	彈簧回歸		操作力消失，由彈簧回復				
	氣壓回歸		操作力消失，由氣壓頂回	口 徑 稱 呼			連接口徑之大小，有PT ⅛ ，PT ¼，PT ½……
	保 持 式		操作力消失，閥體保持不動	有 無 給 油			使用的壓縮空氣,須給油否？

※ 5-1-5　閥的大小選定

　　選定閥的大小，亦即選擇其空氣流通能力的大小，一般選擇和氣壓缸之配管口徑相同的方向閥，例如氣壓缸之口徑爲 $PT\,3/8$，則使用 $PT\,3/8$ 口徑的閥即足夠。

　　閥的大小表示方法有下列三種：

(1)　流量特性圖表。　　　　　(3)　C_v 值。

(2)　有效斷面積。

一、流量特性圖表

如圖 5-35 所示，此圖是將閥之流入壓力固定，流出壓力變化，以表示當時流過之流量之圖表。例如流入壓力為 4 bar，流出壓力為 0（大氣放出），在大氣壓下測得之流量為 $500 Nl/\min$，當流出壓力增加時，流量遞減，在 4 bar 時流量為 0。

在應用上，先將致動器（包含配管）所需流量算出，求得 Q，而由流量特性曲線圖表上查出流入壓力 P_1，流出壓力 0 時能滿足 Q 者，則該閥即可使用。例如算出所需之空氣量為 $600 Nl/\min$，流入壓力為 6 bar，由圖 5-35 可知，在流入壓力 6 bar 之曲線上，其流出壓力為 0 之流量為 $700 Nl/\min$，故可知選用此閥是可滿足需要的。

二、有效斷面積

有效斷面積就是將閥內部通路想成是一個理想限流口時之斷面積，只有比較有效斷面積，就可比較出閥的大小，而且還可算出流量。

有效斷面積的測定是：將欲定有效斷面積之閥件連結在充滿 5 bar G 壓力之蓄氣筒上，使空氣通過此閥件後放至大氣，此時蓄氣筒內儘量放出至殘壓為 1 bar G 為止。

由上面測定結果，有效斷面積由下式算出：

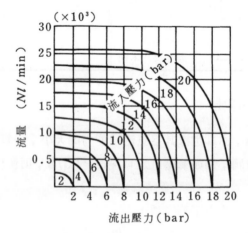

圖 5-35　某一閥件之流量特性曲線

$$S = \left[12.9\, V\, \frac{1}{t}\, \log_{10} \frac{P_0 + 1.03}{P + 1.03} \right] \sqrt{\frac{273}{T}} \qquad (5\text{-}1)$$

式中　　P_0：蓄氣筒內初期壓力（bar，G）

　　　　P：空氣排出後的殘存壓力（bar，G）

　　　　V：蓄氣筒的容積（l）

　　　　t：排出時間，最好 5～6 秒可將蓄氣筒內之空氣放畢。

　　　　T：室溫（°K）

　　　　S：有效斷面積（mm²）

　　由以上求得之有效斷面積，可依下式計算流量：

1. $P_1 > 1.89\, P_2$ 時（即直接排出大氣中時）

$$Q = 11.1 \times S \times P_1 \qquad (5\text{-}2)$$

2. $P_1 < 1.89\, P_2$ 時（即閥件之出口接到其他機器時）

$$Q = 22.2 \times S \times \sqrt{P_2 (P_1 - P_2)} \qquad (5\text{-}3)$$

式中　　P_1：入口壓力（bar，abs）

　　　　P_2：出口壓力（bar，abs）

　　　　S：有效斷面積（mm²）

　　　　Q：空氣流量（Nl/min）

　　在實用上可由（5-3)式決定出充分滿足所需空氣之有效斷面積之閥。有效斷面積值可參考各閥件製造廠商的目錄、資料。

三、C_V 值

　　C_V 值為閥之流量特性係數，其測定方式是將溫度約 15°C 的清水流入閥時，當出入口之壓差為 1 psi（約 0.07 bar)時，1 分鐘所流出清水的量以加侖為單位表示 C_V 值。

　　使用 C_V 值可算出流過閥之流量，即：

1. $P_1 < 1.89\, P_2$ 時（閥件出口接到機器）

$$Q = 24 \, C_v \sqrt{\frac{\Delta P P_m}{r}} \qquad\qquad (5\text{-}4)$$

2. $P_1 > 1.89 \, P_2$ 時（即直接排出大氣中時）

$$Q = 14.7 \times C_v \times P_1 \qquad\qquad (5\text{-}5)$$

式中　　Q：流量（Nm^3/hr）　　　　P_2：出口壓力（bar，abs）

　　　　C_v：流量係數　　　　　　　P_1：入口壓力（bar，abs）

　　　　r：以空氣爲1的比重

　　　　ΔP：$P_1 - P_2$（bar）　　　　P_m：$\dfrac{P_1 + P_2}{2}$

又 C_v 值和有效斷面積有如下關係：

$$S = 18.45 \times C_v \qquad （滑柱式閥）$$
$$\quad = （20 \sim 23） \times C_v \qquad （提升式閥）$$

C_v 值爲 0.05 至數 10 之間，可參考閥件製造廠的目錄、資料。

爲表示閥的大小用閥的接頭尺寸來表示是很危險的，選用閥的大小時最好用閥的有效截面積 S，流量係數 C_v 值來選定。

※ 5-1-6　方向閥的選用注意事項

方向控制閥的選用不良，直接影響到全體氣壓裝置，所以必須愼重選用，以下爲注意事項：

1. 閥的尺寸適當嗎？

閥的尺寸太小時所必需的空氣量無法流入致動器，會引起動作速度不足，壓力損失太大而出力不夠。

閥的尺寸太大時閥的動作會不確實。例如在導引式動作型閥的使用，由於閥入口所使用機器、配管等尺寸太小，不能將充足的空氣和足夠的壓力送到導引式動作型閥（因無法達到最低使用壓力），因此閥的接轉切換時間延長甚至無法達到切換的目的。

有人會誤以爲選用較大尺寸閥較佳，其實不然。例如用一大尺寸閥和一小尺寸閥控制同一尺寸的氣壓缸，由於小尺寸閥的反應較大尺寸閥爲佳，故如圖

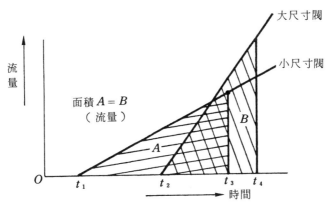

圖 5-36　閥尺寸的流量——時間的關係

5-36所示，小尺寸閥所控制的氣壓缸在時間 t_3 使氣壓缸之動作完成，而大尺寸閥在時間 t_4 方使氣壓缸完成動作，顯然的，$t_3 < t_4$，小尺寸閥之反應性較佳。

2. 可連續高速動作使用次數

　　● 一般使用交流電源的電磁閥的限度爲 1 次／秒。

　　● 使用直流或半波整流的電磁閥能作數次／秒的使用。

　　● 空氣嚮導型者可達到數 10 次／秒。

3. 就空氣的污染，環境的良否來考慮

　　在防爆，防火災的場所，不宜用電磁閥；空氣污染、灰塵多的場合，宜用直動型閥；電磁閥會引起絕緣不良，燒損等，則變更爲氣壓嚮導型閥。

4. 交流、直流電磁線圈的比較

　　電磁閥所用的電源，交流有 110 V（100 V），220 V（200 V），60 Hz（50 Hz）；直流則以 12 V，24 V 爲最多。表 5-5 爲其特性比較。

表 5-5

比 較 項 目	交　　　　流	半 波 整 流	直　　　　流
吸　引　力	在比較長的距離也可得到安定的吸引力。	與距離成反比急速地減小。	同　　左

表5-5　（續）

比較項目	交　　　流	半波整流	直　　　流
發　　　熱	會因外部的機械負荷或鐵損而發熱。	不因外部的機械負荷或鐵損而發熱。	同　　左
振動噪音	發　生	也會發生	不發生
電磁線圈的機械強度	小	大	大
響應速度	大	中	小

5.　動態特性

　　由閥的響應速度表示，響應速度和所使用之控制媒體有關。如圖5-37為純氣壓操作和氣-電操作之比較，又因構造之不同其響應速度有所差別。表5-6為不同型式電磁閥之響應速度。

6.　溫度限制

　　控制閥的使用溫度受襯墊材質的限制，工業規格限定使用溫度在5～50°C之間，如超過此溫度，宜更換襯墊材料。

7.　使用壓力範圍

　　每一種閥件廠商皆標有最高使用壓力，實用上建議使用壓力範圍是：

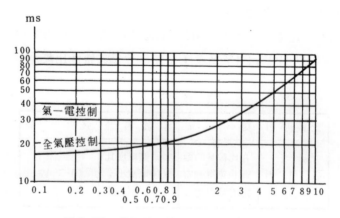

圖5-37　純氣壓和電氣控制響應時間之比較

表 5-6　電磁閥的響應速度

口徑	響　應　時　間　[　秒　]			
	2　口		3　口	4　口
	直動式	導引作動		5　口
6	0.05		0.04	0.06
8	0.05	0.08	0.04	0.06
10	0.05	0.08	0.04	0.06
15	0.05	0.08	0.06	0.08
20		0.1	0.1	0.12
25		0.1	0.1	0.12
32				0.16

直動式電磁閥 0～7 bar

導引式電磁閥 2～7 bar

8. 壽命

一般而言，純氣壓控制閥較電磁閥壽命長，但若潤滑不良壽命亦會降低。

※ 5-1-7　方向閥使用注意事項

1. 安裝的方向問題，如電磁操作或氣壓嚮導操作的縱向滑柱必需水平安裝，不可傾斜，否則喪失其記憶閥位的功能。

2. 在有震動的場合，要注意安裝的方向和震動方向的關係，否則因震動力而產生自動切換現象，易生危險。

3. 週遭環境是否適當？污染是否嚴重？宜考慮。

4. 使用導引式控制閥，注意最低使用壓力。

5. 雙線圈電磁閥不可兩端同時激磁，線圈易燒毀，故在設計電氣廻路時必須加互鎖電路。

6. 3 口閥或 5 口閥排氣口加裝消音器時，宜注意消音器網目是否受到阻塞；消音器網目如阻塞，則排氣管路背壓升高，可能使方向閥無法切換。

7. 用中位閉的 5/3 一位閥使致動器中途停止，爾後再起動時會使致動器產生

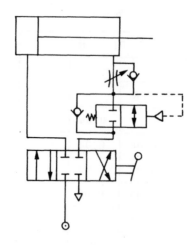

圖 5-38

驟然前進（後退）的現象，此乃因爲氣壓缸前後端壓力差所致，可改用如圖 5-38 所示來防止。

底下將列舉一些方向閥實體圖及其規格，供各位讀者參考。首先介紹規格表上的術語。

作動力	在 6 bar 操作壓力下，作動組件所需之力。
操作壓力範圍（簡稱壓力範圍）	安全操作組件或系統所需之最低壓力及最高容許壓力。在氣壓學中，此壓力範圍又稱爲工作壓力範圍。 單位：bar，Pa（Pascal） 1 bar ＝ 100,000 Pa 所標示之壓力資料係錶讀值。
公稱內徑	閥主流路之最小截面，以 mm 表示之。
標準公稱流率	流經組件之容積流量 l/min（公升／分）→係以 +20°C 之溫度上游壓力爲絕對壓力 7 bar 下游壓力爲 6 bar 之設備測試所得，再換算成標準狀況（1.013 bar，0°C）
反應時間	起動時間：自輸入起動訊號至輸出壓力達額定壓力之 90 ％ 所需之時間。其條件爲在閥的排放口壓縮媒體的溫度爲 +20°C，操作及控制壓力爲 6 bar。

（續前表）

作動力	在 6 bar 操作壓力下，作動組件所需之力。
反應時間	關閉時間：自輸入關閉訊號至輸出壓力達額定壓力之 10％所需之時間。（2/2方向閥則爲直到壓力開始下降時爲止）。其條件爲閥的排放口壓縮媒體的溫度爲＋20°C，操作及控制壓力爲 6 bar。 依 VDI 3290（1962 年 11 月）之定義。
控制壓力範圍	使組件或系統達到完美功能所需最低控制壓力與最高控制壓力。
溫度範圍	組件及／或控制系統保證可以可靠地工作之溫度範圍（周圍溫度及媒體溫度）。 FESTO 閥之溫度範圍爲－10°至＋60°C 電磁閥：周圍溫度－5 至＋40°C 　　　　媒體溫度－10 至＋60°C 未在上述範圍內者另外表示之。

5／2方向閥，直接作動
手指桿閥
型式 TH-5 ¼ B

手桿閥俱停駐設計
型式 H-5-¼-B

脚踏閥
型式 F-5-¼-B

脚作動閥俱機械式停駐設計
型式 FP-5-¼-B

蓋（外殻）
訂貨標示 4500FH
適合眞空操作（眞空接口在 P 處）

蓋（外殻）
訂貨標示 2071FPH-121

訂貨標示 另件號碼／型式	8994 TH-5-¼-B	8995 H-5-¼-B	8992 F-5-¼-B	8997 FP-5-¼-B
接口	G ¼			
壓力範圍	−0.95 至 +10 bar			
公稱內徑	7 mm			
標準公稱流率	550 l／min			
作動力	24 N	22 N	52 N	70 N

軸桿操作閥
型式 V-3-¼-B

輥輪桿閥
R-3-¼-B

輥輪桿閥
單向動作
L-3-¼-B

VO-3-¼-B

RO-3-¼-B

LO-3-¼-B

適合眞空操作（眞空接口在 P 處）

訂貨標示	6808 V-3-¼-B	8985 R-3-¼-B	8982 L-3-¼-B
另件號碼／型式	9157 VO-3-¼-B	8991 RO-3-¼-B	8989 LO-3-¼-B
接口	G ¼		
壓力範圍	−0.95至＋10 bar		
公稱內徑	7 mm		
標準公稱流率	600 1／min		
作動力	37／93	10／26	15／15

1N≈0.1kp

3／2- 方向閥，間接動作

軸柄作動閥	輥輪閥	單向作動輥輪閥
型式 VS-3-⅛	RS-3-⅛	LS-3-⅛

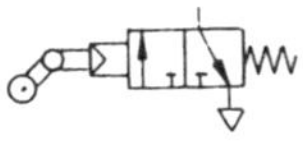

型式 VOS-3-⅛	ROS-3-⅛	LOS-3-⅛

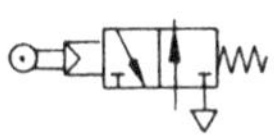

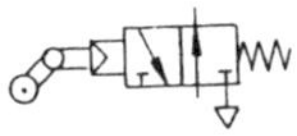

轉鬆二只螺絲後，上端部份可廻轉180°，即可產生兩種閥之功能

附件：安裝架，訂貨標示9635HV-⅛

訂貨標示	2334 VS-3-⅛	2272 RS-3-⅛	2186 LS-3-⅛
另件號碼／型式	2952 VOS-3-⅛	2270 ROS-3-⅛	2950 LOS-3-⅛
接口	G ⅛		
壓力範圍	2.8至8 bar		
公稱尺寸	3.5 mm		
標準公稱流量	1201／min		
作動力	2.6N	1.8N	2.2N

3／2 方向閥
單邊嚮導閥，彈簧回行
型式 VL／O-3-⅛-B　　　　VL／O-3-¼　　　　VL／O-3-½

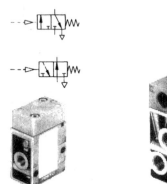  

本閥瓣可以是常開型或是常閉型，致於型式之改變要看如何選擇連接口來決定

如爲常閉型，則適合眞空操作（眞空接口在 P_1 處）

訂貨標示 另件號碼／型式	7803 VL／O-3-⅛-B	9984 VL／O-3-¼	9983 VL／O-3-½
接口	G ⅛	G¼,Z:G⅛	G½,Z:G¼
操作壓力	−0.95 至 10 bar		
嚮導壓力	1 至 10 bar	1.2至10bar	1.5至10bar
公稱內徑	5 mm	7 mm	14 mm
標準公稱流率	500 l／min	800 l／min	3700 l／min
反應時間，開／關	4／10 ms	8／30ms	17／30ms

單邊嚮導閥，彈簧回行
型式 VL-5-⅛ 　　　　VL-5-¼　　　　　　VL-5-½

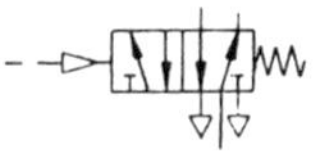

訂貨標示 另件號碼／型式	9764 VL-5-⅛	9199 VL-5-¼	9445 VL-5-½
接口	G⅛, Z : G⅛	G¼, Z : G⅛	G½, Z : G¼
操作壓力	0 至 10 bar	1 至 8 bar	0 至 10 bar
嚮導壓力	1.5至10 bar	1 至 8 bar	0 至 10 bar
公稱內徑	5 mm	7 mm	14 mm
標準公稱流率	500 1／min	800 1／min	3700 1／min
反應時間，開／關	5／16ms	8／12ms	6／20ms

雙邊嚮導閥，有停駐設計
俱手動重疊操作

型式 J H-5-⅛　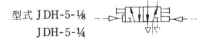
　　 J H-5-¼
俱 14 接口領先訊號及
手動重疊操作

型式 J DH-5-⅛
　　 J DH-5-¼

訂貨標示 另件號碼／型式	8823 JH-5-⅛	8824 JDH-5-⅛	10408 JH-5-¼	10409 JDH-5-¼
接口	G ⅛		G ¼ , 12 , 14 : G ⅛	
操作壓力	0 至 10 bar		0 至 8 bar	
嚮導壓力	2 至 10 bar		2 至 8 bar	
公稱內徑	5 mm		7 mm	
標準公稱流率	600 l／min		800 l／min	
反應時間	7 ms	9／16 ms	7 ms	9／16 ms

3／2 方向閥
單邊電磁閥，彈簧回行
型式 MUFH-3-PK-3
俱基座及
手動重疊操作

節約能源型，
無手動功能
型式 MUN-3-PK-3

訂貨標示 另件號碼／型式	6705 MUFH-3-PK-3 ＋電壓	9711 MUN-3-PK-3
接口	適合 NW 3 軟管之鋸齒形氣嘴	
壓力範圍	0 至 8 bar	0 至 7 bar
公稱尺寸	1.3 mm	0.8 mm
標準公稱流率	50 l／min	20 l／min
切換時間　開／關	10 ms	

單邊電磁閥，彈簧回行
俱手動重疊操作
型式MFH-3-⅛　　MOFH-3-⅛
　　MFH-3-¼　　　MOFH-3-¼

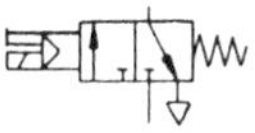

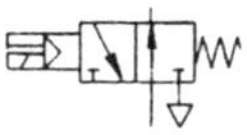

配氣塊

訂貨標示 另件號碼／型式	7802 MFH-3-⅛*	7877 MOFH-3-⅛*	9964 MFH-3-¼*	7876 MOFH-3-¼*
接口	G ⅛	G ⅛	G ¼	G ¼
壓力範圍	1.5至8 bar	1.5至8 bar	1.5至8 bar	1.5至8 bar
公稱內徑	5 mm	5 mm	7 mm	7 mm
標準公稱流率	500 l/min	500 l/min	800 l/min	800 l/min
反應時間　開／關	12／38ms	12／38ms	15／45ms	15／45ms

5／2 方向閥
雙邊電磁閥
俱手重疊操作
無基座
型式 JMFH-5-3.3
低能量消耗用：
型式 JMNH-5-3.3

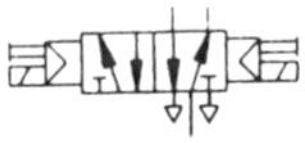

訂貨標示 另件號碼／型式	6069 JMFH-5-3.3 ＋電壓	9782 JMNH-5-3.3
接口	4 mm軟管或G ⅛（基座）	
壓力範圍	2至8 bar	3至7 bar
公稱尺寸	3.3 mm	
標準公稱流率	130 l/min	
切換時間	13 ms	20 ms

5-2 止回閥瓣

以下對在氣壓系統中具有止回作用的閥瓣做一介紹。

5-2-1 止回閥

此種閥瓣只允許壓縮空氣單方向流動而不允許其逆向流動,故又稱為單向閥,其主要是利用圓錐、圓球、盤片或膜片來當止回塊。依功能及構造,其止回塊有利用外力或彈簧頂在閥座上,如圖 5-39 (a),系藉外力或自重使止回塊頂在閥座上而關閉的止回閥,圖 5-39 (b)則利用彈簧力使止回塊頂在閥座上,故壓縮空氣要通過止回閥時必先克服彈簧力。

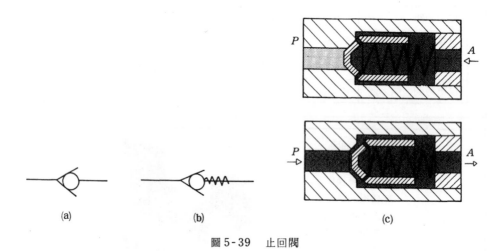

(a)　　　　　(b)　　　　　(c)

圖 5-39　止回閥

5-2-2 梭動閥

梭動閥又稱為"雙向控制閥"或"雙向止回閥"。如圖 5-40 閥體有二個入口即 X 口和 Y 口及一個出口 A。當壓縮空氣由 Y 口進入時,內部止回塊將 X 口密封,壓縮空氣由 Y 口流向 A 口;如壓縮空氣由 X 口進入,止回塊將 Y 口封閉,壓縮空氣由 X 口流向 A 口。當壓縮空氣作反向流動時,如氣壓缸或閥瓣要排放壓縮空氣,由於壓力條件,止回塊停留在原來的位置。

梭動閥具中"OR"邏輯機能,即只要 X 口或 Y 口有輸入時,A 口即有訊號輸出。參考圖 5-40 可得其真值表如下。

X	Y	A
0	0	0
1	0	1
0	1	1
1	1	1

梭動閥眞值表

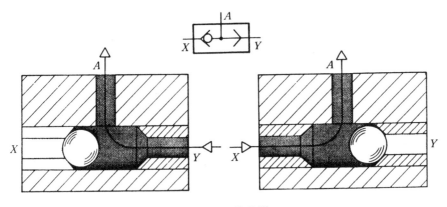

圖 5-40 梭動閥

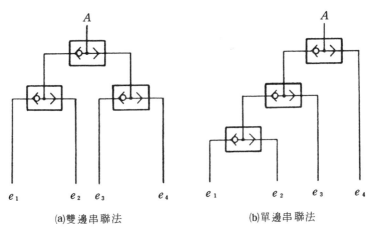

(a)雙邊串聯法　　　　　(b)單邊串聯法

圖 5-41

　　梭動閥在氣壓控制系統中可當訊號處理元件，常用於數個輸入訊號需連接至同一個出口之處使用，如圖 5-41 所示，所需梭動閥數目爲輸入訊號數目減 1 。

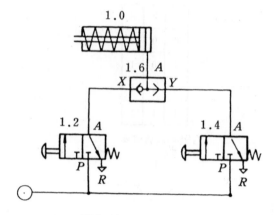

圖 5-42　單動缸控制廻路

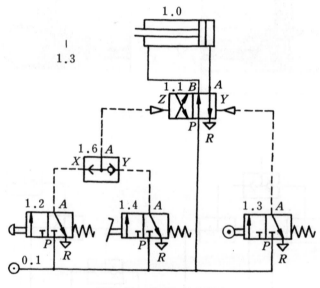

圖 5-43　雙動缸控制廻路

　　圖 5-42，圖 5-43 爲梭動閥的應用。圖 5-42 可在二個以上的不同位置控制氣壓缸的作動。圖 5-43 可在兩個不同位置控制氣壓缸 1.0 活塞桿前進，碰到閥瓣 1.3 自動回行。

5-2-3　雙壓閥

　　如圖 5-44 所示，閥體有二個入口即 X 口和 Y 口，一個出口，即 A 口。此

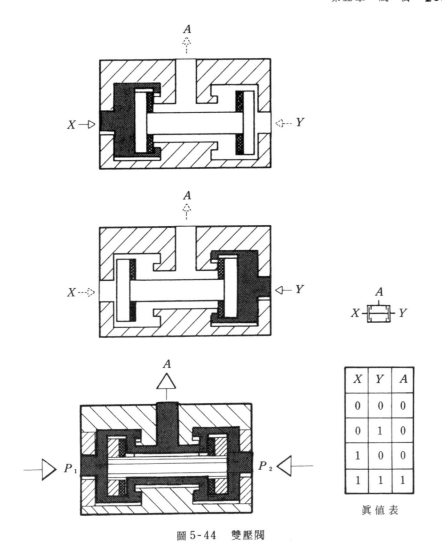

圖 5-44　雙壓閥

種具有 " *AND* " 邏輯機能，即在二個入口同時有訊號輸入時，*A*口方有訊號輸出。當二個輸入訊號之間有時差時，最後到來的訊號通向出口 *A*。當二個輸入訊號有壓力差時，則較低的氣壓通向出口 *A*。

　　雙壓閥在氣壓控制系統中可作訊號處理元件，如同梭動閥可將數個雙壓閥連接如圖 5-45，當數個輸入口皆有訊號輸入時，出口 *A*方有訊號，故雙壓閥主要作用為互鎖控制、安全控制、檢查機能或邏輯操作使用，圖 5-46 為一安全控制廻路，必須閥1.2，1.4同時作動，單動缸才能前進。

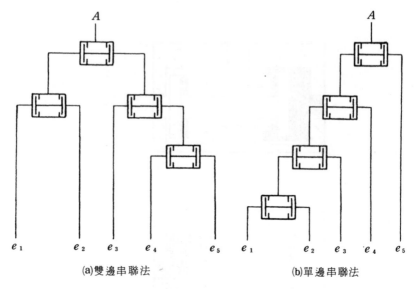

(a)雙邊串聯法　　　　　　　　(b)單邊串聯法

圖 5-45

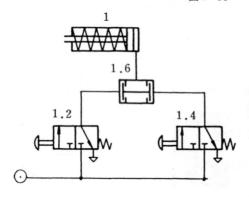

圖 5-46　雙壓閥的應用

茲列舉以上所述止回閥、梭動閥、雙壓閥的實體及規格，供各位讀者參考。

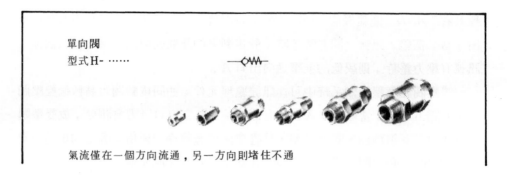

訂貨標示 另件號碼／型式	3671 H-M5	3324 H-⅛ a／i	11689 H-¼-B	11690 H-⅜-B	11691 H-½-B	11692 H-¾-B
接口	M 5	G ⅛	G ¼	G ⅜	G ½	G ¾
壓力範圍	0.4至8bar		0.4至12bar			
公稱內徑	2.2	4	6	8	13	16
標準公稱流率 1／min	115	280	1020	2300	5800	6650

「或」元件

型式OS-……

（梭動閥）

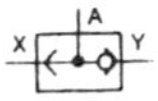

「或」元件（雙止回閥）有二個進氣口一個出氣口，氣源由進氣口進入或二進氣口均供氣則壓力大之一方將另一方堵住。

訂貨標示 零件號碼／型式	6684 OS-PK-3	6681 OS-⅛-B	6682 OS-¼-B	3427 OS-½
接口	NW3軟管用 鋸齒形氣嘴	G ⅛	G ¼	G ½
壓力範圍	1.6至8bar	1至10bar		
公稱內徑	2.4mm	4mm	6.5mm	12mm
標準公稱流率	120 1／min	500 1／min	1170 1／min	5000 1／min

「及」元件

型式ZK-……

（雙壓閥）

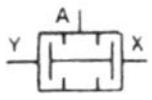

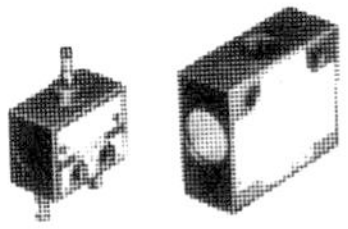

「及」元件（雙壓閥）乃作為邏輯閘及安全控制用。只有在兩邊均有訊號輸入時，出口方有訊號輸出。

訂貨標示	6685	6680
零件號碼／型式	ZK-PK-3	ZK-⅛-B
接口	NW 3 軟管用之鋸齒形氣嘴	G ⅛
壓力範圍	1.6 至 8 bar	1 至 10 bar
公稱尺寸	2.4 mm	4.5 mm
標準公稱流率	120 l／min	550 l／min

5-3　流量控制閥瓣

　　係指置於管路途中使壓縮空氣通過時產生阻力，藉阻力大小之變化以調節其通過之流量以控制氣壓缸之運動速度之閥瓣，茲分別說明如下：

5-3-1　節流閥

　　節流閥是將空氣的流路縮小以改變壓縮空氣的流通量，如圖 5-47 (a)所示，閥體上有一調整螺絲，以調節流路斷面積的大小（阻流口的大小），此種型式叫做可調節開口節流閥。圖 5-47 (b)其流路斷面積固定，無法改變，謂之固定開口節流閥。

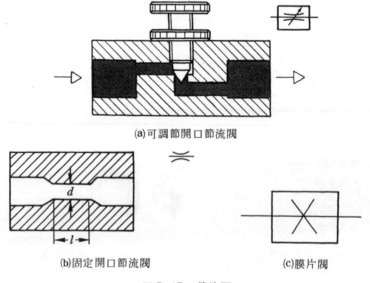

(a)可調節開口節流閥

(b)固定開口節流閥　　　　　　　　(c)膜片閥

圖 5-47　節流閥

　又膜片閥其功能和節流閥相同，主要區別在於節流閥中節流部份的長度比直徑大（ *l* ＞ *d* ），而膜片閥其節流部份的長度比直徑小（ *l* ＜ *d* ）。膜片閥之氣壓符號如圖 5-47 (c)。

　節流閥主要用來調節氣壓缸活塞的速度及系統中流體流動速度的控制。注意節流閥雙方向皆有節流作用，使用節流閥時流路斷面積不宜太小，因空氣中的冷凝水、塵埃等塞滿阻流口通路時會引起節流量的變化。

　圖 5-48 為節流閥的應用，可控制單動缸活塞的前進和後退速度，如只要單方向有速度控制，則要採用以下所述單向流量控制閥。

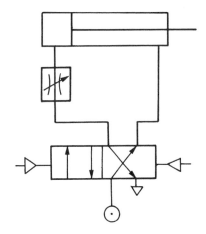

圖 5-48

5-3-2　單向流量控制閥（手動操作）

　如圖 5-49，由一止回閥和可調節開口節流閥所構成，左圖空氣由左邊進入經止回閥和節流閥自由流到右邊，不受節流閥限制流量；右圖空氣由右邊進入

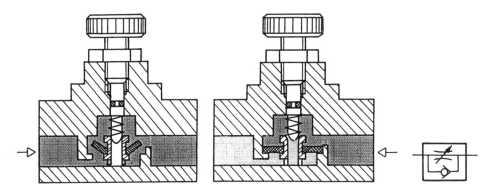

圖 5-49　單向流量控制閥

，止回塊被頂到閥座上，空氣只經由節流閥流到左邊，流量被節流閥阻流口之大小所限制。通常應用在單方向速度控制的作動器或者系統中作單向流量的控制。

依其按裝方向的不同而有所謂入口制流（Meter-in）和出口制流（Meter-out）兩種速度控制方式。圖 5-50 (a)為入口制流即是單向流量控制閥的安裝使得進到致動器的空氣被節流，此種方式的速度控制如活塞桿上之負荷有輕微變化，速度穩定性差，僅用於單動缸、小型氣壓缸或短行程氣壓缸。

圖 5-50 (b)為出口制流，即單向流量控制閥的安裝使得空氣可自由進入氣壓缸，但空氣的排放則加以節流。此種方式提供抵抗運動的背壓來限制速度，故速度之穩定性佳，常用於雙動氣壓缸的速度控制。注意小型氣壓缸和短行程氣壓缸因不能夠很快在排放邊積蓄壓力，故必須用入口制流方式。

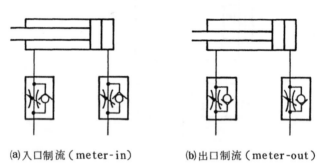

(a)入口制流（meter-in）　　(b)出口制流（meter-out）

圖 5-50　氣壓缸的速度控制

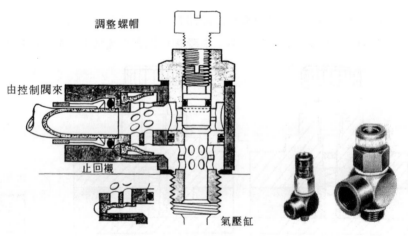

圖 5-51　直裝式單向流量控制閥

　　壓縮空氣流經管路和單向流量控制閥會產生壓降，故單向流量控制閥的按裝宜接近控制對象，效果較佳。目前已有直接按裝在氣壓缸上的單向流量控制閥，如圖5-51。

　　圖5-52 (a)為利用單向流量控制閥控制雙動氣壓缸前進的速度，為出口制流方式，圖(b)圖(c)為有無利用單向流量控制閥控制氣壓缸速度的時間—位移圖。

　　圖5-53系採入口制流方式對單動氣壓缸活塞前進速度做調節；圖5-54系採出口制流對單動氣壓缸活塞後退速度做調節；圖5-55在工作管路上串聯二個單向流量控制閥使單動缸活塞的前進、後退皆做速度調節（出口制流和入口制流）；圖5-56雙動缸活塞的前進、後退皆用出口制流方式做速度調節。

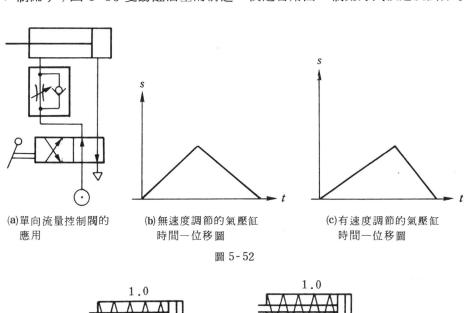

(a)單向流量控制閥的　　　(b)無速度調節的氣壓缸　　　(c)有速度調節的氣壓缸
　　應用　　　　　　　　　　時間—位移圖　　　　　　　時間—位移圖

圖 5-52

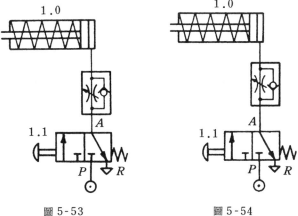

圖 5-53　　　　　　　　　　圖 5-54

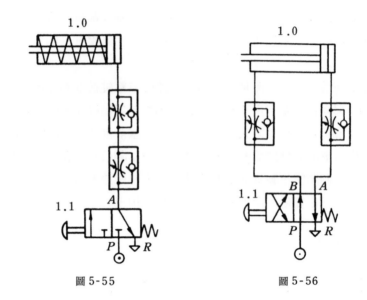

圖 5-55   圖 5-56

5-3-3 單向流量控制閥(凸輪操作)

凸輪操作的單向流量控制閥如圖5-57所示,其原理及構造和5-3-2節所述相似,是藉助於氣壓缸活塞桿上所裝設凸輪板壓到輥輪槓桿使閥內柱塞移動以改變空氣流路斷面積之大小,故氣壓缸活塞速度之變化和凸輪板之形狀有關。

此種閥可應用在單動缸或雙動缸在活塞行進過程中間變化活塞速度,亦可做雙動缸的端點位置緩衝使用。

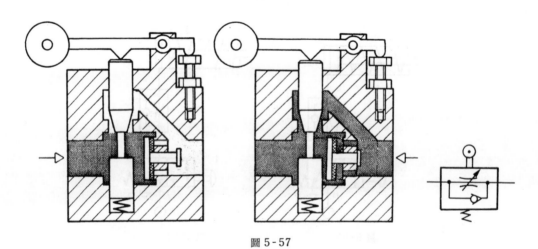

圖 5-57

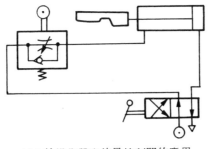 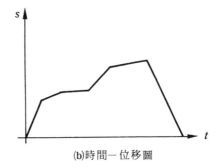

(a)凸輪操作單向流量控制閥的應用 　　　　(b)時間—位移圖

圖 5-58

　　圖 5-58 為凸輪操作單向流量控制閥的應用，改變凸輪板的形狀即可得各種時間—位移圖。

　　單向流量控制閥使用注意事項：

(1)　不可將空氣流路節流得太小，理由和節流閥相同。

(2)　出口側空氣消耗量少時，止回閥不充份打開會引起閥的振動，故必須就空氣的消耗量選用適當尺寸的閥。

(3)　如用單向流量控制閥使氣壓缸的速度控制得極小，易使活塞桿移動產生滯滑現象，故如欲得到極小的活塞桿移動速度，可用附液壓式速控器的氣壓缸。

5-3-4　快速排氣閥

　　前面所述皆是用以限制空氣流量，以控制致動器的速度，而快速排氣閥是相反的將氣壓缸的排氣快速放出，使氣壓缸的速度增快，縮短行程時間，尤以單動氣壓缸最為顯著。

　　如圖 5-59 壓縮氣由 P 口進入，將密封盤片推向右，空氣由 P 流向 A。如果壓縮空氣從 P 口除去，則自 A 口回流的空氣將密封盤片推向左，空氣由 A 口流向 R 口快速逸去達到快速回行的目的。一般排放的空氣必須經由管線及方向閥才排至大氣，故背壓阻力大，無法達到快速回行的目的。使用快速排氣閥時，氣壓缸的排氣直接經由快速排氣閥的 R 口逸出，減少壓缸的背壓阻力。

　　圖 5-60 為快速排氣閥的應用，圖(a)單動缸後退時速度加快，圖(b)可使雙動缸前進時速度加快。

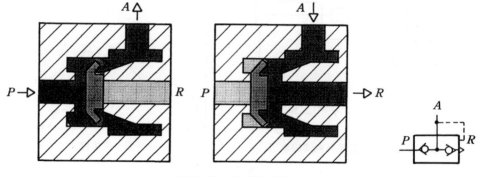

圖5-59　快速排氣閥

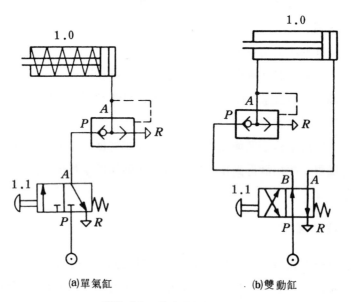

(a)單氣缸　　　　　　　(b)雙動缸

圖5-60　快速排氣閥的應用

　　圖5-61為有無使用快速排氣閥之時間—位移圖，顯然的，加裝快速排氣閥可使氣壓缸活塞桿之移動速度加快。

　　快速排氣閥使用注意事項：

(1)　快速排氣閥和氣壓缸之連接距離越短越好，亦可將快速排氣閥直接裝在氣壓缸上，如圖5-62。

(2)　快速排氣閥和方向控制閥間空氣的排出時間 t_2 不可比氣壓缸內空氣的排出時間 t_1 長，即方向控制閥的尺寸太小，配管太長，管徑太大則 t_2

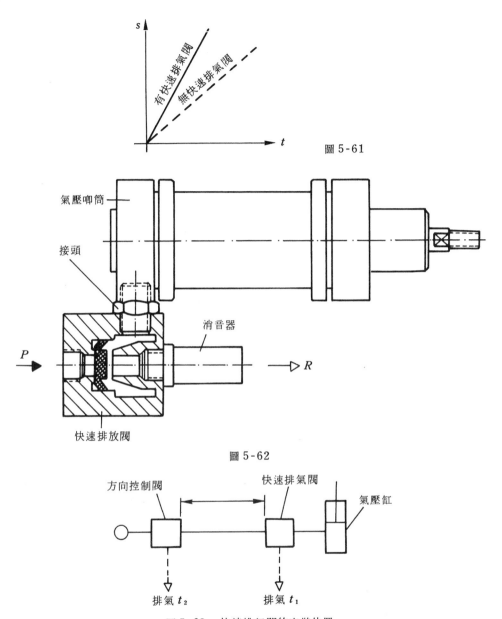

圖 5-61

圖 5-62

圖 5-63 快速排氣閥的安裝位置

大，t_2太大時則快速排氣閥的動作不良，開或關時引起振動，因此儘可能使方向控制閥接近快速排氣閥。（參考圖5-63）

　　茲列舉以上所述節流閥、單向流量控制閥、快速排氣閥之實體圖及規格（FESTO），供各位讀者參考。

流量控制閥
型式 GRO-……

附件：

保護蓋，型式 GRK- …
用來保護所調定之流量
GRO-M 5 用：
訂貨標示 6436 GRK-M 5
GRO-⅛ 用：
訂貨標示 2105 GRK-⅛
兩個方向均可調整的節流

六角螺帽，型式 GRM-……
前控制板安裝用
GRO-M 5 用：
訂貨標示 6444 GRM-M 5
GRO-⅛ 用：
訂貨標示 2107 GRM-⅛

訂貨標示 另件號碼／型式	4804 GRO-M 5	6500 GRO-⅛	2109 GRO-¼
接口	M 5	G ⅛	G ¼
壓力範圍	0 至 10 bar		
公稱內徑	2 mm		4.5 mm
標準公稱流率	0 至 45 1／min	0 至 100 1／min	0 至 350 1／min

流量控制閥，
單方向
流量調整
型式 GR- …

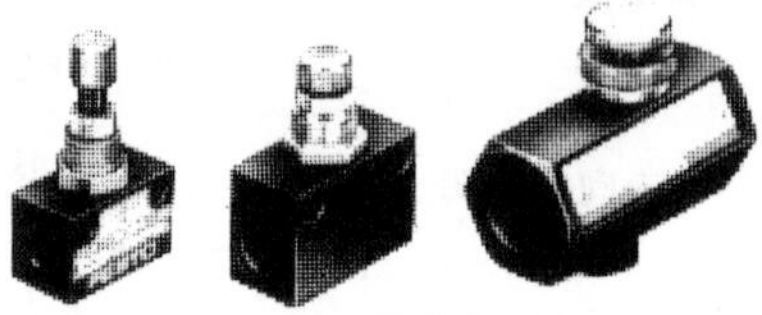

GR-¼

附件：

保護蓋，型式 GRK- …
保護流量調整用
GR-M 5 用：
訂貨標示 6436 GRK-M 5
GR-⅛ 用：
訂貨標示 2105 GRK-⅛
GRK-¼-B，GR-⅜-B 用：
訂貨標示 6309 GRK-⅜-B

六角螺帽，型式 GRM- …
前控制板安裝用
GR-M 5 用：
訂貨標示 6444 GRM-M 5
GR-⅛ 用：
訂貨標示 2107 GRM-⅛
GRA-¼-B，GR-⅜-B 用：
訂貨標示 204596 GRM-⅜

單方向可調節流，另一方向自由流通

訂貨標示 另件號碼／型式	3702 GR-M5	2100 GR-⅛	2101 GR-¼	6509 GRA-¼-B	6308 GR-⅜-B	3720 GR-½	2103 GR-¾
接口	M 5	G ⅛	G ¼	G ¼	G ⅜	G ½	G ¾
壓力範圍	0.5 至 10 bar			0.1 至 10 bar			
公稱內徑	1.5／2	2／3	4.5	4.5／6	7／9	9／12	18
標準公稱流率 * l／min	0—45 45	0—115 170	0—350 150	0—420 780	0—1000 1150	0—1620 2750	0—2700 3000

流量控制閥，凸輪作動

俱輥輪桿

型式 GG-¼-⅜

　　　GGO-¼-⅜

　　　GRR-½

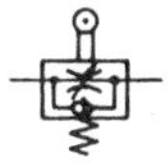

D-¼i-⅜a 之縮口接頭

包括在接口為 G¼ 之

GG 型及 GGO 型

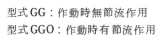

型式 GG ：作動時無節流作用

型式 GGO ：作動時有節流作用

型式 GGR ：更改輥輪桿之方向，可得上述兩種功能

有一方向為自由流通

訂貨標示 另件號碼／型式	3633 GG-¼-⅜	3634 GGO-¼-⅜	2111 GRR-½
接口	（俱 G ¼ 接頭）		G ½
壓力範圍	0.03 至 8 bar		0.15 至 8 bar
公稱內徑	8／8.5 mm		12 mm
標準公稱流率 *	0 至 950／1150 l／min		0 至 1300 l／min

＊ 節流方向／自由流方向

快速排氣閥
內藏消音器
型式 SEU- …

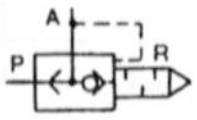

附件：
安裝托架
型式 HSE- …

訂貨標示 零件號碼／型式	4616 SEU-⅛	6753 SEU-¼	6755 SEU-⅜	6822 SEU-½
接口	G ⅛	G ¼	G ⅜	G ½
壓力範圍	0.5 至 10 bar			
公稱內徑	5 mm	7 mm	11 mm	15 mm
標準公稱 1/min P→A	300	960	2880	4560
流率 A→R	390	1100	2280	4020

快速排氣閥
無消音器
型式 SE- …

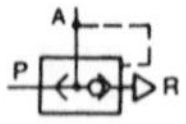

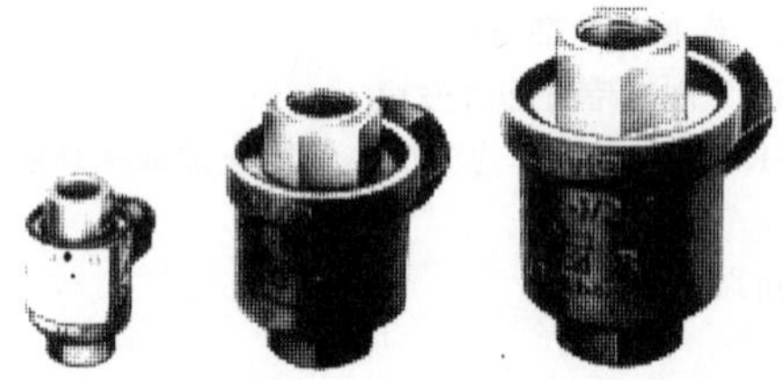

附件：
安裝托架
型式 HSE- …

訂貨標示 另件號碼／型式	9685 SE-⅛-B	9686 SE-¼-B	9687 SE-⅜-B	9688 SE-½-B	2280 SE-¾
安裝托架	8710 HSE-⅛	8711 HSE-¼	8712 HSE-⅜	8713 HSE-½	
接口	G ⅛	G ⅛	G ⅜	G ½	G ¾
壓力範圍	0.5 至 10 bar				
公稱內徑	5 mm	7 mm	11 mm	15 mm	19 mm
標準公稱 1/min P→A	300	960	2880	4560	2500
流率 A→R	570	1200	2760	6480	7500

5-4 壓力控制閥

壓縮機產生之壓縮空氣通常儲存於蓄氣筒內，而由管路輸送至致動器作動，故蓄氣筒之壓力通常較實際使用之壓力爲高，使用時，須視實際使用條件而減壓，此等閥門，可概分爲三類，介紹如下。

5-4-1 調壓閥、減壓閥

調壓閥之功能，係用於保持一定之設定壓爲目的，減壓閥則以減壓爲目的實際構造上並無差異。

由構造上，可分爲直動式和導引式。直動式如圖 5-64 是利用調整螺絲操作，直接調整調壓彈簧，以用以設定壓力。此種型式又可分無通氣孔的調壓閥和有通氣孔的調壓閥，有關其動作原理可參考 3-3-2 節。

導引式則利用導引壓縮空氣以代替上述之調壓彈簧以調整壓力之方式。目前在氣壓系統上較常使用直動式。

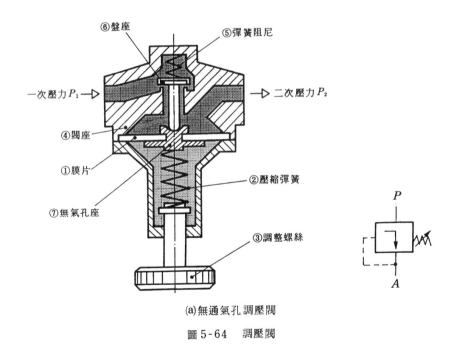

(a)無通氣孔調壓閥

圖 5-64 調壓閥

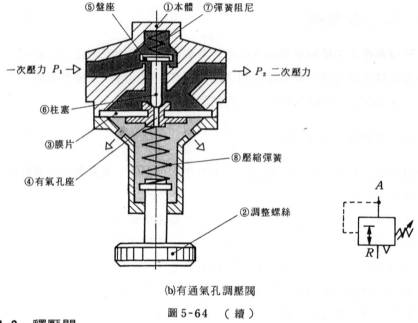

(b)有通氣孔調壓閥

圖5-64 （續）

5-4-2 釋壓閥

　　釋壓閥用以防止系統內壓力超過最大容許壓力以保護回路或氣壓設備的安全，屬於安全閥，一般氣壓系統較少採用。

　　此種閥的構造有直動式和導引式。直動式如圖5-65，當系統中壓力超出此閥預設之壓力時，閥門自動打開，將系統內過量之壓力釋放，一旦壓力降到預設壓力時，閥門再度關閉。

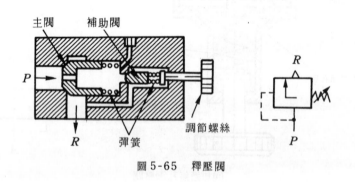

圖5-65　釋壓閥

5-4-3 順序閥

　　要使氣壓缸產生順序運動，亦可採用順序閥，構造如圖5-66，剛開始工

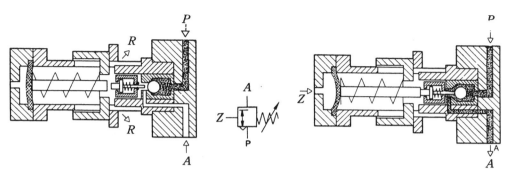

圖 5-66　順序閥

作管路接口 A 維持關閉，當嚮導控制口 Z 之壓力達到預設壓力時壓縮空氣將膜片和柱塞右移，則空氣由 P 口流向 A 口，換句話說，它僅達到預設壓力時，才會發出訊號對下游進行控制。

　　圖 5-67 當氣壓缸前進壓到閥瓣 1.5 並不保證氣壓缸 1.0 一定會後退，故為壓力從屬控制，端點位置利用極限開關的機械查核。

　　圖 5-68 為壓力從屬控制，無端點位置機械查核，故氣壓缸 1.0 前進時，當氣壓缸內壓力達到順序閥預設壓力，氣壓缸即後退。

　　圖 5-69 系應用順序閥作兩支氣壓缸的順序運動，當氣壓缸 1.0 前進時，若工作管路壓力達到順序閥 2.2 預設壓力，氣壓缸 2.0 才會外伸。

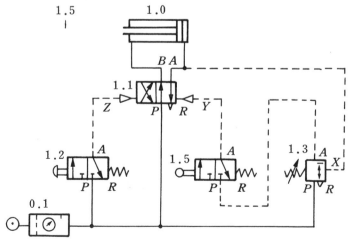

圖 5-67

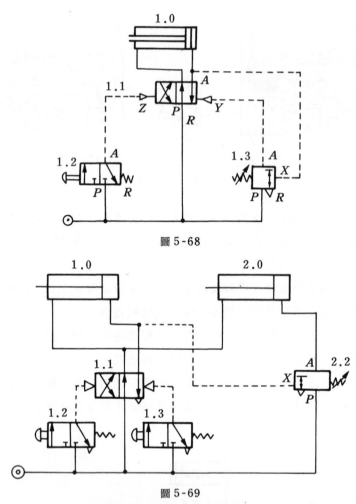

圖 5-68

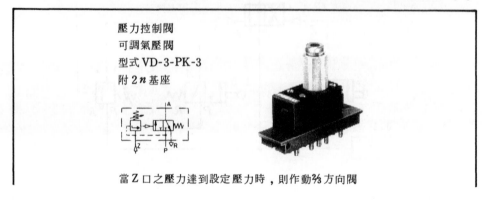

圖 5-69

茲將壓力控制閥之實體圖及規格（FESTO）列述如下，供各位讀者參考。

壓力控制閥
可調氣壓閥
型式 VD-3-PK-3
附 2 *n* 基座

當 Z 口之壓力達到設定壓力時，則作動¾方向閥

訂貨標示	9270VD-3-PK-3
接口	NW3 軟管用之鋸齒形氣嘴
操作壓力範圍	1.8 至 8 bar
控制壓力	可調節 1 至 8 bar
重複準確性	開啓壓力 ± 2%
> 1 bar	關閉壓力 ± 1.5%
公稱內徑	2.5 mm
標準公稱流率	100 l/min
復位滯留	1.1 bar 在 6 bar 時

5-5　切斷閥（止氣閥）

切斷閥即是允許壓縮空氣通過或不通過的閥瓣，有二個接口，一爲進氣口，一爲出氣口，接口之切換，可用手操作，如圖5-70所示。

圖 5-70　切斷閥

切斷閥之實體圖及規格列述如下：

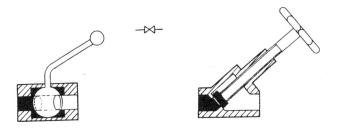

止氣閥
型式 Q-…

訂貨標示 零件號碼／型式	2249 Q-⅛	4019 Q-¼	4020 Q-⅜	2252 Q-½	2253 Q-¾
接口	G ⅛	G ¼	G ⅜	G ½	G ¾
壓力範圍	0 至 15 bar				
公稱內徑	3.6 mm	4 mm	6 mm	8 mm	9.5 mm
標準公稱流率 l／min	315	935	1000	1330	1500

止氣閥
手桿操作球形閥
型式 QH- …

注意：
此閥之設計不適用於有毒氣
體，如天然氣，石油氣等

訂貨標示 零件號碼／型式	9541 QH-¼	9542 QH-⅜	9543 QH-½	9544 QH-¾	9545 QH-1	6837 QH-1½
媒體	已濾清之有油或無油的壓縮空氣或水 *					
接口	G ¼	G ⅜	G ½	G ¾	G 1	G 1½
壓力範圍	0 至 30 bar					
公稱內徑	12 mm	12 mm	15 mm	20 mm	25 mm	40 mm
標準公稱流率 l／min	9300	9300	14600	27000	41000	104000
溫度範圍	−30 to +200°C					

5-6　組合閥瓣

組合閥瓣是由兩種以上氣壓閥所組成，能產生組合後的另一種功能。

5-6-1　延時閥

延時閥的目的在使閥在一特定時間發出訊號或中斷訊號，在氣壓系統中可做訊號處理元件。主要由一3/2一位閥瓣，一單向流量控制閥及一空氣室所構成。依單向流量控制閥按裝方向不同（可參考氣壓符號），功能可分為限時動作型（起始延遲時間特性）、限時復歸型（消退延遲的時間特性）及限時動作型和限時復歸型混合三種。

一、限時動作型

如圖 5-71 所示，圖(a) Z 口沒有嚮導空氣進入，空氣室沒有壓縮空氣，嚮導滑柱無法被移動，A 口無訊號輸出；圖(b) Z 口引入嚮導空氣，經單向流量控

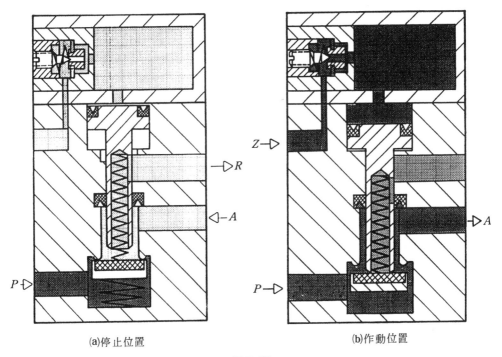

(a)停止位置　　　　　　　　　　　(b)作動位置

圖 5-71

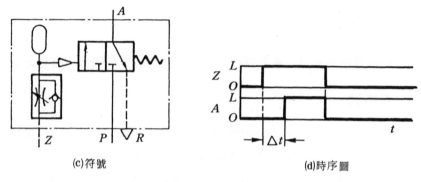

(c)符號   (d)時序圖

圖 5-71   （續）

制閥注入空氣室，因單向流量控制閥有節流作用且空氣室有容積，在短時間內無足夠壓力推動嚮導滑柱，故需經一段時間 t 之後，嚮導滑柱移動，壓縮空氣由 P 通到 A，A 口有訊號輸出，時序圖如圖(d)。

可知嚮導空氣從 Z 口進入，到 3/2 一位閥閥位接轉完成，所需之時間即為延時閥延遲的時間，至於延遲時間的長短則依單向流量控制閥流量的大小及空氣室容積的大小所決定，一般正常延遲時間為 1～30 秒。

只要將 Z 口之嚮導空氣中斷，空氣室之空氣經無節流作用的單向流量控制閥排放，3/2 一位閥由彈簧回位，故 P 口壓源被截止，A 口通向 R 口，工作管路空氣排放。

如將圖 5-72 之 3/2 一位閥改成常開型，則亦是限時動作型延時閥，如圖 5-72 (a)所示氣壓符號惟時序圖稍為不同，其動作原理如同圖 5-71 所示。

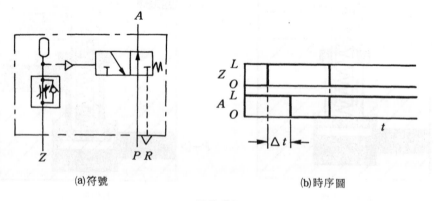

(a)符號   (b)時序圖

圖 5-72

二、限時復歸型

　　限時復歸型其內部構造及動作原理和限時動作型類似，只是單向流量控制閥按裝之方向不同。又依使用3/2一位閥型式之不同（常閉型和常開型），其時序圖亦稍有不同，如圖5-73圖5-74所示。

三、限時動作型和限時復歸型混合

　　此種型式由一3/2一位閥，一空氣室和兩個互相串聯的單向流量控制閥所構成，其時間延遲特性具有限時動作型和限時復歸型，如圖5-75所示。

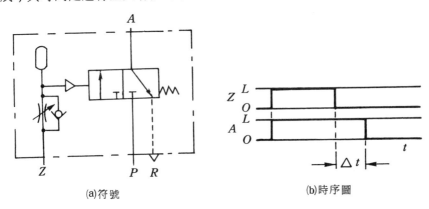

(a)符號　　　　　　　　　　(b)時序圖

圖5-73

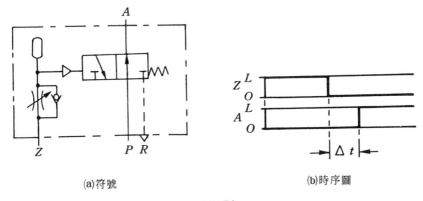

(a)符號　　　　　　　　　　(b)時序圖

圖5-74

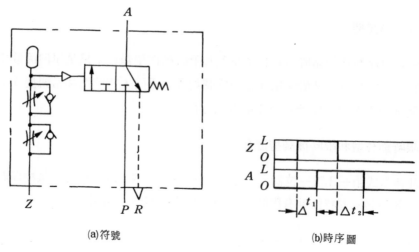

(a)符號　　　　　　　　　　(b)時序圖

圖 5-75

　　圖5-76和圖5-77為延時閥之應用。圖5-76為時間從屬控制，無端點位置機械查核，其動作是當氣壓缸1.0前進後，經過延時閥設定時間 t ，A 口送出訊號，氣壓缸即自動後退。

　　圖 5-77 為時間從屬控制，回行運動使用極限開關的機械查核，其動作是當氣壓缸1.0前進，當活塞桿壓到極限開關1.5時，經過延時閥所設定的時間 t 之後，活塞桿方後退。

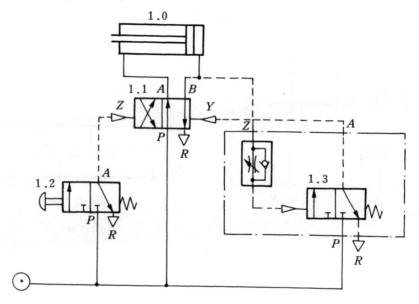

圖 5-76

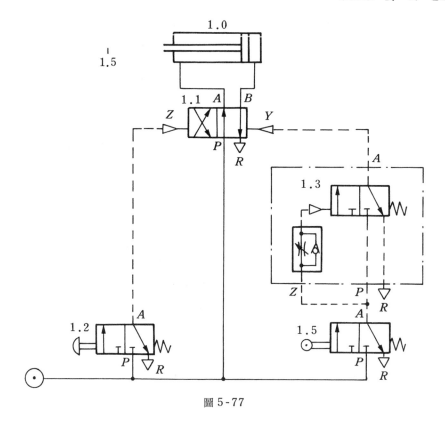

圖 5-77

5-6-2　脈衝產生裝置

　　如圖 5-78 所示，由一常開型 3/2 一位閥及一流量控制閥所構成。當 P 口
輸入一訊號時，A 口立即輸出一訊號，隨之 A 口之輸出訊號即自行中斷，故產生

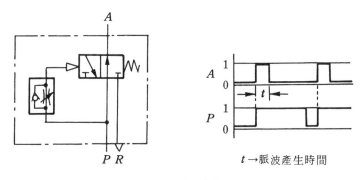

t→脈波產生時間

圖 5-78　脈衝產生裝置

一脈衝輸出，如欲產生另一脈衝，必須將輸入訊號 P 切斷再由 P 口輸入訊號。

　　其動作原理說明如下：當 P 口引入一空氣訊號時，A 口有輸出，但 P 口引入的空氣亦經單向流量控制閥作用在 3/2—位閥之嚮導滑柱上，使 3/2—位閥之 A 口無輸出訊號，故 A 口形成一脈衝訊號，其脈衝產生時間 t 之長短，由單向流量控制閥之限流量或加裝一氣槽來控制。

　　茲列舉延時閥和脈衝產生裝置之實體圖和規格，供讀者參考。

3／2 方向閥
脈冲閥
附 $2n$ 基座
型式 VLK-3-PK-3

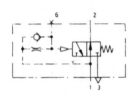

脈冲閥把一連續訊號轉變成一短促之脈冲。
必需等到 P 訊號消失後，閥瓣才能復置。
脈冲之寬度為壓力之函數而且使用者不能作調整之功能，不過却可增添一氣槽來延長它。
括弧中之數據為在接口 6 增添一 10 cm³ 之氣槽所得之值。

訂貨標示 另件號碼／型式	9639 VLK-3-PK-3			
接口	NW 3 軟管用鋸齒形氣嘴			
壓力範圍	2.5 至 8 bar			
公稱內徑	2.5 mm			
標準公稱流率	90 l/min			
工作壓力	脈冲寬度 ms（±15％）		復置時間 ms（±20％）	
	在出口 A 之下游 氣槽容積		在 P 接口 之排氣	
bar	0 cm³	100 cm³	0％	10％

2	300 (620)	350 (750)	500	200
6	210 (500)	270 (550)	500	150
8	200 (440)	250 (500)	510	160

延時閥

附 2n 基座

型式 VZ-3-PK-3

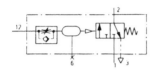

型式 VZO-3-PK-3

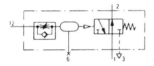

附件：

保護蓋

訂貨標示 6436GRK-M5

打開端蓋後在接口 6 可以加上一氣槽，使延時超過 5 s。體積加上 10 cm³ 後延時可以增加 5 s。

訂貨標示 另件號碼／型式	5755 VZ-3-PK-3	5754 VZO-3-PK-3
接口	NW 3 軟管用鋸齒形氣嘴	
壓力範圍	0 至 8 bar	
控制壓力範圍	3 至 8 bar	2 至 8 bar
公稱內徑	2.5 mm	
標準公稱流率	90 l/min	65 l/min
延時	0.025 至 5 s	0.04 至 5 s
復置時間	50 ms	55 ms

5-7 其他附件

5-7-1 消音器

　　消音器的目的在降低排出氣體的速度，並因此減弱產生之噪音。

　　消音器之構造如圖5-79，其阻尼材料系由燒結塑膠（sintered plastic）所製成。其動作原理是當排放出的氣體進入消音器內時，以膨脹方式分佈在廣大的表面區域，空氣再流經由燒結顆粒（阻尼材料）所構成之曲折通道而降低流速並減低排放氣體之壓力，使排氣之噪音減弱。

　　消音器之目的不在於減低氣體之流量，即不具節流作用。

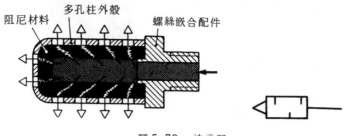

阻尼材料　　多孔柱外殼　　螺絲嵌合配件

圖 5-79　消音器

　　茲列舉消音器之實體圖及規格，供各位讀者參考。

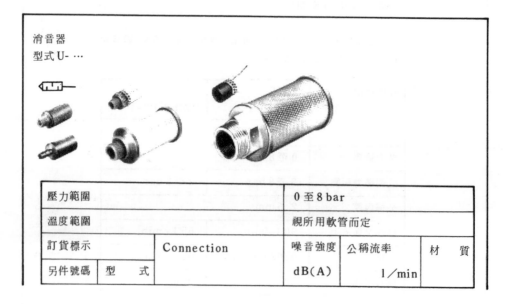

消音器
型式 U- …

壓力範圍			0 至 8 bar		
溫度範圍			視所用軟管而定		
訂貨標示		Connection	噪音強度	公稱流率	材　　質
另件號碼	型　　式		dB(A)	1／min	

4646	U-PK-3	For NW3 tubing	62	190	燒結青銅
4932	U-PK-4	For NW4 tubing	62	220	
4654	U-M5	M 5	62	190	
壓力範圍			0 至 10 bar		
溫度範圍			−10 至 +70°C		
3670	U-⅛ i	G ⅛陰螺紋	82	700	鋁／塑膠
2307	U-⅛	G ⅛	82	700	
2316	U-¼	G ¼	85	1000	
2309	U-⅜	G ⅜	84	2200	
2310	U-½	G ½	85	5000	
2311	U-¾	G ¾	86	7300	
2312	U-1	G 1	86	7600	鋅／塑膠

5-7-2　計數器

　　氣壓式計數器有加數計數器、減數計數器和差數計數器三種。以氣壓符號表示如圖5-80。

　　加數計數器為往上計數，訊號相加，例如當 X 有訊號輸入時，則推動數字轉盤而推進一個數目字，滿十可進一位，數字可由手動歸零或由 Y 輸入氣壓訊號歸零。

　　減數計數器是由預調數目往下數，例如預調數為 n ，當 X 輸入一訊號，變為 $n-1$ ，直到數目字為0時即由 A 口送出一氣壓訊號。亦可由 Y 端輸入訊號恢復原來設定的數目。

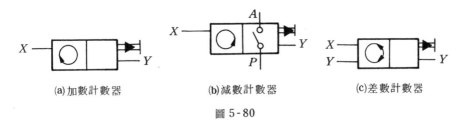

(a)加數計數器　　　　(b)減數計數器　　　　(c)差數計數器

圖 5-80

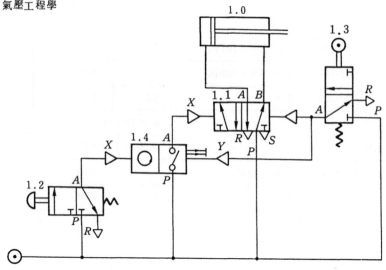

圖 5-81　減數計數器的應用

　　圖 5-81 為減數計數器的應用。首先將減數計數器之值設定為 n ，每當 1.2 閥瓣按一次，減數計數器即減一，按了 n 次，減數計數器變為零，此時減數計數器之 A 端送出一訊號使閥瓣 1.1 接轉，氣壓缸 1.0 之活塞桿前進，當活塞桿壓到 1.3 閥瓣時，活塞桿退回，同時減數計數器之 Y 端有訊號輸入使減數計數器恢復原設定值。

　　茲列舉計數器之實體圖及規格（FESTO）供各位讀者參考。

習　題

5-1 閥瓣依功能可分為那五種？

5-2 何謂方向閥瓣的中立位置？起始位置？

5-3 方向閥瓣改變接轉位置的方式有那些？

5-4 方向閥依其構造可分為那幾種？簡述其優缺點。

5-5 簡述直動式電磁閥和導引式電磁閥之優缺點。

5-6 閥的大小表示有那幾種，簡述之。

5-7 簡述方向閥的選用及使用注意事項。

5-8 何謂入口制流？出口制流？

5-9 快速排氣閥之功能為何？使用注意事項？

5-10 延時閥的目的為何？依延時特性可分為那幾種？

5-11 脈衝縮短裝置之功能為何？

氣壓加數計數器
控制板安裝用
無復置（ 8 位數顯示）
型式 PZA-E-KR-C 無手動復置

型式 PZA-E-OR-C

俱氣壓復置及
可鎖住封蓋
型式 PZA-E-C
　　　PZA-ES-C

控制板安裝用
俱氣壓復置
型式 PZA-A

附件：
手動復置鎖

加數計數器往上計數至 6 位或 8 位數，亦即訊號是相加計數者。計數器復置至 000000 或 00000000 。
除了型式 PZA-E-KR-C 外，計數器均有手動復置設計。有數種計數器亦可使用壓縮空氣作氣壓式復置。當計數器在復置過程中不得有訊號出現。

計數器可以短暫地接受高至 12 bar 之超負荷。

訂貨標示 另件號碼／型式	11906 PZA-E-KR-C	8607 PZA-E-OR-C	8608 PZA-E-C	7838 PZA-ES-C	4872 PZA-A
媒體	壓縮空氣，經過濾，不加潤滑油				
顯示	8位數,4 mm	6 位數			4.5 mm
接口	M 5				
壓力範圍	2 至 8 bar				1 至 8 bar
溫度範圍	0 至 +60°C				−10 至 +60°C

氣壓預調計數器

（減數計數器）

控制板安裝用

型式 PZV-E-B

附件：

保護蓋，型式 PZV-E-B 用

避免由前面而來之塵埃及濺水進入計數

器。蓋住預調按鈕之外蓋住安裝計數器

前必需先行移開。

訂貨標示 6751 PZV-K

手動復置鎖

預調數目可經由壓按復置按鈕或經由氣壓復置訊號使其重現。

計數器由預調數目往下計數，當往下計數到零時，計數器即輸出一

氣壓訊號，本訊號一直到輸入復置訊號後才會消失。在黑色蓋內每

個數字輪均有一個預調按鈕，預調數字於壓按數字窗旁之復置按鈕

之同時，一位元一位元地各別選訂。

計數器可以短暫地接受高至 12 bar 之超負荷。

訂貨標示	6734 PZV-E-B
媒體	已濾清，無油之壓縮空氣
顯示	4 位數字，數字尺寸 4.5 mm
接口	M 5
壓力範圍	1 至 8 bar
反應壓力	驅動 0.8 bar
	歸零 1 bar
脈衝時間	驅動最少 25 ms
	歸零最少 150 ms
計算頻率	2 Hz *

＊連續操作可能會定期出現高頻率

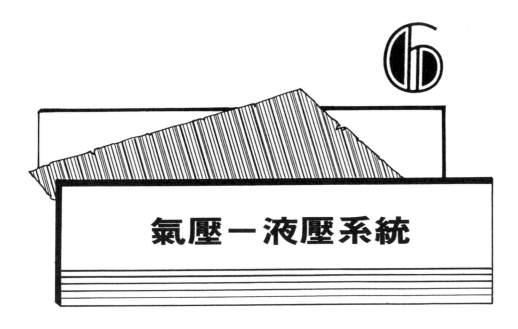

氣壓－液壓系統

氣壓缸主要用在快速移動及出力不超過 3000N 的工作場所使用。如欲得到緩慢而等速的運動或者想得到大的出力、精確定位，此時必須考慮將油壓的優點併入氣壓的優點中使用，底下即將介紹常用的氣液轉換器系統、氣液壓增壓器及附液壓式速控器的氣壓缸。

※6-1 氣液轉換器系統

氣液轉換器系統是由氣液壓缸、氣液轉換器及流量制控閥所構成，典型代表如圖 6-1。它是將氣壓輸入轉換為液壓輸出的裝置，壓力並無變化，其目的

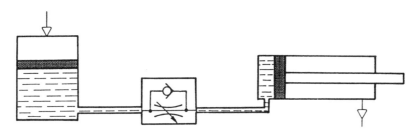

圖 6-1　氣液轉換器系統

是利用動作油的不可壓縮性以補氣壓之可壓縮性所造成速度不穩、定位差的缺點。圖6-4爲氣液系統的氣液壓回路。

※6-1-1 氣液壓缸及氣液轉換器的構造

一、氣液壓缸的構造

氣液壓缸的構造如圖6-2，和一般氣壓缸有點類似。活塞桿中有放洩孔，其目的是密封不良時，壓縮空氣可由放洩孔排出，防止壓縮空氣滲入動作油中。除氣裝置可排出動作油中的空氣，有助於動作油的注入作業。

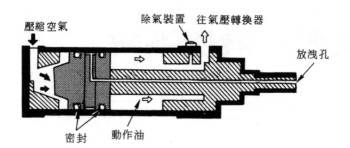

圖6-2　氣液壓缸的構造

二、氣液轉換器的構造

氣液轉換器的構造最普遍的有三種，即非可動形、囊袋形及活塞形，如圖6-3所示。

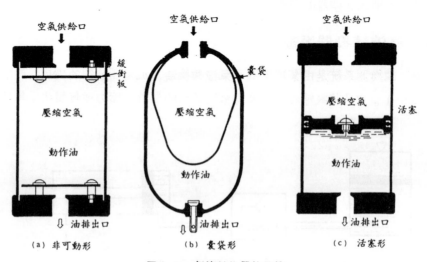

（a）非可動形　　　（b）囊袋形　　　（c）活塞形

圖6-3　氣液轉換器的構造

1．非可動形

非可動形是壓縮空氣直接施壓於動作油上，在 10 bar 以下的低壓油空壓回路最常採用。在空氣入口處有緩衝板以防止空氣供給口附近產生噴油現象，同樣的，在油的排出口處也設有緩衝板以防止油的過猛衝出或因亂流而產生泡沫。此種形式價格低廉。

2．囊袋形

囊袋形油氣分離，使用在高壓的油空壓回路，價格昂貴。

3．活塞形

壓縮空氣和動作油為活塞所分隔，使用在高壓的油空壓回路，若油中有氣體則不易排出，而使驅動器動作不良，因此要有除氣裝置，價格昂貴。

※6-1-2　氣液轉換器系統的特徵

(1)　不必使用油壓泵，構造簡單，價格較低，具有油壓、氣壓之長處。

(2)　中間位置停止時定位精確，精度可達 0.01mm。

(3)　動作中如負荷有變動，乃可得到穩定的移動速度。

(4)　低速範圍內仍可進行速度的微量調整，一般而言，速度在 10mm／s 內仍可調整，以 50mm 氣液壓缸為例仍可調到 9mm／min 的低速。

(5)　可做到緊急停止和鎖定。

(6)　可使用兩套氣液壓缸做同步運動。

※6-1-3　氣液轉換系統的選用

一、算出氣液轉換器的有效容積

此可由氣液壓缸的容積求得，但考慮到各種漏油損失，最好將理論容積乘 1.25 倍為妥。

1. 如氣液轉換器裝在後端蓋側，其有效容積為：

$$Q \geq 1.25 \times \frac{\pi D^2}{4} \times L \quad (cm^3)$$

2. 如氣液轉換器裝在前端蓋側，其有效容積為：

$$Q \geq 1.25 \times \frac{\pi(D^2 - d^2)}{4} \times L \quad (\text{cm}^3)$$

其中 Q：氣液轉換器的有效容積（cm^3）

L：氣液壓缸之行程（cm）

D：筒缸之內徑（cm）

d：活塞桿之直徑（cm）

二、配管口徑

氣液壓缸和氣液轉換器之間是用配管連接，因其傳送媒體爲液壓油，故在管路中流動所生的壓降遠比氣體媒介爲甚，故在選擇配管口徑時，首要之務在減少壓降之損失。通常在氣液壓缸的移動速度決定之後，以管路內流速在 $3\text{m}/$秒以下的基準來決定配管口徑。

三、動作油

所用的動作油最好同時具備有消泡性、抗乳化性、氧化安定性、高黏度指數、低流動點、防銹性和潤滑性，同時不傷害密封材料。高速動作選用低黏度油，低速動作選用高黏度油，每隔六個月將動作油更換一次。

又依使用溫度條件，表6-1提供選擇適當動作油之參考。

表 6-1　動作油的選定標準

使用溫度條件	選定標準
高溫	因高溫時，黏度會下降，動作油對於流動的內部阻力變小，故選用40°C 時的動黏度（〔cSt〕）值較高者。
低溫	在大氣壓下，用來表示油可以流動的最低溫度的流動點，必須選用比低溫時的使用溫度更低的流動點之產品。
溫度變化過度激烈者	用來表示黏度隨著溫度變化而變化的狀態之黏度指數，選高一點的，以便使黏度變化不會受溫度差變化影響過劇。

※6-1-4 氣液轉換器系統使用注意事項

(1) 氣液壓缸活塞密封要良好，否則動作油會滲入壓縮空氣側或壓縮空氣會滲入動作油側，故最好採用專為氣液壓設計的氣液壓缸。

(2) 氣液壓缸到氣液轉換器間配管口徑要選擇適當，以防止壓降太大。

(3) 選用適當的流量控制閥，最好不要選用受油中雜質影響的類型。因油中只要有一顆微細的雜質進入節流部（throttle），便無法做穩定的速度調整，此種現象尤以低速現象（50mm/秒以下）為甚，故在流量制控閥的出入口側裝一10μm的管路過濾器為宜（圖6-4）。

(4) 氣液轉換器必須垂直安裝，而且要比氣液壓缸更高（圖6-4）。如果沒安裝得比氣液壓缸高些，則動作油所產生的氣泡將積存在最高位置的配管內，而使氣液壓缸無法正確的動作。

(5) 如要將氣液轉換器安裝得比氣液壓缸為低時，則必須在氣液壓缸及配管內的最高處裝除氣裝置。（圖6-4）

(6) 使用活塞形及囊袋形的氣液轉換器時必須裝置除氣裝置以排除動作油中的空氣。

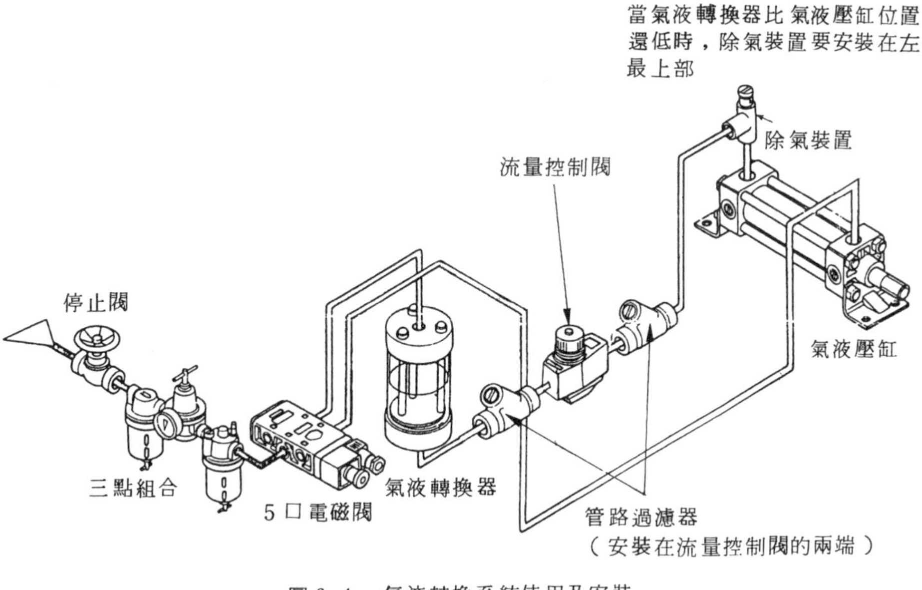

圖6-4 氣液轉換系統使用及安裝

(7) 管路、配管接頭的安裝要謹愼，以防止動作油的洩漏或產生吸入空氣現象。

(8) 配管必須設法做到不積存氣泡及防止壓降太大這兩項原則。

※6-2 氣液增壓器

入口側以壓縮空氣輸入，而出口側得到以數倍於入口側壓力的高壓輸出，此輸出以油壓最爲常用，特稱之爲氣液增壓器。

採用氣液增壓器可讓小型油壓缸輕易得到高壓力，以代替非用大型氣壓缸不可的缺點，如此可使設備小型化。圖6-5爲氣液增壓器的應用實例。

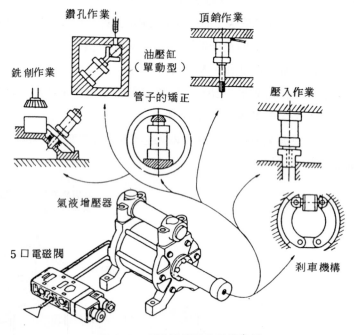

圖6-5 氣液增壓器的應用實例

※6-2-1 氣液增壓器的原理

圖6-6爲單動型氣液增壓器，其增壓的原理是利用氣壓缸活塞的面積和柱塞面積之大小差異而得到增壓效果，可用公式表示如下：

$$P_2 = \frac{A}{a} P_1 \quad (\text{kgf/cm}^2)$$

(6-1)

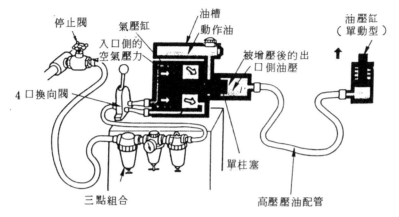

圖 6-6　氣液增壓器的原理

式中：　P_2：出口側的油壓（kgf/cm²）

　　　　A：氣壓缸的受壓面積（cm²）

　　　　a：柱塞的受壓面積

　　　　P_1：入口側的空氣壓力（kgf/cm²）

出口側輸出的油量如不考慮洩漏或配管的膨脹，可用下式求得：

$$Q = a \cdot s \qquad\qquad (6\text{-}2)$$

式中：　Q：氣液增壓器出口側排出的油量（cm³）

　　　　a：柱塞的受壓面積（cm²）

　　　　s：氣壓缸的行程（cm）

由（6-1）、（6-2）式可知，如增壓愈高，則柱塞面積 a 愈少，但是排出油量減少。

※ 6-2-2　氣液增壓器的分類

氣液增壓器依其構造可分類成如表 6-2 。

表 6-2

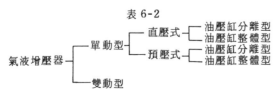

一、單動型

分爲直壓式和預壓式。參考圖6-5，6-6，6-7，其構造簡單，價格便宜，使用廣泛。

當氣壓缸一前進，則動作油被密封壓縮，依照氣壓缸與柱塞受壓的面積比，使動作油增壓並送往油壓缸；氣壓缸後退，油壓缸也退回原位，並無增壓送油動作。單動型即是藉著一往一返完成一循環，故其規格卽是按增壓比和每一循環送出油量的大小來表示。

1. 直壓式

直壓式如圖6-5，6-6所示，被增壓的壓油直接送到油壓缸。

(1) 油壓缸分離型

如圖6-6所示，氣液增壓器和油壓缸分開，它們之間是由高壓油壓配管來連接，目前使用最普遍的類型，惟增壓動作時配管造成膨脹或漏油而使排出油量不足，宜注意。

(2) 油壓缸整體型

如圖6-7所示。將氣液增壓器和油壓缸做成一整體，無高壓配管，故可節省體積。壓縮空氣由左側入口進入，單動氣壓缸前進，被增壓的油作動在單動油壓缸上；當壓縮空氣由入口側排出，則單動油壓缸藉彈簧之回復力返回原位。

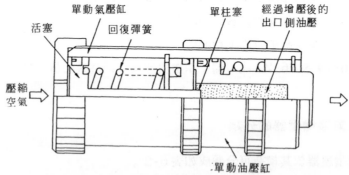

圖6-7 油壓缸整體型的氣液增壓器（單動型直壓器）

2. 預壓式

前所述直壓式其油壓缸的行程都很短，且未進入工作階段之前皆屬於高壓油作動的行程，造成能量的損失（動作油溫度易升高）。故如何在未進入工作

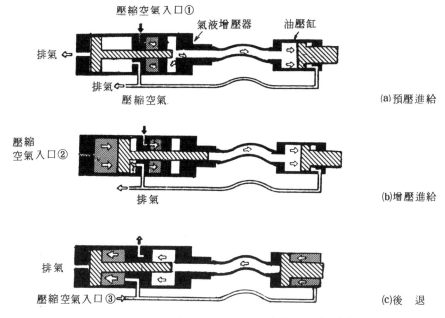

壓縮空氣入口①　氣液增壓器　油壓缸

排氣

排氣

壓縮空氣

(a)預壓進給

壓縮
空氣入口②

排氣

(b)增壓進給

排氣

壓縮空氣入口③

(c)後　退

圖6-8　油壓缸分離型氣液增壓器（單動型預壓式）

階段之前使油壓缸以低壓油作動，而進入工作階段則以高壓油作動油壓缸，此種構造即屬於預壓式。

(1)　油壓缸分離型

如圖6-8所示，氣液增壓器和油壓缸分離。壓縮空氣由孔口①進入，液壓油以和壓縮空氣相等之壓力推動油壓缸，當油壓缸到達前端時，壓縮空氣由孔口②進入，此時把增壓過的壓油送入油缸，瞬時得到大的出力。當壓縮空氣由孔口③進入時，油壓缸、氣液增壓器之活塞桿管後退。

(2)　油壓缸整體型

如圖6-9所示，氣液增壓器和油壓缸成一整體。如圖(a)壓縮空氣作用在預壓活塞上使液壓油以和壓縮空氣相同的壓力使液壓缸前進，到達前進端點時，3口電磁閥換位，壓縮空氣作用在氣液增壓器之活塞上，單柱塞將預壓室來的壓油密封並加壓，於是高壓油作用在油壓缸上產生大的出力。3口電磁閥、5口電磁閥皆消磁，則預壓室的壓縮空氣進行排氣，油壓缸和氣液增壓器也後退。

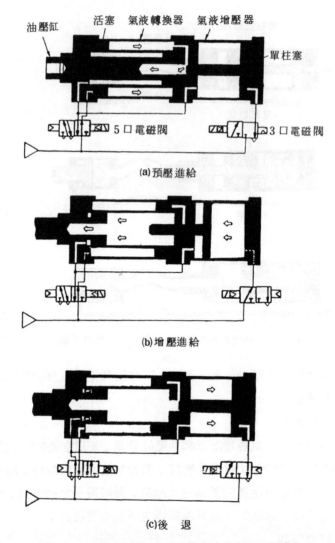

油壓缸　　活塞　氣液轉換器　氣液增壓器

單柱塞

5 口電磁閥　　　　3 口電磁閥

(a)預壓進給

(b)增壓進給

(c)後　退

圖6-9　油壓缸整體型氣液增壓器（單動型預壓式）

二、雙動型

　　上所述單動型每一循環才有一高壓油輸出，而雙動型每一循環有二次的高壓油輸出。其構造如圖6-10所示，活塞之前進與後退皆送出高壓油。

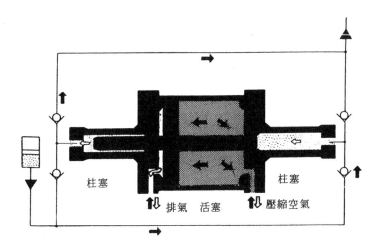

柱塞　　　　　　　　　　　　柱塞

⇧⇩ 排氣　活塞　　⇧⇩ 壓縮空氣

圖 6-10　雙動型氣
液增壓器

※6-2-3　氣液增壓器的特徵

(1) 氣液增壓器可得大的出力以取代大型氣壓缸，故可使設備小型化。

(2) 避免使用高壓的壓縮空氣。

(3) 氣液增壓器動作壓油產生的熱量少。

(4) 只要調整壓縮空氣的壓力即可改變出力的大小。

(5) 使用預壓式氣液增壓器時，可在工作行程前以低壓油推動壓缸，工作行程時方以高壓油推動壓缸，故可節約能源。

(6) 比油壓裝置整個運轉噪音小。

※6-2-4　氣液增壓器使用注意事項

(1) 單動式氣液增壓器為輸出量一定，在回路中混入壓縮空氣時，即無法得到高壓油，故必須要把空氣排出。

(2) 如圖 6-11 所示，為了使排氣易於進行，氣液增壓器必須安裝得比油壓缸高些。

(3) 如圖 6-11 ，油壓缸上必須有排氣口。

(4) 考慮到高壓油壓配管之膨脹，氣液增壓器之輸出量必須為：

$$0.85 \geq \frac{\text{油壓缸的體積＋配管的膨脹量}}{\text{氣液增壓器排出油量}}$$

(5) 氣液增壓器和油壓缸之間的配管不可過度彎曲或太直 。

(6) 當氣液增壓器的活塞後退時，油壓缸也將跟著後退之一刹那，會產生真空現象，容易造成空氣進入動作油中，故最好油壓缸先後退，爾後氣液增壓器再後退 。

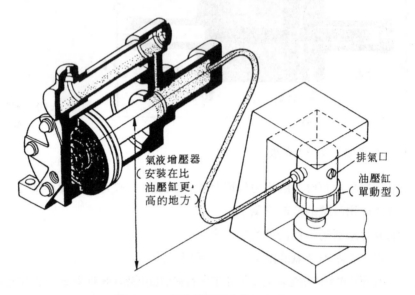

圖 6 -11　氣液增壓器安裝注意事項

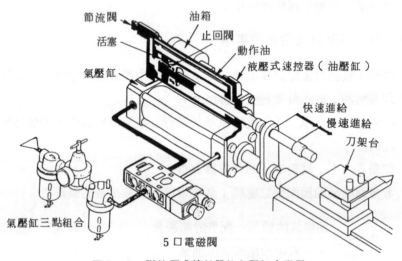

圖 6 -12　附液壓式速控器的氣壓缸之應用

※6-3　附液壓式速控器的氣壓缸

　　附液壓式速控器的氣壓缸是由附液壓式速控器（油壓缸）、氣壓缸、配管及流量控制閥等所構成，主要驅動動力由氣壓缸擔任，而動作速度的控制則由油壓缸的流量控制閥負責，此乃結合氣壓的方便性和油壓的良好控制性，故廣為工業界所採用，經常被用在鑽孔、搪孔、無心研磨等機械的進給裝置或工具機等刀架台進給裝置上。圖6-12為其應用。

※6-3-1　附液壓式速控器氣壓缸的構造

　　由構造上可分為串聯型和並聯型兩種。

一、串聯型

　　構造如圖6-13所示。氣壓缸和附液壓式速控器共用一根活塞桿而呈串聯排列，另加補給動作油的油箱和流量控制閥。假設壓縮空氣由左側入口進入，動作油如箭頭所示方向流動，活塞桿的移動速度則由流量控制閥般的增減動作油的阻力而控制。圖6-13裝了兩個流量控制閥，使活塞桿的前進、後退速度皆可調整。

　　圖6-14亦是串聯型，只允許單方向做速度控制，大致使用在負荷的方向和活塞桿運動的方向相同的拉出式運動。圖中的油箱附有彈簧，其做為動作油的補給裝置，因為當活塞桿前進時，動作油如箭頭所示方向流動，由於活塞桿側及隔著活塞另一側的油移動體積差異量，相當於活塞桿移動的體積，故須藉著附有彈簧的油箱補給動作油。

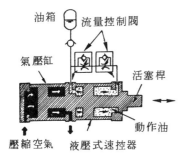

圖6-13　串聯型附液壓式速控器的氣壓缸

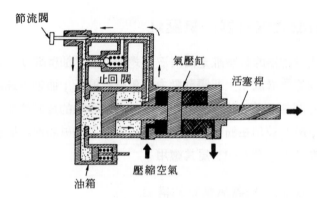

圖 6-14　裝配有整體型液壓式速控器的
串聯型液壓式速控器氣壓缸

串聯型構造稍嫌複雜，但其系共用一根活塞桿故運動平滑。

二、並聯型

　　如表6-3所示，氣壓缸和液壓式速控器呈平行並聯排列，而將氣壓缸的活塞桿和速控器的活塞桿用連桿做機械式的結合。表6-3為其構造及動作圖。

　　並聯型由於氣壓缸和速控器之活塞桿不在同一直線上，故活塞桿上要承受彎曲力矩之作用並導致活塞桿易彎曲，移動不平滑，但如架裝引導套筒即可改正。

6-3-2　附液壓式速控器氣壓缸的原理

　　以圖6-15說明。

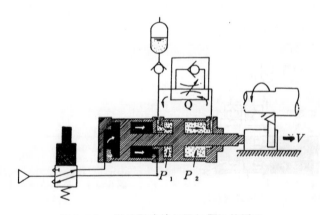

圖 6-15　附液壓式速控器氣壓缸的原理

表 6-3

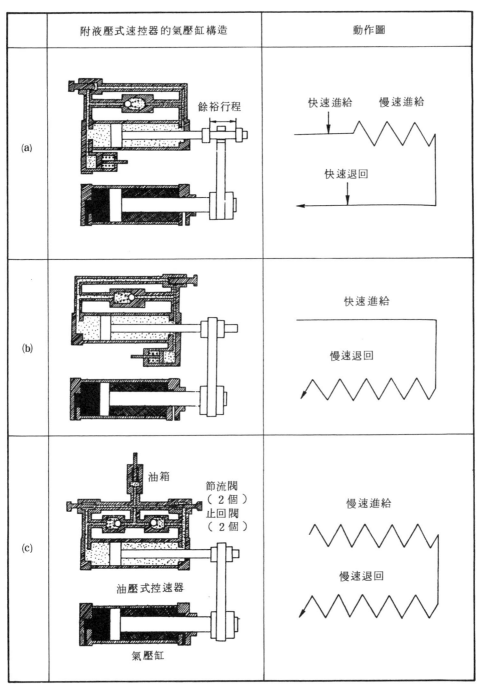

附液壓式速控器的氣壓缸構造	動作圖
(a)	
(b)	
(c)	

動作油通過節流閥其流量如下：

$$Q = C_d\, a \sqrt{\frac{2g(P_1 - P_2)}{r}} \qquad （\text{m}^3 / \text{秒}） \qquad (6\text{-}3)$$

式中　　Q：節流部的流量（m³/秒）

　　　　C_d：流量係數

　　　　a：節流部的面積

　　　　r：單位體積動作油的重量（kgf/m³）

　　　　g：重力加速度（$= 9.8\,\text{m}/s^2$）

$P_1 - P_2$：活塞前後壓差（kgf/m²）

而通過節流部之流量 Q 等於活塞氣壓面積 A 和移動速度 V 之乘積，即：

$$A \cdot V = C_d\, a \sqrt{\frac{2g(P_1 - P_2)}{r}} \qquad (6\text{-}4)$$

而液壓式速控器的阻力 F

$$F = A(P_1 - P_2) \qquad (6\text{-}5)$$

由（6-3）、（6-4）式可將液壓式速控器之阻力 F 表示如下

$$F = \frac{rA^3}{2gC_d^2} \cdot \frac{V^2}{a^2} \qquad （\text{kgf}） \qquad (6\text{-}6)$$

$$= KV^2 \qquad (6\text{-}7)$$

其中　　K：比例常數 $= \dfrac{rA^3}{2gC_d^2\,a^2}$

可見速控器的阻力 F 和速度的平方成正比。

　　如圖 6-15 當刀具碰到工件時，負荷很大時，活塞忽然停止，即 $V = 0$，$F = 0$，此時氣壓缸的推力最大，活塞又得於移動，但速控器之阻力隨即發生，如此以牽制氣壓缸的運動而達到穩定均一的速度。

※6-3-3　附液壓式速控器的特徵

　　附液壓式速控器氣壓缸的特徵和6-1節所述氣液轉換器之特徵類似。表6-4為附液壓式速控器氣壓缸與油壓缸和氣壓缸的特性比較。

表6-4　附液壓式速控器氣壓缸與油壓缸和氣壓缸的特性比較

項　　　　　目	氣　壓　缸	附液壓式 速控器氣壓缸	油壓缸
高速動作	可	可（但必須要 有旁通關）	否
行程速度調整的難易	困難（但當負荷固 定時仍可能）	容　易	容　易
精密進給速度	困　難	容　易	容　易
行程途中速度變換	困　難	容　易	困　難
因負荷變動的影響	可接受	不可接受	不可接受
在行程末端的振動	可	不　可	不　可
油　壓　泵	不　要	不　要	必　要
空氣壓縮機	必　要	必　要	不　要
油　　箱	要（空氣）	要（空氣，油）	要（油）
使用壓力範圍	低　壓	低　壓	高　壓
動作流體	空　氣	空　氣	油
運轉成本	很　低	很　低	大約中等
動作流體的更換	不　要	不　要	必　要
外觀尺寸	很　大	非常大	很　小
成　　本	很　低	中等（或很高）	很　高

※6-3-4 附液壓式速控器氣壓缸使用時應注意事項

(1) 如圖6-16所示，附液壓式速控器氣壓缸動作時，動作油溫度上升，如溫度超過60°C，導至動作油黏性降低，動作速度不穩定的情形，且不正常的油溫上升，使動作油劣化而傷及襯墊（packing），故速控器的散熱必須良好。

(2) 動作油溫度上升，動作速度就不穩，故在精密速度控制的場合，最好先預備動作到油溫穩定為止，再做正式動作。

(3) 動作油的選定最好採用黏性指數（VI）高者。

(4) 液壓式速控器必須能耐壓$100\,\mathrm{kgf/cm^2}$。一般並聯型速控器的直徑約為氣壓缸活塞直徑的¼～⅕，但在使用頻繁及微量進給的場合，速控器的容量必須加大些以利散熱或減小產生的油壓。

(5) 速度之調整能夠達到$0.2\,\mathrm{mm/s}$至$0.3\,\mathrm{mm/s}$之最低限度。流量控制閥之節流部最好不受溫度變化或雜質影響而影響速度控制品質。

(6) 安裝時四週環境溫度不宜太高。

(7) 液壓式速控器和氣壓缸的安裝如圖6-17所示。

(8) 速控器內之壓油呈高壓狀態，故小心漏油，要適時檢查油面，並適時補充。

(9) 補充動作油時，必須將空氣排除，以免油中混入空氣。

(10) 動作油須定期更換，以保持動作油之乾淨及避免油質惡化。

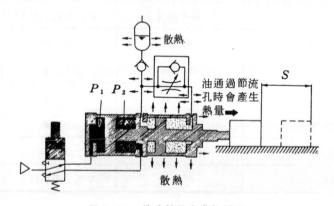

圖6-16　造成油溫上升的原理

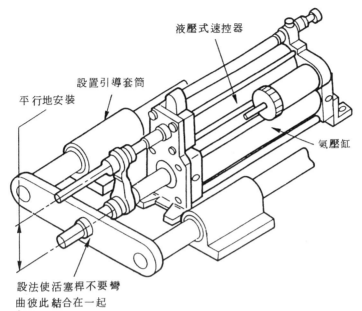

液壓式速控器

設置引導套筒

平行地安裝

氣壓缸

設法使活塞桿不要彎
曲彼此結合在一起

圖6-17　並聯型附液壓式速控器氣壓缸設置引導套筒

下圖附液壓速控器氣壓缸的資料與其規格表示，供讀者參考。

附氣壓響導閥

油壓缸調節前進速度
型式 XYD - … - B
油壓缸調節前進及回行速度
型式 XYZ - … - B
例：XYD

接口	G ¼		
壓力範圍	2 至 8 bar		
活塞直徑	50 mm	70 mm	100 mm
行程	70,140 mm	70,140,250 mm	
活塞桿螺紋	M 12	M 20	M 24
在 6 bar 時之推力	1130 N	2200 N	4300 N
進給速度	0.03 至 6 m/min		
快速行進速度	最高 12m/min，XYZ：6m/min		

回行精確度	± 0.1 mm		
溫度範圍	−10 至 ＋ 60°C		
訂貨標示			

零件編號	型式	活塞直徑	行程	零件編號	型式	活塞直徑	行程
5938	XYD-	50-	70/ 70-B	5989	XYZ-	50-	70/ 70-B
5939	XYD-	50-	140/140-B	5940	XYZ-	50-	140/140-B
5951	XYD-	70-	70/ 70-B	5954	XYZ-	70-	70/ 70-B
5952	XYD-	70-	140/140-B	5965	XYZ-	70-	140/140-B
5953	XYD-	70-	250/250-B	5966	XYZ-	70-	250/250-B
5983	XYD-	100-	70/ 70-B	5986	XYZ-	100-	70/ 70-B
5984	XYD-	100-	140/140-B	5987	XYZ-	100-	140/140-B
5985	XYD-	100-	250/250-B	5988	XYZ-	100-	250/250-B

1 N ≃ 0.1 kp

型式 ZY - 35 - 80 - B
俱可調整定速前進及快速回行

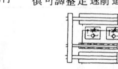

型式 ZYZ - …
俱可調整定速前進及回行

訂貨標示	4602 ZY-35-80-B	3663 ZYZ-63-80	3664 ZYZ-63-150
接口	G⅛	G¼	
壓力範圍	3 至 8 bar		
活塞直徑	2×25 ≙ 35 mm	2×40 mm ≙ 63 mm	
行程長度	80 mm	80 mm	150 mm
前伸出力，在 6 bar 時	500 N (≈50 kp)	1300 N (≈130 kp)	
回行出力，在 6 bar 時	420 N (≈42 kp)	1100 N (≈110 kp)	
進給速度	0.03 至 7.5 m/min	0.03 至 8 m/min	
最高快速行進速度	12 m/min		
快速行進調整	0 至 40 mm	0 至 80 mm*	0 至 150 mm*
溫度範圍	−10 至 ＋ 70°C		

* 僅爲俱有空氣嚮導頭者

習　題

6-1 簡述氣壓－液壓系統之特性。

6-2 依你所知，氣液轉換系統，氣液增壓器、附液壓式速控器氣壓缸使用在那些工作機器上？

6-3 簡述氣液轉換器的分類、特性。

6-4 簡述氣液轉換器系統的特徵、選用及使用注意事項。

6-6 簡述氣液增壓器的種類及特性。

6-7 簡述附液壓式速控器的種類及其特性。

6-8 簡述附液壓式速控器使用注意事項。

心得筆記

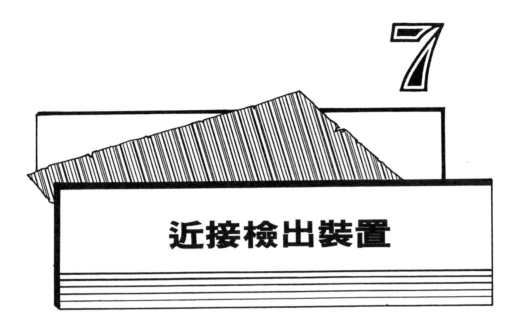

近接檢出裝置

為提高生產力、增進產品的品質及操作人員的安全，對自動化設備之需求越來越大，而在許多情形中，這些設備只能利用近接檢出方法取得訊號，以下所述氣壓近接檢出裝置亦可獲得此項訊號。

氣壓近接檢出裝置包含(1)氣障、(2)反射檢出器、(3)背壓檢出器、(4)中斷氣流檢出器、(5)液面檢出器。使用氣壓近接檢出裝置，其供氣壓力一般在 $0.1 \sim 0.2$ bar 之間，檢出訊號大約在 0.5 mbar。因此氣壓近接檢出裝置其供氣氣源必須使用第三章所述濾清器／低壓力調節器以得到良好的濾清空氣及適宜的低壓空氣，還須注意不得添加潤滑油霧。又其檢出訊號壓力相當低，必須經過壓力放大器放大方足以推動控制閥或工作元件。

近接檢出裝置具有如下優點：

(1) 在污染相當嚴重的場所亦可獲得可靠的操作。

(2) 在週圍溫度相當高時亦可獲得安全的操作。

(3) 在防爆及防火焰的地區亦可使用。

(4) 不受磁場及音波的干擾。

(5) 在暗室或感測透明物體時，亦可獲得可靠的操作。

以下就有關壓力放大器及各種檢出器詳加說明。

※7-1　壓力放大器

　　壓力放大器可分爲單級放大器及雙級放大器，凡檢出訊號壓力在 0.1bar ～ 1 bar 之間，採用單級放大器，把低壓訊號變成 10 bar 以內之常用壓力；當檢出訊號壓力在 0.5 mbar ～ 100 mbar 之間，則採用雙級放大器，把微壓訊號間接變成 10 bar 以內之常用壓力。

一、單級壓力放大器

　　附有 3/2 －位方向閥之單級壓力放大器，其構造如圖 7-1。X 口接近接檢出裝置之檢出訊號，P 口爲壓力源接口（高至 8 bar）。

　　當 X 口無訊號輸入時，P 至 A 不通，A 至 R 通。當 X 口有訊號輸入時，輸入訊號之壓力施加在膜片上，控制活塞上移，則 P 至 A 通，此時 A 口爲常壓訊號輸出，用以驅動元件。一旦 X 口訊號消失，則恢復原狀。

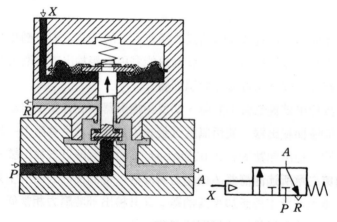

圖 7-1　單級壓力放大器

二、雙級放大器

　　附有 3/2 一位方向閥之雙級壓力放大器構造如圖 7-2，其主要是在單級壓力放大器上面加裝一微壓預放器，因此可把 0.5 ～ 100 mbar 之間的微弱訊號放大成 0.1 ～ 0.2 bar　，P 口爲壓力源接口（可高達 10 bar）。

　　當 X 口無訊號輸入時，P 至 A 不通，P_x 經 R_x 口排放；一旦 X 口有訊號輸入，則膜片會關閉P_x至R_x的通路，使P_x之壓力施加在放大器之開關膜片上，控制活塞上移，則P至A通，此時A口就有常壓訊號輸出。一旦X口訊號消失，又恢復原狀。

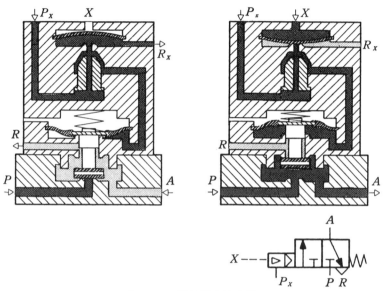

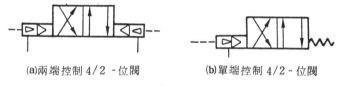

圖7-2　雙級壓力放大器

壓力放大器除上面所述之外，尚有如圖7-3所示之符號，原理同7-1節。

(a)兩端控制$4/2$ - 位閥　　(b)單端控制$4/2$ - 位閥

圖7-3

茲將壓力放大器之實體圖及規格（FESTO）列舉如下；供讀者參考。

高壓放大器
型式 VL-3-4-H-20

$X \longleftarrow \quad \overset{A}{\underset{P \ R}{\square}}$

VL-3-4-H-20

高壓放大器爲氣壓切換放大器（3/2方向閥）作爲將低壓訊號
放大至 1 至 7 bar 之壓力操作元件爲滾動風箱

訂貨標示	7098 VL-3-4-H-20
	7088 APL-1 N/H-PK-3
另件號碼/型式	7536 APL-2 N/3 H-M5
媒體	經濾清未加油之壓縮空氣
接口	7088：NW 3 及 4 軟管用之鋸齒形氣嘴
（安裝板）	7536：M5
操作應力	1 至 7 bar
控制壓力	最高 0.25 bar
反應壓力	> 20 mbar
額定尺寸	4 mm
標準額定流量	80 1/min

※7-2　近接檢出裝置

一、背壓型噴嘴檢出器

如圖7-4所示，壓縮空氣由 P 口輸入，當其出口未受阻擾時，A 口無訊號
輸出；如出口受阻擾，A 口就有訊號輸出，且當 A 口被完全封閉時，訊號壓力
會升高至和壓源 P 相等。供氣壓源壓力在 0.1～8.0 bar 之間均可使用，故使
用此型檢出器其檢出訊號不需要進一步放大，壓源不需再經低壓調壓閥將 P 口
供應壓力調低。

背壓型噴嘴檢出器可當極限開關使用，如當終端位置偵測與位置控制等。
圖7-5係利用兩個背壓型噴嘴檢出器當極限開關以控制氣壓缸之作動。

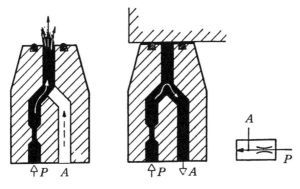

圖7-4　背壓型噴嘴檢出器

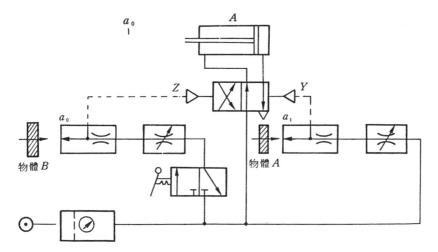

圖7-5　背壓型噴嘴檢出器之應用

二、反射型噴嘴檢出器

　　如圖7-6，其背壓原理較簡單，較不受外界影響。發射噴嘴和接收噴嘴皆安裝在一保護的套管內，套管可保護噴口不受損害，並用以調整距離。接口 P 通入壓縮空氣（供應壓力 $0.1\sim0.2\,bar$），此壓縮空氣經由環形管流出至大氣中，壓縮空氣流出時，會在內部噴嘴造成眞空。

　　當流出之空氣在噴口前端受到物件之干擾，其接收噴嘴建立背壓，出口 A 出現一檢出訊號，此檢出訊號只要超過 $0.5\,mbar$，即可經由壓力放大器把訊號放大，用以驅動元件。

　　其噴嘴和物件可以感覺最大距離隨檢出器形態之不同通常在 $1\sim6\,mm$ 之間。

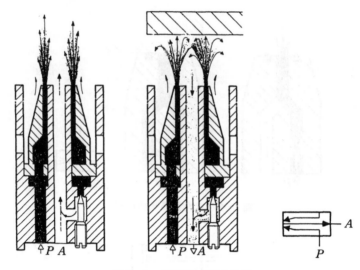

圖 7-6　反射型噴嘴檢出器

　　反射型噴嘴檢出器可作無接觸輸入閥，除了能做物體端點位置感測外，並可做區別測式用，如指針儀器之感應，壓床及沖模之檢查（厚度、沖孔、定位、料位重疊）、計數、量測等。

　　圖7-7為其應用，物體無論是由左方或下方來，均能得到檢出訊號，經壓力放大器把訊號壓力放大使得氣壓缸前進。

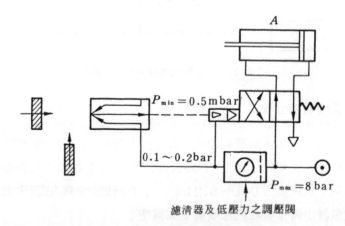

圖 7-7　反射型噴嘴檢出器之應用

三、氣障

　　如圖3-8。氣障由一個發射噴嘴及一接收噴嘴所構成，兩者皆由接口 P 供

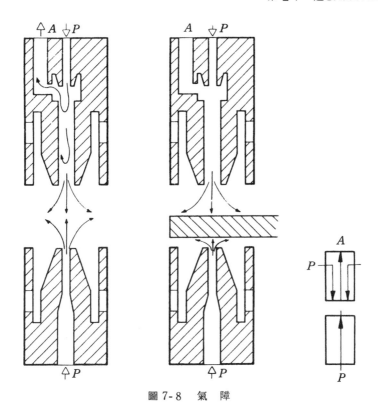

圖 7-8　氣　障

氣，供氣壓力為 0.1～0.2 bar。由發射噴嘴發射出之空氣束會干擾接收噴嘴之自由流動，產生背壓，以致在接收噴嘴之出口 A 產生一檢出訊號。當物體出現在兩噴嘴之時間，隨即中斷了發射噴嘴之氣流，使接收噴嘴噴出之氣流能自由流出，因此 A 口無檢出訊號。

　　氣障可作距離 100 mm 以內不接觸訊號產生器，使用時必須注意發射噴嘴和接收噴嘴之對正，同時由於噴射氣流的流動能量很低，氣障必須設有保護，以免工廠中空氣的流動（如微風）而擾亂了氣障的輸出訊號。

　　氣障可作機器、裝配點或包裝機器上記數或檢查物品之用，以有爆炸危險地區使用更適宜。圖 7-9 為氣障之應用，當物件移入發射噴嘴和接收噴嘴之間，則氣壓缸前進。

　　圖 7-10 以反射型噴嘴 1.3 當氣壓極限開關，當氣障 1.2 有物件移入時，壓缸 1.0 活塞前進，當活塞桿遮住反射型噴嘴 1.3 時，活塞桿後退（此時物件必須由氣障移出）。

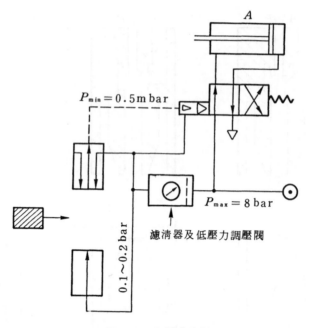

圖 7-9　氣障之應用

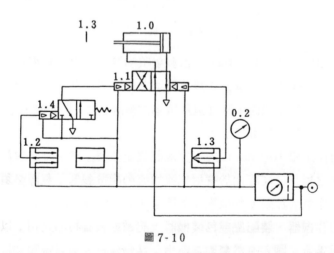

圖 7-10

四、中斷氣流檢出器

　　如圖7-11，壓縮空氣由 P 口進入，如發射器與接收器之通路未受阻斷，則 A 口得到輸出訊號；當有物體阻斷 P 到 A 之通路，則 A 口訊號消失。

　　P 口之供氣壓力在 $0.1 \sim 8\,\mathrm{bar}$ 之間，由於高壓之空氣消耗量大，最好在 P 之進口管設一節流閥。

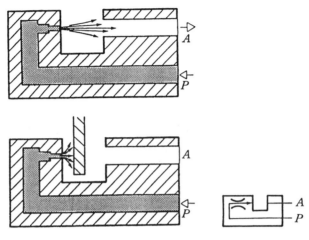

圖 7-11　中斷氣流檢出器

　　玆列舉以上所述近接檢出裝置之實體圖及規格(FESTO)供各位讀者參考。

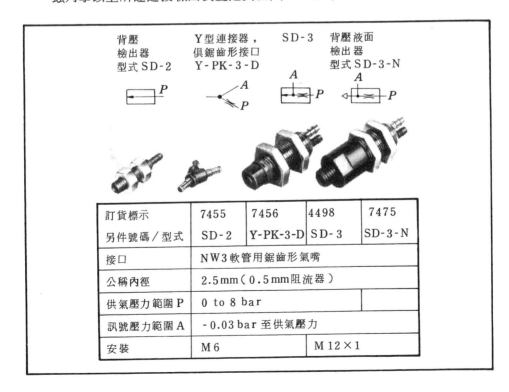

訂貨標示	7455	7456	4498	7475
另件號碼／型式	SD-2	Y-PK-3-D	SD-3	SD-3-N
接口	NW3 軟管用鋸齒形氣嘴			
公稱內徑	2.5mm（0.5mm阻流器）			
供氣壓力範圍 P	0 to 8 bar			
訊號壓力範圍 A	-0.03 bar 至供氣壓力			
安裝	M 6		M 12×1	

近接檢出器
型式 PML‐5　感測距離最長 2 mm（接口 P 黑色，接口 A 黃色）

近接檢出器
型式 RFL‐2　感測距離最長 2 mm（紅色標示）
　　 RFL‐4　感測距離最長 4 mm（黃色標示）
　　 RFL‐6　感測距離 6 mm（白色標示）
　　 RFL‐15 感測距離最長 15mm

　　　RML‐5　　　RFL‐2,‐4,‐6　　　RFL‐15

下列曲線圖爲型式 RML‐5,RFL‐2,RFL‐4， RFL‐6 之訊號壓
力與供氣壓力之關係及離噴嘴之距離

軸向敏感度
供氣壓力爲 150mbar

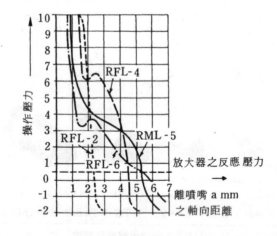

側向敏感度
供氣壓力為150mbar

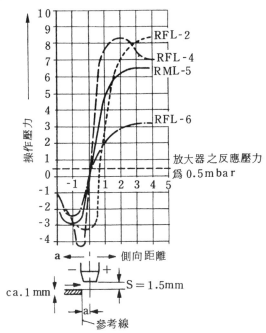

放大器之反應壓力
為0.5mbar

訂貨標示	7050	3685	3649	3650	7454
另件號碼／型式	RML-5	RFL-2	RFL-4	RFL-6	RFL-15
鋸齒形氣嘴連接	NW3 軟管用	NW4 軟管用			
供氣壓力範圍 P	0.1至0.2bar				0.2至0.3
最高供氣壓力	0.5bar				15bar
接口 A 之訊號壓力	請看圖表				
安裝螺絲	M12×1	M22×1			

氣障，最大感應距離為100mm
包括
發射噴嘴，型式SFL-100-S
（綠色標示）

接收噴嘴，型式 SFL-100-F
（ 棕色標示 ）

訂貨標示	100430 SFL-100-S　100432 SFL-100-F
接　　口	NW4 軟管用之鋸齒形氣嘴
供氣壓力範圍 P	0.1 至 0.2 bar
最高供氣壓力	SFL-100-S：4 bar
	SFL-100-F：0.5 bar
A 口之訊號壓力	SFL-100-F：$\geqq 0.5$ mbar
安裝螺絲	M22×1

氣障檢出器
型式 SFL-6

最大感應距離為 5 mm

訂貨標示	4439-SFL-6
接　　口	NW3 軟管用之鋸齒形氣嘴
供氣壓力範圍 P	0 至 8 bar（最好在 0.1 至 1 bar）
在 1 bar 時 A 之訊號壓	0.1 bar
安裝螺紋	M12×1

習　題

7-1 簡述近接檢出裝置優點。

7-2 簡述壓力放大器之動作原理。

7-3 請利用本章所述元件設計一控制一支雙動氣壓缸往復運動之氣壓廻路。

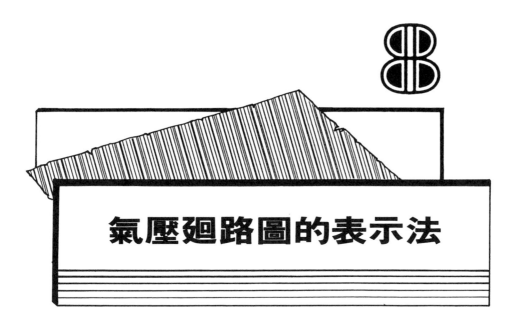

氣壓廻路圖的表示法

　　我們已將氣壓的基本廻路和第五章各種閥瓣合併說明，而在前面所討論的廻路大部份是普通基本氣壓廻路，系統簡單易於設計、維修及保護。但在控制機能變成更複雜的氣壓系統如何以適當的方法將廻路圖表示出來，對於設計人員或工程維修人員而言，更是重要。

8-1　氣壓廻路的圖形表示法

　　工程上，氣壓廻路圖的表示以氣壓符號組合而成，故讀者對前所述每一氣壓元件的功能、符號，必有熟記而且要深加了解，有關氣壓元件之符號，可參考附錄㈠。

　　以氣壓符號所繪成的廻路圖又可分為定位和不定位兩種廻路表示法。定位廻路圖形以系統中實際的位置繪製，如圖8-1，此種表示法對工程人員非常有利，因為他可從位置圖看出那一個閥件按裝在那裏、維修、保養容易。

　　不定位廻路圖不按元件之實際位置繪製，而是依元件功能分類排列。如圖8-2所示，工作元件、控制元件、訊號處理元件、訊號元件、供氣元件等由上而下依序排列。

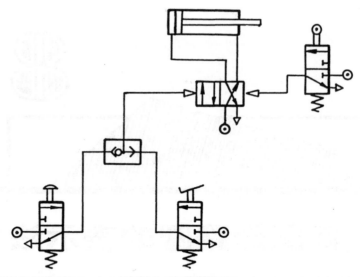

圖 8.1　定位迴路圖

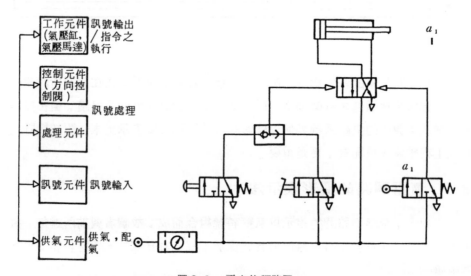

圖 8-2　不定位迴路圖

本書中之氣壓廻路圖將以不定位形式表示。

8-2　廻路圖內元件的命名

氣壓廻路圖內元件的命名常以數字命名和英文字母命名兩種。

8-2-1　數字命名

參考圖8-3，一個工作元件連同相關的閥瓣稱爲一個控制鏈，以數字１，２，３，……等標示。在元件的命名中第一位數字表示所屬的控制鏈，在小數點以後的數字（1.2，1.3，1.4，2.3，……）則說明各有關元件。

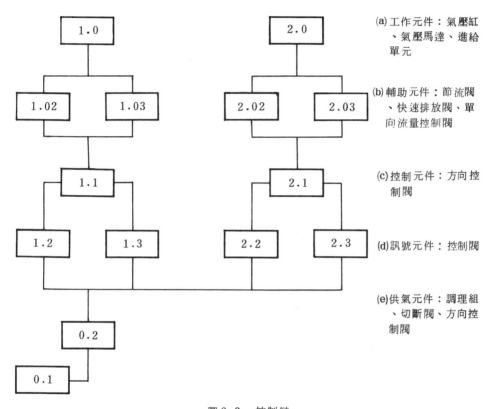

(a)工作元件：氣壓缸、氣壓馬達、進給單元

(b)輔助元件：節流閥、快速排放閥、單向流量控制閥

(c)控制元件：方向控制閥

(d)訊號元件：控制閥

(e)供氣元件：調理組、切斷閥、方向控制閥

圖8-3　控制鏈

(1)　1.0，2.0，3.0，……工作元件（如氣壓缸、氣壓馬達）

(2)　1.1，2.1，3.1，……控制元件

例題：

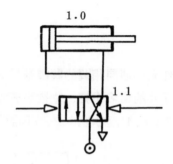

(3) 　1.2，1.4，2.2，2.4，3.2，3.4，……訊號元件

　　　這些訊號元件第二位數是偶數，正常的作用是令工作元件作前進移動。

(4) 　1.3，1.5，2.3，2.5，3.3，3.5，……訊號元件

　　　這些訊號元件的第二位數是奇數，正常的作用是令工作元件作後退移動。

　　　例題：

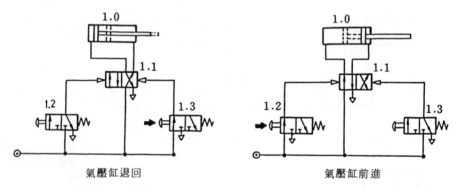

| 氣壓缸退回 | 氣壓缸前進 |

(5) 　0.1，0.2，0.3，……供氣元件

　　　如調理組、切斷閥、回動閥等，此類元件可影響所有的控制鏈。

(6) 　1.02，1.03，2.02，2.03，……輔助元件

　　　介於工作元件和控制元件之間，如單向流量控制閥、節流閥、快速排放閥等。

　　　圖8-4之氣壓廻路圖各元件系以數字命名，讀者可參考圖8-3及前述之說明當可更清礎。

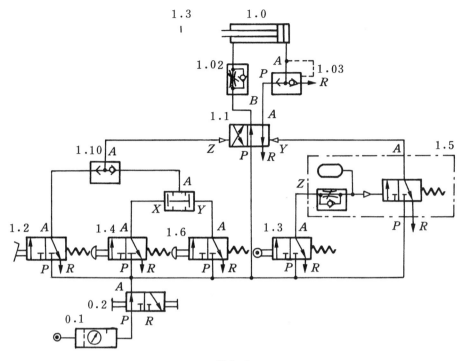

圖 8-4

8-2-2 英文字母命名

　　此類命名常用於迴路圖的設計時使用，亦常在迴路圖中代替數字命名使用。在英文字母命名中，以大寫字母表示工作元件，以小寫字母表示訊號元件。

(1) A，B，C，……代表工作元件

(2) a_1，b_1，c_1，……代表在工作元件（氣壓缸 A，B，C，……）之最前端位置的訊號元件。

(3) a_0，b_0，c_0，……代表在工作元件（氣壓缸 A，B，C，……）之最後端位置的訊號元件。

例題：

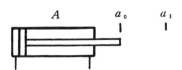

8-3 各種裝置的表示方法

在廻路圖中的所有裝置皆須以控制的起始位置表示，如無法做到此點則必須另加附註。在此解釋閥位置之定義：

一、正常位置

爲當閥瓣未安裝時閥瓣活動件的位置（回位閥瓣）

二、起始位置

閥瓣安裝在一系統內及接轉至幹管壓力後的活動件位置，由之可開始操作循環。

例如一個凸輪操作的3/2一位閥（訊號元件），正常位置爲閉閥位，如被安裝在一氣壓系統上且被活塞桿之凸輪板所壓住，則其起始位置變爲通路（參考圖8-5）。

正常位置　　　　　　　　　起始位置

圖 8-5

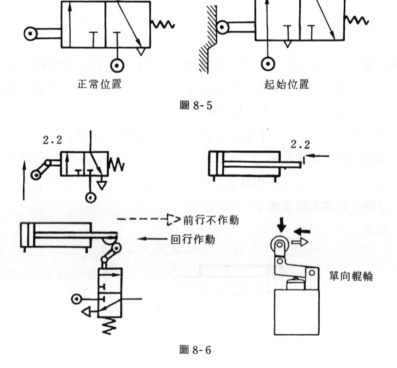

2.2

2.2

---‐[>前行不作動

←回行作動

單向輥輪

圖 8-6

對於單向輥輪閥瓣其僅能在單方向發生控制訊號，因此在廻路圖上，必須以箭頭表示其作用方向，順箭頭表示對元件發生作用，逆箭頭則表示無作用，參考圖8-6。

8-4　管路的表示

氣壓廻路圖中，元件和元件之間的配管有其規定表示。通常工作管路以實線表示，控制管路以虛線表示（參考圖8-7），而在特別複雜的氣壓廻路圖中，爲了保持圖面清晰，控制管路也可以實線表示。

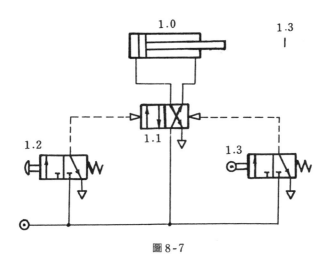

圖8-7

8-5　動作順序及開關作用狀況的表示方法

工作元件的運動順序及開關的接轉狀況，必須以清楚的方法表示，尤以複雜的問題，必須借助於運動圖和控制圖，方能有助於氣壓廻路圖的設計，底下以一例題說明運動圖和控制圖的繪製。

圖8-8爲將二個夾片在一半自動冲床上鉚合在一起的示意圖，其動作是首先將二片夾片及鉚釘皆用手動定位，然後 A 缸前進將二片夾片固定，B 缸再前進將鉚釘成型，成型後即後退，當 B 缸後退後，A 缸隨即回行。

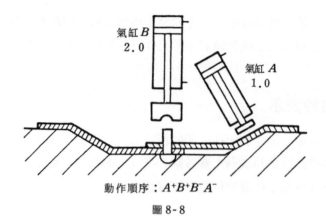

動作順序：$A^+B^+B^-A^-$

圖 8-8

8-5-1　運動圖

運動圖可用於表示各種工作元件（如氣壓缸）的順序及狀態，以其坐標表示之不同，又分為位移－步驟圖和位移－時間圖。

一、位移 - 步驟圖

有二個互相垂直的坐標，橫坐標表示步驟，縱坐標表示位移（工作元件的衝程），圖8-8之工作順序以位移－步驟圖表示如圖8-9。

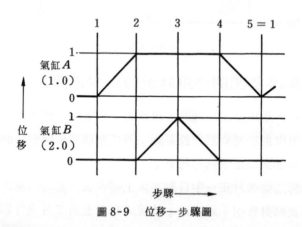

圖 8-9　位移－步驟圖

二、位移 - 時間圖

位移－步驟圖僅表示其工作元件動作順序，至於工作元件動作的快慢則無法顯示出來。位移－時間圖則以橫坐標表示動作時間，縱坐標表示位移，圖8-8之位移－時間圖如圖8-10，圖8-10可清楚看出工作元件動作的快慢。

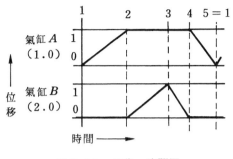

圖 8-10　位移一時間圖

8-5-2　控制圖

控制圖用於表示訊號元件及控制元件在各步驟中的接轉狀態，接轉時間不計，其圖之用意僅為一個開關的開啓或關閉狀態，如圖8-11所示，表示極限開關在步驟2開啓，而在步驟5關閉。

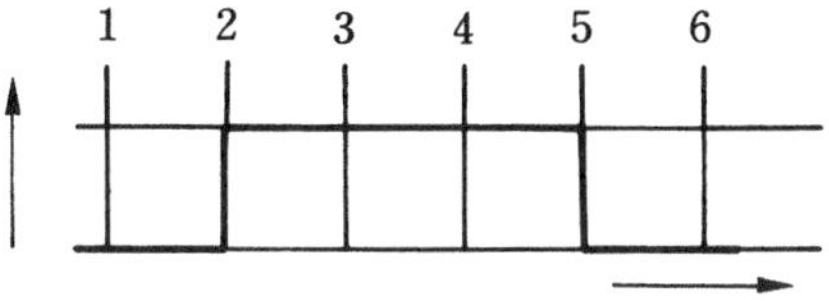

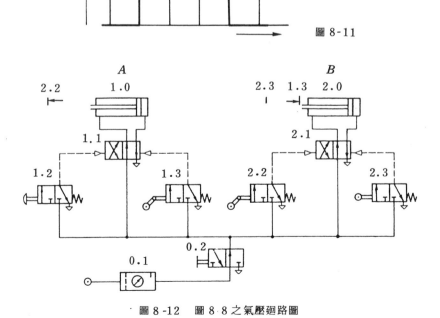

圖 8-11

圖 8-12　圖 8-8 之氣壓廻路圖

　　在大多數情形中，可用同一圖形同時表示運動圖及控制圖，此圖形稱為完全機態圖。

　　圖8-12為圖8-8之氣壓廻路圖，此廻路圖以直覺法設計，圖8-13為其完全機能圖。

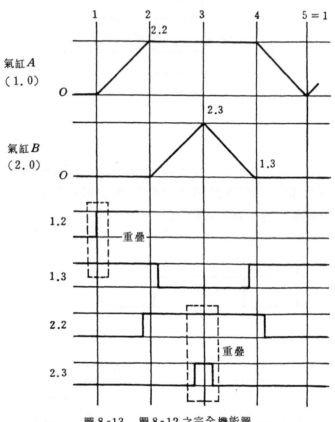

圖8-13　圖8-12之完全機能圖

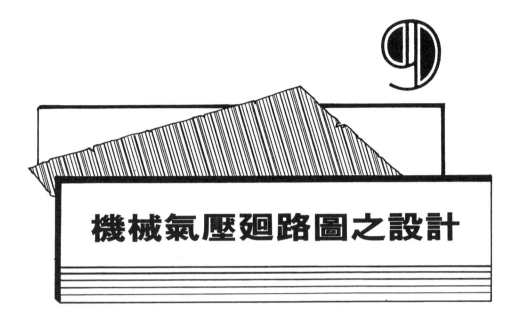

機械氣壓廻路圖之設計

　　機械氣壓廻路設計方法有直覺法、串級法、循環步進法、邏輯設計法、程式控制法等，本章節將就常用之方法加以說明。

　　在講到氣壓廻路設計之前，先就圖9-1加以討論。圖9-1中1.2，1.3，1.4三個閥瓣為訊號元件，當1.2閥瓣為其他機構壓住時，Z控制口有嚮導氣壓，閥瓣1.1接轉，壓缸1.0前進，當活塞桿壓到1.3閥瓣時，如Z控制口還有嚮導氣壓時，雖然此時Y控制口有嚮導氣壓，但閥瓣1.1還是無法接轉，氣壓缸1.0就沒辦法後退，因此在控制管路A到Z之間加入一延時閥以切斷Z控制口的嚮導氣壓，亦即當1.2閥瓣被壓住時，其輸出訊號經延時閥設定時間t之後訊號即被切斷，如此當Y口有嚮導氣壓時，壓缸才會後退，完成其正常功能。

　　上述之延時閥，為訊號切斷的一種，因此，在任何氣壓廻路中，遇到控制元件兩端之嚮導訊號，有同時存在之可能時，先到之嚮導訊號，必須在隨後抵達之嚮導訊號前，先行切斷，以下就常用之訊號切斷方法作一說明：

1．利用單向輥輪切斷

　　如圖9-2，常用於利用直覺法設計之氣壓廻路圖中，使用時須注意事項：

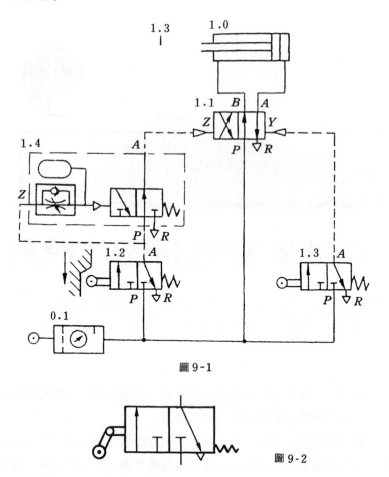

圖 9-1

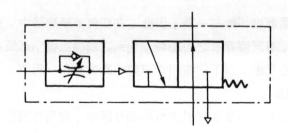

圖 9-2

(1) 閥瓣必須在其端點位置鬆釋。

(2) 閥瓣不在端點位置發出訊號,接轉點的位置因控制凸輪的長度及超越行程的速度而定。

2. 利用延時閥切斷

如圖9-3,亦常用於直覺法設計之氣壓廻路圖中,使用時注意事項

圖 9-3

從訊號切斷觀點來看非常可靠，惟在常有訊號切斷的大型控制廻路中則變爲複雜而不經濟。

3. 利用回動閥切斷

如圖9-4，常用於串級法和循環步進法設計之氣壓廻路圖中，使用時須注意事項：

訊號切斷係利用一脈衝閥完成，訊號在某一時間爲切斷及在另一時間爲接轉換位。

此方法使用在串級法和循環步進法中證明其可靠性最高。

以下詳述各種氣壓廻路之設計方法。

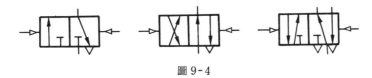

圖9-4

9-1　直覺法

"直覺法"即是通常所謂的傳統法或經驗法。廻路之設計主要是依個人的能力和經驗而定。較簡單的動作順序如以直覺法設計可很快的完成，但如對較複雜的動作順序，則需花費很長的時間且不易設計。

本節所述之直覺法設計氣壓廻路如有必要時將藉助單向輥輪或延時閥來作訊號的切斷。以下先以一例題說明以直覺法設計氣壓廻路的程序。

例題 1

某一機台包含 A、B 兩支氣缸，動作順序是：A 缸前進之後 B 缸前進，而後 A 缸後退，B 缸再後退，位移－步驟圖如圖9-5。設計其氣壓廻路。

氣壓廻路設計順序如下：

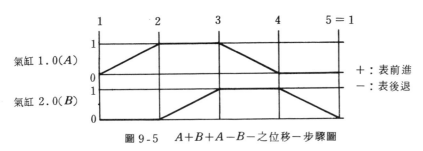

圖9-5　$A+B+A-B-$之位移－步驟圖

(1) 繪出工作元件（如圖9-6）

(2) 繪出相關聯的最後控制元件（如圖9-7）

(3) 繪出需要的訊號元件，不註明控制符號（如圖9-8）

(4) 繪出能源（如圖9-9）

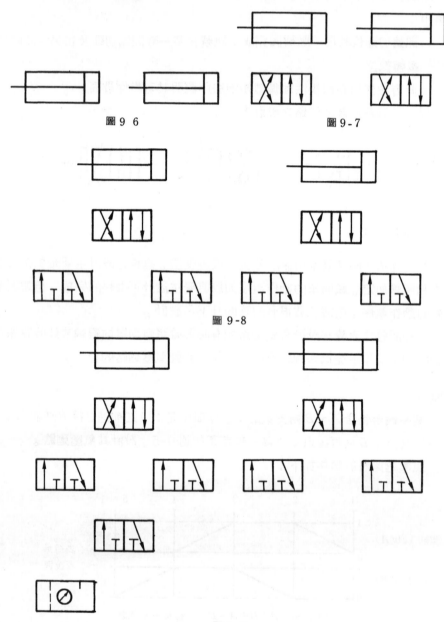

圖9 6　　　　　　　　　　　圖9-7

圖9-8

圖9-9

⑸　連接各控制線（如圖9-10）

⑹　加註各元件符號（如圖9-11）

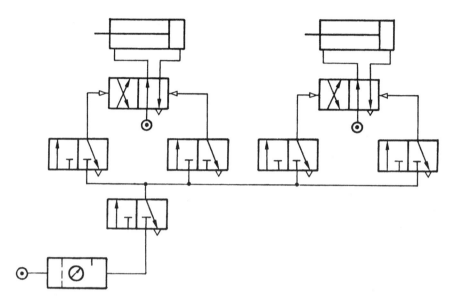

圖 9-10

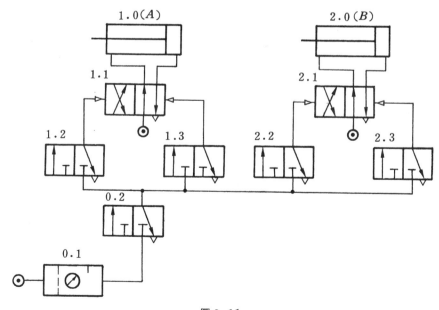

圖 9-11

(7) 利用完全機能圖設計出廻路圖（圖9-12），即對每一工作元件配置極限開關的位置，使廻路能產生程式作業（如圖9-13）。

(8) 檢查何處需將重疊訊號切斷，由圖9-12之完全機能圖檢查A、B兩缸之脈衝閥兩邊是否有同時出現訊號之現象。控制A缸前進、後退由1.2，1.3閥瓣作動，控制B缸前進、後退由2.2，2.3閥瓣作動，而由圖9-12可知，1.2和1.3閥瓣，2.2和2.3閥瓣無訊號重疊現象產生，故不必考慮採用何種方法作訊號切斷。

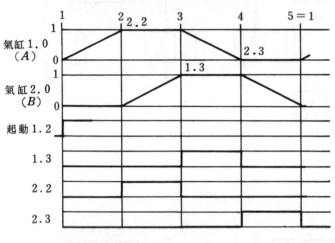

圖9 12 完全機能圖

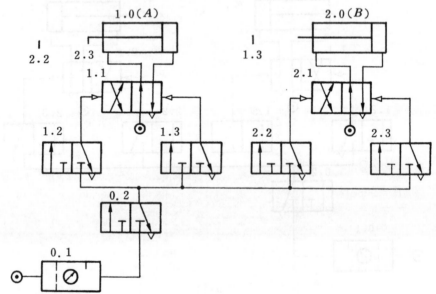

圖9.13

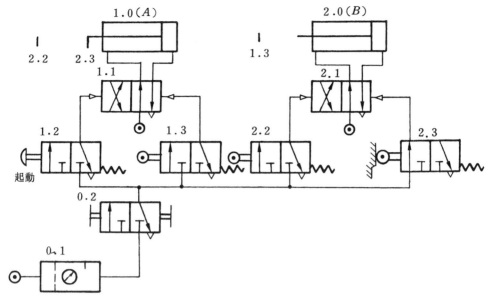

圖 9-14

(9) 繪出各作動控制（如圖 9-14），注意廻路圖的繪製必須以起始位置表示。

(10) 在適當的地方加入輔助狀況。圖 9-14 之廻路圖動作順序爲單一循環，如欲改爲(1)連續自動往復循環，(2)緊急停止開關操作後，所有氣缸在任何位置皆能立刻回到起始位置，(3)停止操作，其廻路如圖 9-15。

討論：

(1) 如沒有訊號重疊現象，訊號元件採用輥輪槓桿作動方式。

(2) 氣壓廻路圖之繪製必須以起始位置表示。注意 A、B 兩缸，閥瓣 1.4、2.3。

(3) 輔助狀況必須等單一循環之廻路圖設計完成之後再適當的加入卽可完成。

(4) 閥瓣 1.4 爲一互鎖裝置，亦卽要確定 B 缸後退到起始位置方能進行另一循環動作。

例題 2

　　某機台含有 A、B 兩支氣壓缸，動作順序如圖 9-16，氣壓廻路圖設計如下：

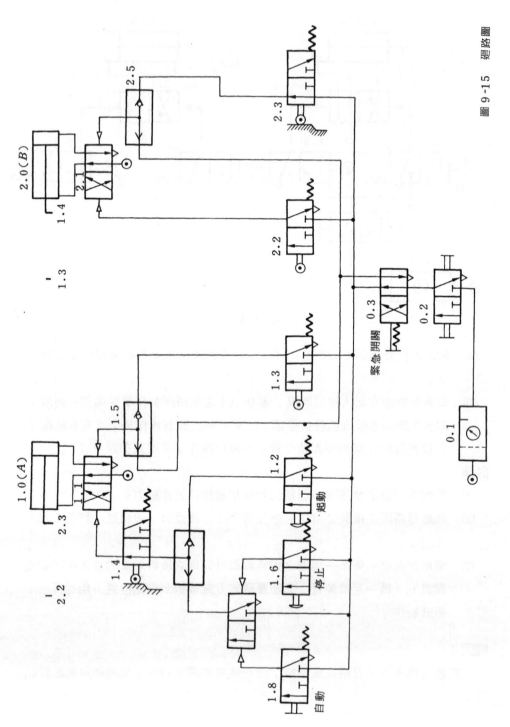

圖 9-15 廻路圖

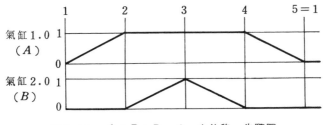

圖 9-16　**A + B + B − A −** 之位移一步驟圖

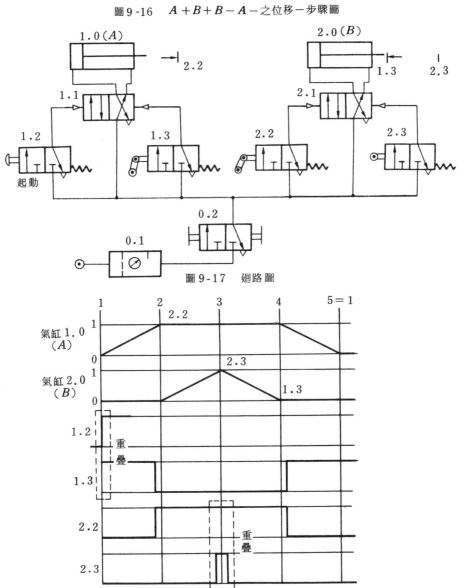

圖 9-17　廻路圖

圖 9-18　完全機能圖

依前述(1)～(10)之設計順序，可得圖9-17和圖9-18。由圖9-18可知，控制元件1.1，2.1兩邊嚮導控制口產生訊號重疊，故閥瓣1.3，2.2必須採用單向輥輪作動當訊號切斷使用，如此就不會產生訊號重疊現象。

例題2之訊號切斷亦可採用延時閥，廻路圖如圖9-19。

討論：

(1) 訊號切斷如採用延時閥，訊號元件則以輥輪槓桿作動方式之閥瓣卽可。

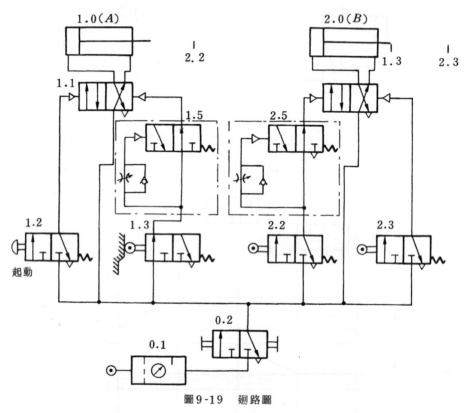

圖9-19　廻路圖

例題 **3**

某機台含 A、B 兩支氣缸，動作順序如圖9-20，氣壓廻路圖設計如圖9-21。

討論：

(1) 由圖9.22可知控制元件1.1兩邊之嚮導控制口，會產生訊號重疊，故閥瓣1.4改成單向輥輪作動。

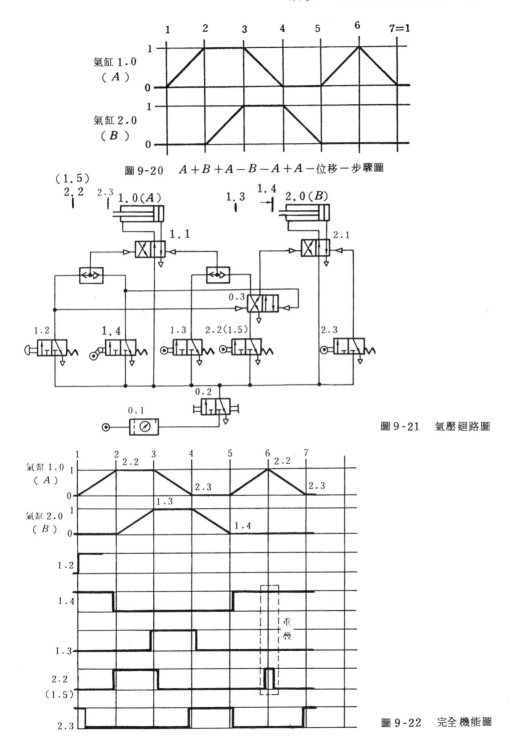

圖 9-20　$A+B+A-B-A+A-$位移－步驟圖

圖 9-21　氣壓廻路圖

圖 9-22　完全機能圖

(2) A缸之前進、後退在一循環之內有兩次，故必須在控制元件1.1兩邊之控制口各裝梭動閥。

例題 **4**

　　某一特別機器係將矩形機件衝印標誌，圖9-23為示意圖。機件係由一重力進給的倉夾，利用A缸推出並給予夾緊，後由B缸衝印標誌，做完衝印標誌後A缸放鬆並回行，最後C缸將完成之工件推開。位移一步驟圖如圖9-24 ，

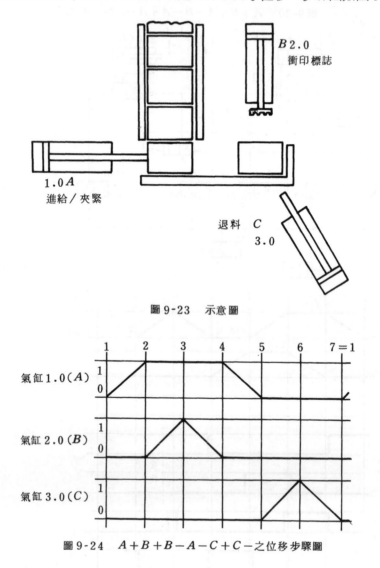

圖9-23　示意圖

圖9-24　A＋B＋B－A－C＋C－之位移步驟圖

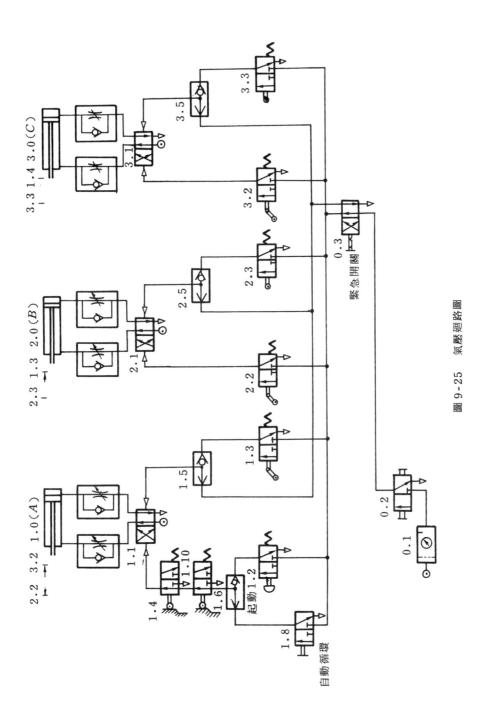

圖 9-25　氣壓廻路圖

設計其氣壓廻路。輔助狀況如下：

(1) 每支氣壓缸必須按位移－步驟圖順序動作，並可選擇單一循環和自動連續循環。起動由按鈕閥瓣輸入。

(2) 倉夾內有一極限開關監測，如倉夾內已無工件，則系統須停止在起始位置，並有互鎖裝置防止起動。

(3) 緊急停止開關操作後，所有氣缸皆須退回起始位置，但須在互鎖除去後才可操作起動。

設計順序如前所述，圖9-25為其氣壓廻路圖，圖9-26為其完全機能圖。

討論：

(1) 由圖9-26可知，控制元件1.0，2.0.3.0兩邊嚮導控制口皆有訊號

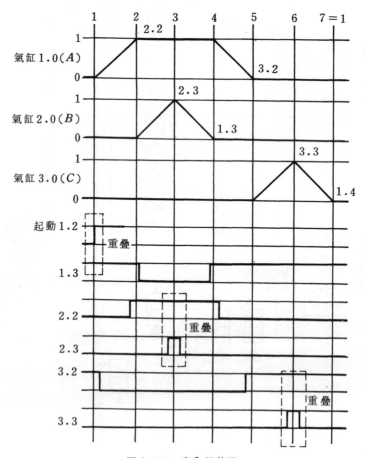

圖9-26　完全機能圖

重疊，故閥瓣 1.3，2.2，3.2 皆須由單向輥輪作動。

(2)　為達到緊急後退，故控制元件右邊控制口皆須接一梭動閥而和緊急開關配合。

(3)　倉夾由閥瓣 1.10 監測，當倉夾內沒有工件時，閥瓣 1.10 就不在作動狀態，即 A、B、C 三支缸皆停止在起始位置。

(4)　閥瓣 1.6，1.2，1.8 為滿足輔助狀況條件(1)。

(5)　閥瓣 1.4 為起動之互鎖裝置，即 C 缸後退一定要壓到閥瓣 1.4 才能產生另一循環。

例題 5

圖 9-27 為一衝縫夾定器之示意圖。用手將工件放在夾定器內，起動訊號使氣缸 1.0(A)移送衝模進入長方形工件內，而後，氣缸 2.0(B)、3.0(C)及 4.0(D)一個接一個推動衝頭在工件孔內衝開縫。在氣缸 4.0(D)最後衝縫完成後，所有三個衝縫氣缸 2.0(B)，3.0(C)，4.0(D)回行至起始位置，氣缸 1.0(A)從工件抽回衝模完成最後運作，用手將已衝縫工件從夾定器上除下。

圖 9-28 為其位移—步驟圖。依前述之設計順序，廻路圖如圖 9-29，圖 9-30 為其完全機能圖。

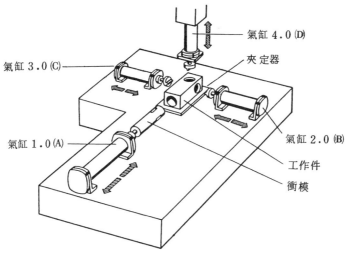

氣缸 4.0(D)

氣缸 3.0(C)

夾定器

氣缸 1.0(A)

氣缸 2.0(B)

工作件

衝模

圖 9-27　示意圖

討論：

(1) 由圖 9-30 可知，控制元件 1.1，2.1，3.1，4.1 兩邊嚮導控制口有訊號重疊，故閥瓣 1.3，2.2，3.2，4.2 必須採用單向輥輪作動。

(2) 閥瓣 1.4 之加入主要在確保工作元件 1.0 退回原位壓到閥瓣 1.4 方可進行下一循環動作，爲起動之互鎖裝置。

(3) 本例題 B 缸、C 缸、D 缸同時後退，故設計廻路時宜注意。

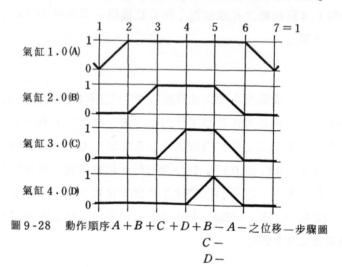

圖 9-28　動作順序 $A+B+C+D+B-A-$ 之位移—步驟圖
$C-$
$D-$

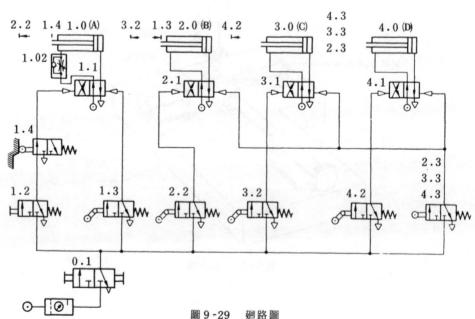

圖 9-29　廻路圖

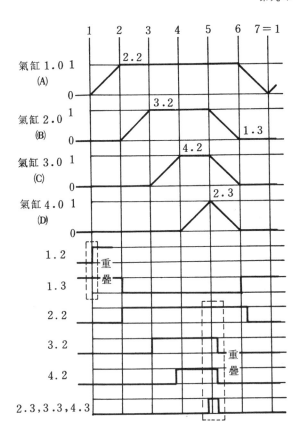

圖9-30　完全機能圖

例題 **6**

　　在一氣壓操作彎形工具上將片狀金屬彎曲成形，圖9-31為其示意圖。利用 A 單動缸將片狀金屬壓緊，B 缸將它彎曲成直角形，最後以 C 缸再給予彎曲

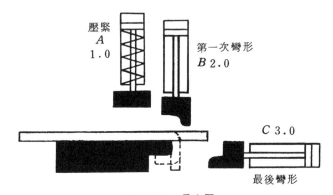

壓緊
A
1.0

第一次彎形
$B \; 2.0$

$C \; 3.0$

最後彎形

圖9-31　示意圖

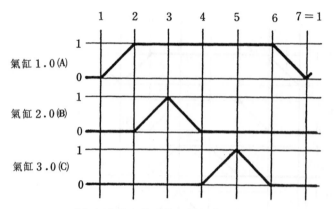

圖 9-32 　動作順序 $A+B+B-C+C-A-$ 之位移─步驟圖

成形，工件完成，試設計其氣壓廻路圖。圖9-32為其位移─步驟圖。

本例氣壓廻路可按以下之程序進行設計：

(1) 繪上 A 、 B 、 C 三支氣壓缸。（圖9-33）

(2) 繪上相關聯的最後控制元件─脈衝閥1.1，2.1，3.1（圖9.33）。

(3) 在脈衝閥1.1，2.1，3.1兩邊標註 $A+$ ， $A-$ ， $B+$ ， $B-$ ， $C+$ ， $C-$ ，意指閥1.1 $A+$ 處有訊號，使 A 缸前進，餘相同。（圖9-33）

(4) 依據位移─步驟圖將動作順序在閥1.1，2.1，3.1給予適當的訊號。

　　① 起動開關S.V.接在 $A+$ 控制線上，操作起動開關， A 缸前進（ $A+$ ）壓到極限開關 a_1 送出訊號，使 B 缸前進（ $B+$ ），故極限開關 a_1 和 $B+$ 控制線連接。

　　② B 缸前進壓到極限開關 b_1 ，送出訊號使 B 缸後退（ $B-$ ），故極限開關 b_1 和 $B-$ 控制線連接。

　　③ B 缸後退壓到 b_0 ，送出訊號使 C 缸前進（ $C+$ ），故 b_0 和 $C+$ 控制線連接。

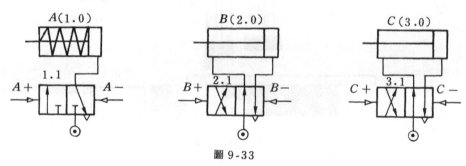

圖 9-33

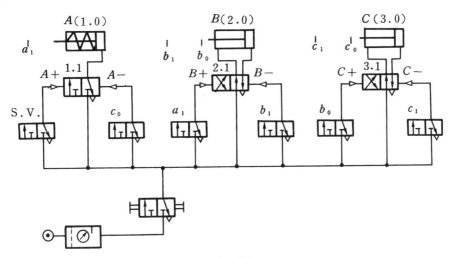

圖 9-34

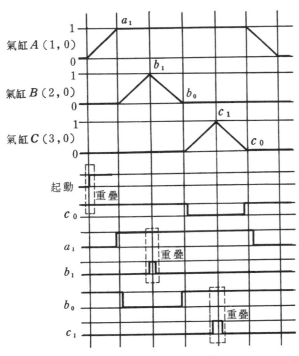

圖 9-35 完全機能圖

④　C缸前進壓到c_1送出訊號使C缸後退（$C-$），故c_1和$C-$控制線連接。

⑤　C缸後退壓到c_0，送出訊號使A缸後退（$A-$），故c_0和$A-$控制線連接。

故將以上之動作順序表示如下：

S.V. $\rightarrow A+\rightarrow a_1\rightarrow B+\rightarrow b_1\rightarrow B-\rightarrow b_0\rightarrow C+\rightarrow c_1\rightarrow C-\rightarrow c_0\rightarrow A-$

依序繪出其廻路圖如圖9-34，並以英文字母標註閥瓣的名稱。

(5)　繪出能源。（圖9-34）

(6)　利用完全機能圖檢查A、B、C三支氣壓缸之脈衝閥是否有同時出現訊號之現象，參考圖9-35，由圖9-35分析可知，工作元件1.1，2.1，3.1兩邊嚮導控制口有訊號重疊現象產生，故訊號元件（極限開關）c_0，a_1，b_0採用單向輥輪作動方式，而b_1、c_1則用槓桿輥輪作動方式即可。完整之廻路圖表示如圖9-36。

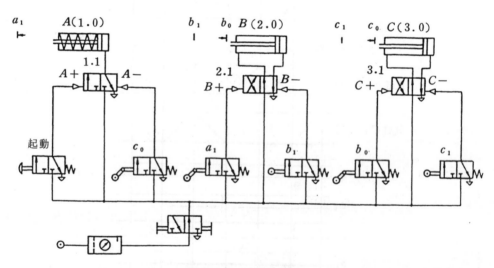

圖 9-36　氣壓廻路圈

9-2　串級法

前述之直覺法各極限開關之輸出訊號往往因工作元件作用而無法產生訊號切斷，雖然我們可利用單向輥輪作動的極限開關或延時閥等來做訊號之切斷，但在比較複雜的動作順序，並不經濟，本節介紹以串級法做氣壓廻路設計。

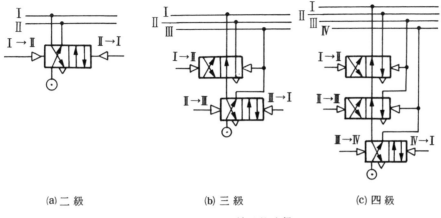

(a)二　級　　　　　　　(b) 三　級　　　　　　　(c) 四　級

圖9-37　各級線路的串級

　　串級法（cascade method）為一種控制廻路的隔離法，主要特徵在於利用回動閥（亦稱記憶閥）作為訊號的接轉作用，亦即利用4/2—位閥或5/2—位閥以階梯方式順序連接（如圖9-37），而保證在任一時間，只有一輸出管路接通氣壓，其它管路皆向大氣排放。

　　圖9-38說明各個回動閥接轉作用產生時，其輸出管路送出訊號之情形，檢視(a)(b)(c)(d)四圖各位可發現每個圖僅有一輸出管路送出訊號，其餘均處於排氣位置。

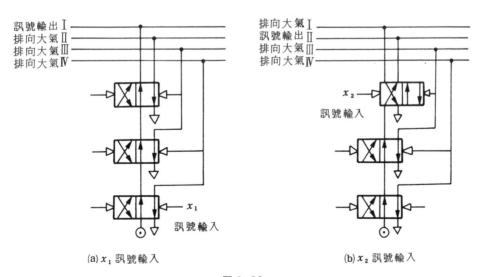

(a) x_1 訊號輸入　　　　　　　　　(b) x_2 訊號輸入

圖 9.38

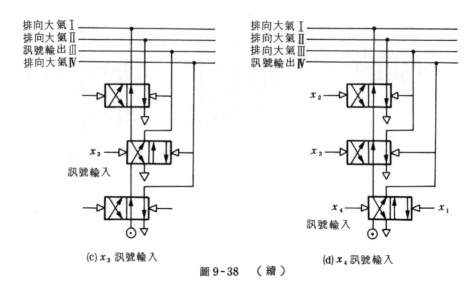

(c) x_3 訊號輸入   (d) x_4 訊號輸入

圖 9-38 （續）

　　使用此種排列，將訊號切斷加入控制中比較容易，且在建立廻路圖的實際作業程序中，為一有規則可循的氣壓廻路設計法。但有一點必須注意：即從一個輸入能的固有特徵所加於串級法的限制。在控制操作開始前，壓縮空氣通過串級中的所有閥門。此外，當串級回動閥回動時，由訊號元件自身排放空氣。因此，只要有一元件不良，即將出現不良開關接轉作用。

　　至於設計廻路時，需要多少輸出管路，多少個回動閥，主要依動作順序之分級（組）而定，如動作順序分為三級（組）則輸出管路要三條；而回動閥之數量，則為輸出管路數減一，以下先以一例題說明以串級法設計氣壓廻路之順序。

例題 1

　　圖 9-39 為一自動搬運示意圖，圖 9-40 為其位移—步驟圖，設計其氣壓廻路。

(1)　將位移—步驟圖中工作元件之運動順序以英文字母表示。如

$$A + B + C + C - B - A -$$

(2)　將動作順序分組，區分的組別即是輸出管路數，分組之原則是同一組內每個英文字母只能出現一次。組數越少越好，本例可分為兩組，即

$$A + B + C + \bigg/ \underset{\text{II}}{C - B - A -}$$
$$\underset{\text{I}}{}$$

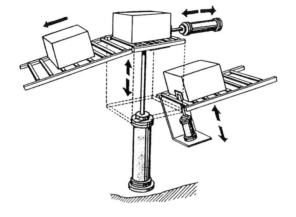

圖 9-39　示意圖

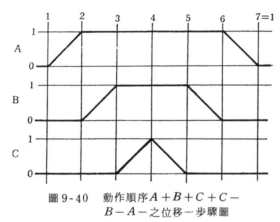

圖 9-40　動作順序 $A+B+C+C-$
$B-A-$ 之位移一步驟圖

(3)　繪上氣壓缸及其控制元件，並在元件上以字母命名，控制元件兩邊依符號標示" ＋ "或" － "。（圖 9-41）

(4)　繪上輸出管路數和回動閥（圖 9-41）

(5)　控制訊號之產生係利用活塞桿作動極限開關，極限開關依作動順序依序繪入並標示字母。本例之動作順序是：

①　A 缸前進壓到極限開關 a_1，產生一訊號使 B 缸前進，故 a_1 接在 $B+$控制線上，a_1 氣源接在第 I 輸出管路上。

②　B 缸前進壓到 b_1，產生一訊號使 C 缸前進，故 b_1 接在 $C+$ 控制線上，b_1 氣源接在第 I 輸出管路上。

③　C 缸前進壓到 c_1，產生一訊號作動回動閥使第 I 輸出管路改變爲第

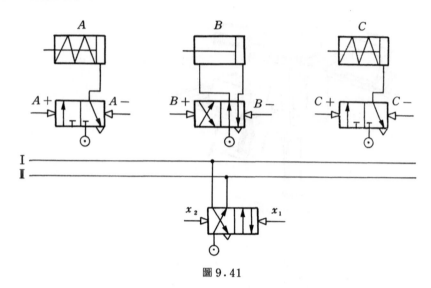

圖 9.41

II輸出管路通氣，故 c_1 和 x_2 控制線連接， c_1 氣源接在第 I 條輸出管路上。

④ 此時第 I 條輸出管路排氣，第 II 條和氣源相通，故直接將 $C-$ 控制線接到第 II 條輸出管路上。

⑤ C 缸後退壓到 c_0 產生一訊號使 B 缸後退，故 c_0 和 $B-$ 控制線連接，c_0 氣源接在第 II 條輸出管路上。

⑥ B 缸後退壓到 b_0 產生一訊號使 A 缸後退，故 b_0 和 $A-$ 控制線連接，b_0 氣源接在第 II 條輸出管路上。

⑦ A 缸後退壓到 a_0 產生一訊號作動回動閥使第 II 輸出管路改為第 I 輸出管路通氣，故 a_0 和 x_1 控制線連接。廻路圖如圖 9-42。

將以上控制順序表示如下：

$$
\begin{aligned}
&\text{I 輸出管路} \rightarrow A+ \rightarrow a_1 \rightarrow B+ \rightarrow b_1 \rightarrow C+ \rightarrow c_1 \rightarrow x_2 \\
&\text{II 輸出管路} \rightarrow C- \rightarrow c_0 \rightarrow B- \rightarrow b_0 \rightarrow A- \rightarrow a_0 \rightarrow x_1
\end{aligned}
$$

(6) 加入起動開關，本例之起動開關裝在最後動作（$A-$）後第一動作（$A+$）前，訊號源由第 II 條輸出管路供給。（圖 9-42）

(7) 如有輔助狀況則當基本順序完成設計後才適當的加入。

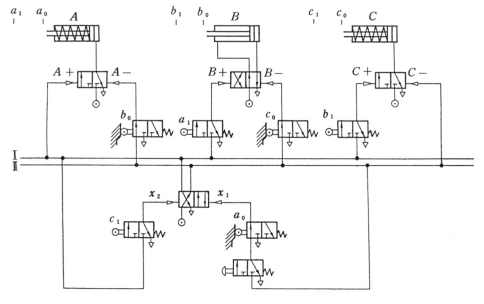

圖 9-42 氣壓廻路圖

討論：

(1) 本例為單一循環，第一個動作順序和最後一個動作順序不在同一組，起動開關的裝置宜注意。

(2) 閥瓣 a_0，b_0，c_0 在廻路未起動前已被致動，因此在繪製廻路時繪成通路狀態（起始位置）。

例題 2

A、B、C 三支缸其位移－步驟圖如圖 9-43，設計其氣壓廻路圖。

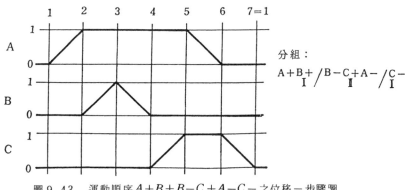

圖 9-43 運動順序 $A+B+B-C+A-C-$ 之位移－步驟圖

將動作順序分爲兩組，運動順序 $C-A+B+$ 分在同一組。整個廻路控制順序如下：

$$\begin{aligned}
&\longrightarrow S.V. \longrightarrow A+ \longrightarrow a_1 \longrightarrow B+ \longrightarrow b_1 \longrightarrow x_2 \longrightarrow 第\,\text{II}\,條輸出管路 \longrightarrow B- \\
&\longrightarrow b_0 \longrightarrow C+ \longrightarrow c_1 \longrightarrow A- \longrightarrow a_0 \longrightarrow x_1 \longrightarrow 第\,\text{I}\,條輸出管路 \longrightarrow C-
\end{aligned}$$

討論：

(1) 由例題 1 和例題 2 比較可知，動作順序分組時，若最後一個動作與第一個動作屬於同一組，則第一個動作供壓訊號來自最後一個動作所接觸的極限開關，起動閥和此極限開關串聯。

(2) 比較例題 1、例題 2 回動閥按裝之情形，亦可知起動閥爲何安排得不一樣。

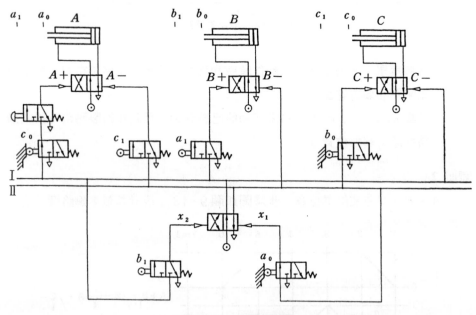

圖 9-44　氣壓廻路圖

例題 3

A、B 兩支缸其位移一步驟圖如圖 9-45，設計其氣壓廻路。

將動作順序分爲四組，整個廻路控制順序如下：

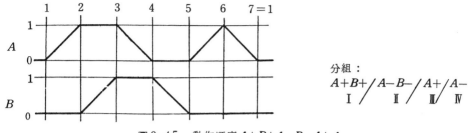

圖 9-45 動作順序 $A+B+A-B-A+A-$
之位移步驟圖

分組:
$A+B+/A-B-/A+/A-$
I / II / III / IV

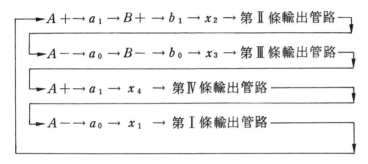

$A+\rightarrow a_1 \rightarrow B+ \rightarrow b_1 \rightarrow x_2 \rightarrow$ 第 II 條輸出管路

$A-\rightarrow a_0 \rightarrow B- \rightarrow b_0 \rightarrow x_3 \rightarrow$ 第 III 條輸出管路

$A+\rightarrow a_1 \rightarrow x_4 \rightarrow$ 第 IV 條輸出管路

$A-\rightarrow a_0 \rightarrow x_1 \rightarrow$ 第 I 條輸出管路

依序繪出圖 9-46 之氣壓廻路圖。

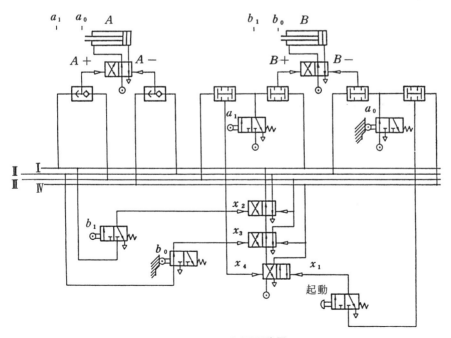

圖 9-46 氣壓廻路圖

討論：

(1) 本例題在單一循環內 A 缸前進、後退各兩次，因此必須在控制元件之左右兩邊嚮導控制口各裝一只梭動閥。

(2) 在單一循環內 A 缸壓到 a_1 兩次，一次產生 $B+$，另一次使 Ⅲ 變到 Ⅳ，故必須採用雙壓閥，注意 a_1 之壓源直接與氣源相接。

(3) 在單一循環內 A 缸壓到 a_0 兩次，一次產生 $B-$，另一次使 Ⅳ 變到 Ⅰ，故採用雙壓閥，注意 a_0 之壓源直接和氣源相接。

(4) 注意起動閥之按裝位置。

(5) a_0，b_0 在廻路未起動前已被致動，故繪成通路狀態。

例題 4

　　圖 9-47 為一捲邊夾定器示意圖。赤銅管面對觸止放置在一夾緊夾定器內，當起動訊號產生時，氣缸 A 夾緊赤銅管，B 缸在第一站完成第一捲邊操作，B 缸退回，C 缸推使第二捲邊站至定位、B 缸再度外伸並在赤銅管上完成最後捲邊操作，然後 B 缸回行至起始位置，A 缸鬆開赤銅管，同時 C 缸使第一捲邊站回行至起始位置。圖 9-48 為其位移－步驟圖。

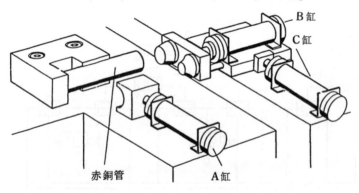

圖 9-47　示意圖

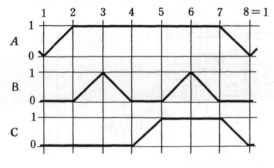

分組：
$$\underset{Ⅰ}{A+B+}\Big/\underset{Ⅱ}{B-C+}\Big/\underset{Ⅲ}{B+}\Big/\underset{Ⅳ}{\overset{A-}{B-C-}}$$

圖 9-48　動作順序 $A+B+B-C+B+$
$B-A-$ 之位移－步驟圖
$C-$

將動作順序分組，整個廻路之控制順序如下：

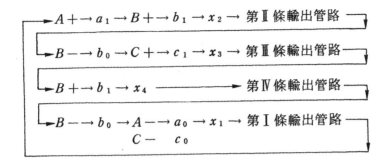

$$A+ \rightarrow a_1 \rightarrow B+ \rightarrow b_1 \rightarrow x_2 \rightarrow \text{第 II 條輸出管路}$$
$$B- \rightarrow b_0 \rightarrow C+ \rightarrow c_1 \rightarrow x_3 \rightarrow \text{第 III 條輸出管路}$$
$$B+ \rightarrow b_1 \rightarrow x_4 \longrightarrow \text{第 IV 條輸出管路}$$
$$B- \rightarrow b_0 \rightarrow A- \rightarrow a_0 \rightarrow x_1 \rightarrow \text{第 I 條輸出管路}$$
$$C- \quad c_0$$

依序繪出圖 9-49 之氣壓廻路。

討論：

(1) 本例題 B 缸前進、後退各兩次，故必須在控制元件左右兩邊襠導控制口各加一梭動閥。

(2) 圖中加入雙壓閥其道理如同前例所述。注意 b_0，b_1 其 P 口接在氣源上。

(3) 注意起動開關之按裝位置。

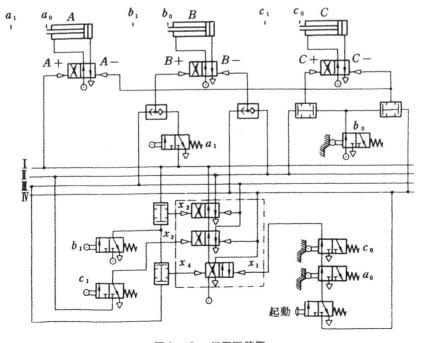

圖 9-49　氣壓廻路圖

例題5

圖9-50為一燧石的充填裝置，燧石盛裝在一漏斗內，依一定節奏分配到二個裝配站。氣缸A開及閉漏斗的密封門。操作起動開關後，氣缸A開啓密封門。燧石滑入盛器1內。當漏斗關閉時，氣缸B推動滑行臺，使盛器2行進至漏斗下面。此際盛器1到達第一裝配站的輸送器上面。另一個空盛器進入到滑行臺上面。當氣缸A關閉漏斗門時，氣缸B回行到起始位置。盛器2輸送到第二裝配站的輸送器上面。如再操作起動開關，控制卽進行一新工作循環。

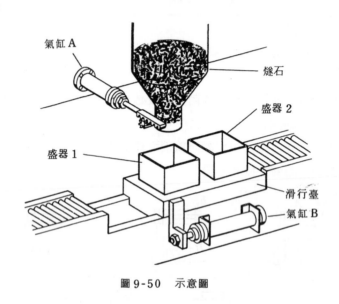

圖9-50　示意圖

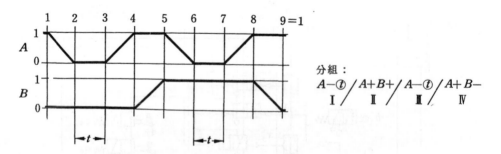

分組：
$$A-①/A+B+/A-①/A+B-$$
$$\text{I}\quad/\quad\text{II}\quad/\quad\text{III}\quad/\quad\text{IV}$$

圖9-51　動作順序$A-①A+B+A-①A+B-$之位移－步驟圖

將動作順序分組，整個廻路之控制順序如下：

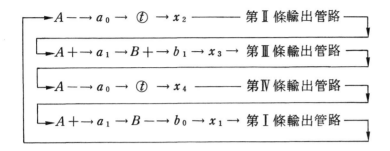

依序繪出圖9-52之氣壓廻路圖。

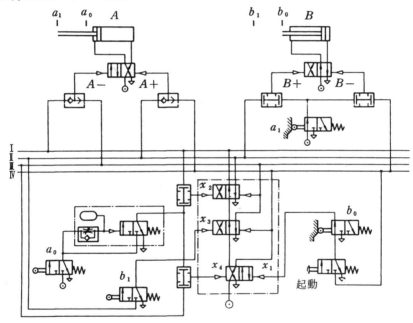

圖 9-52　氣壓廻路圖

討論：

(1)　A 缸前進、後退各兩次，故在控制元件兩邊繼導控制口各接一梭動閥。

(2)　圖中加入雙壓閥其道理如同例4所述。

(3)　a_1，a_0 之 P 口直接接在氣源上。

(4)　A 缸後退後延時一段時間 t 後再前進，故要裝延時閥。

(5)　a_1，b_0 在氣壓廻路未起動前已被致動，故繪成通路狀態。

(6)　注意起動開關之按裝位置。

例題 6

圖 9-53 為一銑床夾定器示意圖，在一銑床夾定器上加工鋁工件的各邊。從一重力進給漏斗下來的工件由氣缸 A 推入到夾定裝置內。氣缸 B 夾緊工件。氣壓－油壓進給單元 C 產生夾定裝置的進給運動。銑削鋁工件並在操作完畢時由頂出氣缸 D 頂出工件。氣壓－油壓進給單元使夾定裝置回行至起始位置。

輔助條件：

(1) 自動往復連續循環。

(2) 單一循環（手動）－僅在自動操作時測試漏斗。

(3) 緊急安全裝置。

圖 9-54 為其位移－步驟圖。

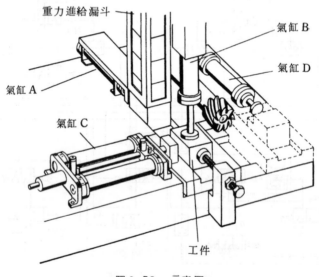

重力進給漏斗

氣缸 B

氣缸 D

氣缸 A

氣缸 C

工件

圖 9-53　示意圖

將動作順序分組，整個廻路控制順序如下：

$$A+ \rightarrow a_1 \rightarrow B+ \rightarrow b_1 \rightarrow x_2 \longrightarrow \text{第 II 條輸出管路} \longrightarrow$$

$$A- \rightarrow a_0 \rightarrow C+ \rightarrow c_1 \rightarrow B- \rightarrow b_0 \rightarrow D+ \rightarrow d_1 \rightarrow x_3 \rightarrow \text{第 III 條輸出管路} \rightarrow$$

$$D- \rightarrow d_0 \rightarrow C- \rightarrow c_0 \rightarrow x_1 \longrightarrow \text{第 I 條輸出管路} \longrightarrow$$

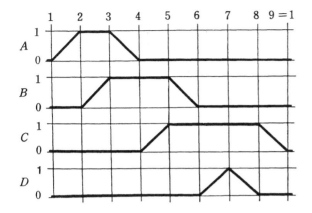

分組：
$$A+B+\ /\ A-C+B-D+\ /\ D-C-$$
$$\quad\text{I}\qquad\quad\text{II}\qquad\quad\text{III}$$

圖 9-54　動作順序 $A+B+A-C+B$
$-D+D-C-$之位移－步驟圖

　　依序繪出圖 9-55 之氣壓廻路圖，注意圖 9-55 為無輔助條件。

　　將輔助條件適當的加入圖 9-55 中，可變成圖 9-56 之氣壓廻路圖。

討論：

(1)　為使 A、B、C、D 四支缸緊急後退，故在其控制元件右邊嚮導控制口接一梭動閥和緊急後退壓源相連接。

(2)　此種緊急裝置是要使 A、C、D 三支缸同時後退，當 C 缸壓到 c_0，B 缸才能後退（安全考慮），故多加一雙壓閥接 x_5。

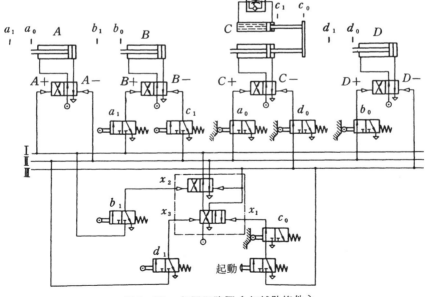

圖 9-55　氣壓廻路圖（無輔助條件）

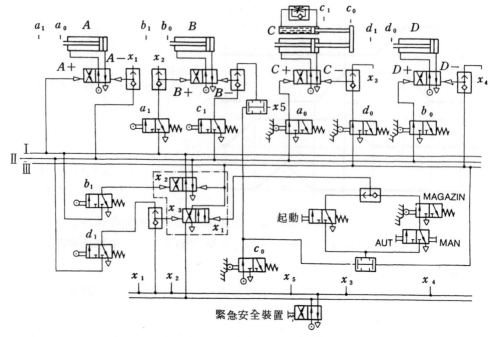

圖 9-56　氣壓廻路圖（有輔助條件）

(3)　手動／自動按裝如同前述。

(4)　a_0，b_0，c_0，d_0 在氣壓廻路未操作前皆被致動，故繪成通路狀態。

例題 7

　　圖 9-57 為在鉸鏈工件上鑽孔及鉸孔之示意圖，用手將鉸鏈工件放置在一支撐面上，操作起動開關後為氣缸 A 所夾緊。進給單元 B 操縱鑽頭在鉸鏈工件上鑽孔。當進給單元 B 回行到達後端點位置後，進給氣缸 C 移動平臺至鉸孔位置。第二進給單元 D 在鉸鏈工件上鉸孔。鉸刀回行至起始位置後，平臺回行至鑽孔站，氣缸 A 鬆開鉸鏈工件。

　　輔助條件：

當緊急安全閥作用時，二個進給單元回行至起始位置，工件鬆開夾緊以及進給氣缸回行至原來基本位置。

　　圖 9-58 為其位移－時間圖。

　　將動作順序分組，整個廻路之控制順序如下：

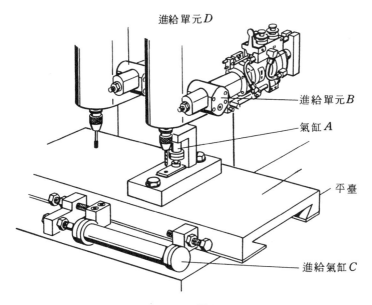

圖 9-57　示意圖

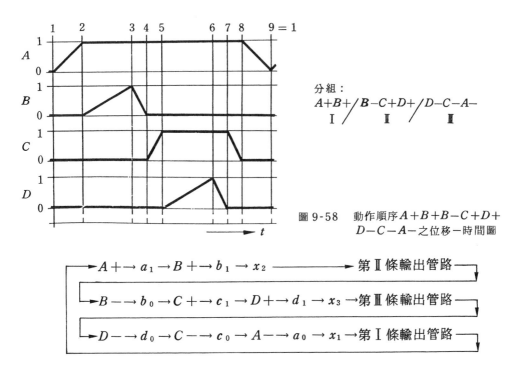

圖 9-58　動作順序 $A+B+B-C+D+$
$D-C-A-$ 之位移－時間圖

依序繪出圖9-59之氣壓廻路圖。

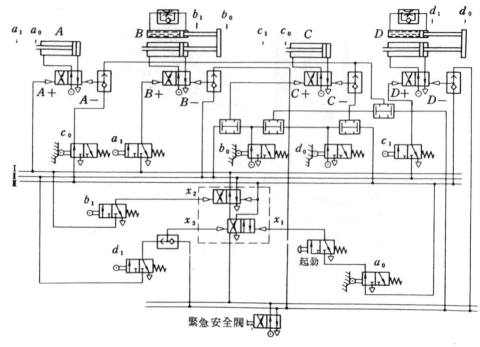

圖 9-59　氣壓廻路圖

討論 :

(1) 緊急廻路之繪製必須注意 B 缸、D 缸先行後退壓到 b_0，d_0，才能送出訊號使 A 缸、C 缸後退，此處宜注意。

(2) b_0，d_0 P 口要直接接氣壓源。

(3) d_1 閥瓣 A 接口和 x_3 控制口之間加一梭動閥，其目的在使緊急開關一操作時回動閥歸回原位，以利重新起動操作。

例題 8

　　圖 9-60 為冰淇淋噴塗巧克力示意圖，在冰淇淋表面噴塗一層巧克力作裝飾。氣缸 A 開啟噴槍閥瓣。在同時啟動氣缸 B 及 C。氣缸 B 推動冰淇淋棒緩緩前進，氣缸 C 則在與縱向衝程成直角方向導引噴槍的擺轉運動。當氣缸 B 到達前端點位置時，氣缸 A 關閉噴槍閥瓣以及氣缸 B 及 C 回行至它們的起始位置。圖 9.61 為其位移一時間圖。

　　輔助條件 :

(1) 單一循環 (手動)

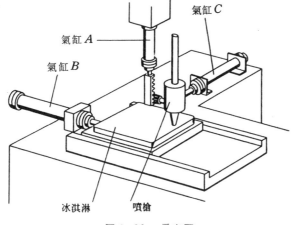

圖 9-60　示意圖

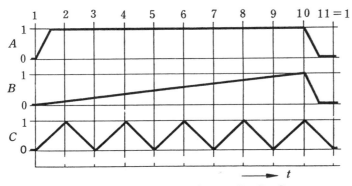

圖 9-61　動作順序 $A+B+C+C-C+C-C+$
$C-C+C-C+A-$之位移－時間圖
$B-$
$C-$

(2) 連續自動往復循環

(3) 冰淇淋棒的記數

圖 9-62 為設計之氣壓廻路圖。

討論：

(1) 在 B 缸緩慢前進之時，C 缸在做前進、後退之動作，C 缸控制元件兩邊之嚮導控制口，同時有訊號存在，故本題可將動作順序分為兩組處理。

(2) 本廻路加一計數器，即當 B 缸壓到 b_1 閥瓣，即產生一計數訊號。

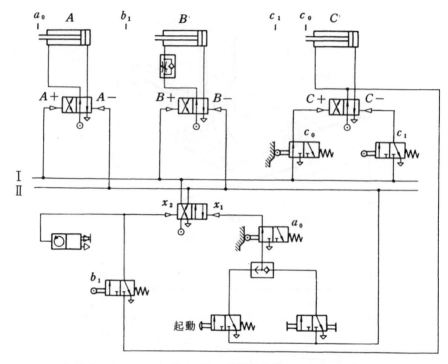

圖 9-62　氣壓廻路圖

9-3　循環步進法

　　利用循環步進法設計氣壓廻路其方法略似串級法，所不同者，串級法利用回動閥改變氣源輸出管路，而循環步進法則是利用記憶機能單元（如圖 9-63）改變氣源輸出管路，以保證各輸出管路僅一管路有壓縮空氣，其餘管路均由所屬單元之記憶功能元件所排放。

　　圖 9-63 之記憶機能單元包括一具有記憶功能元件（如 3/2 一位閥、4/2

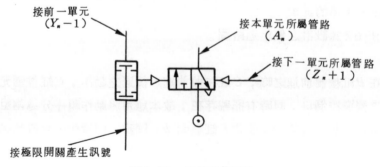

圖 9-63　記憶機能單元

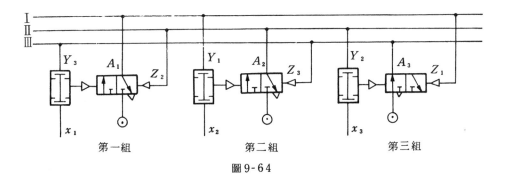

第一組　　　　　　　第二組　　　　　　　第三組

圖 9-64

一位閥或 5/2 一位閥）及一雙壓閥，管路接線說明如圖所示，惟須注意者，採用循環步進法時，動作順序分組至少要在 3 組（含）以上。

　　某一動作順序分爲三組，故有三條輸出管路配合三套記憶機能單元，如圖 9-64 所示。剛開始，只有第三條輸出管路有壓縮空氣，此時若第一組之 x_1 有訊號輸入，則 $A_1Y_1Z_1$ 有輸出，壓縮空氣由第 I 條輸出管路送出，第 II、III 兩條輸出管路經由 3/2 一位閥排氣。欲使第 I 條輸出管路送出壓縮空氣改由第 II 條，則由第二組之 x_2 輸入訊號控制，$A_2Y_2Z_2$ 有輸出，此時第 II 條輸出管路有壓縮空氣，第 I、III 條輸出管路經由 3/2 一位閥排氣。同理由 x_3 輸入訊號，則第 III 條輸出管路有壓縮空氣輸出，而第 I、II 條輸出管路經 3/2 一位閥排氣。

　　循環步進法又可分爲最簡法和最多法。採用最簡法設計氣壓廻路其分組原則如同串級法，不同串級法的是分組爲最初動作及最後動作不管是否可同一組，均各自形成一組。採用最多法是將動作順序分組時每一動作順序各成一組，此種方式所用閥件較多，除非欲獲得正確而可靠的操作，否則不輕易採用最多法設計氣壓廻路。

　　以下以例題說明如何以循環步進法設計氣壓廻路。

例題 1（最簡法）

　　圖 9-65 爲特別工件的標誌衝印示意圖，在一特別工件上衝印標誌。用手將工件放置在夾定器中。氣缸 A，B 及 C 連續衝印標誌。每一氣缸在完成衝印操作後須馬上回到它的端點位置。圖 9-66 爲其位移—步驟圖。

　(1)　將位移—步驟圖中之工作元件之運動順序以英文字母表示，如

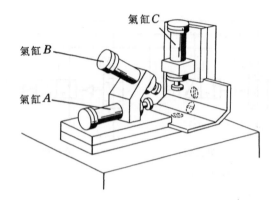

圖9-65　示意圖

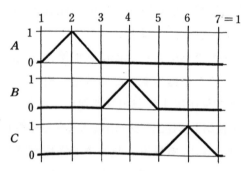

圖9-66　動作順序 $A+A-B+B-$
　　　　　 $C+C-$ 之位移—步驟圖

$$A+A-B+B-C+C-$$

(2) 將動作順序分組，區分的組別即是輸出管路數，分組之原則如同串級法。

$$A+ \, / \, A-B+ \, / \, B-C+ \, / \, C-$$

　　　　　1　　　　2　　　　3　　　　4

(3) 繪上氣壓缸及其控制元件，並在元件上以字母命名，控制元件兩邊依符號標示"＋"或"－"。（圖9-67）

(4) 繪上輸出管路數和每一記憶機能單元（圖9-67）。

(5) 訊號之產生是利用活塞桿作動極限開關，極限開關依作動順序依序繪入並標示字母（圖9-68）。整個廻路控制順序如下：

$A+ \rightarrow a_1 \rightarrow x_2 \rightarrow$ 第2條輸出管路 $\rightarrow A- \rightarrow a_0 \rightarrow B+ \rightarrow b_1 \rightarrow x_3 \rightarrow$ 第3條輸出管路 $\rightarrow B- \rightarrow b_0 \rightarrow C+ \rightarrow c_1 \rightarrow x_4 \rightarrow$ 第4條輸出管路 $\rightarrow C- \rightarrow c_0 \rightarrow x_1 \rightarrow$ 第1條輸出管路

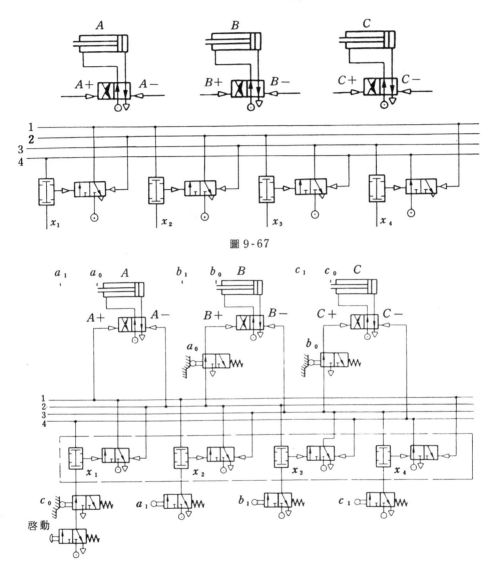

圖 9-67

圖 9- 68 氣壓廻路圖

(6) 加入起動開關，起動開關之裝置原則如同串級法。

(7) 如有輔助狀況，則當基本順序完成設計之後再適當的加入。

例題 2（最多法）

　　如將例題 1 之最簡法改爲以最多法設計，其分組如下：

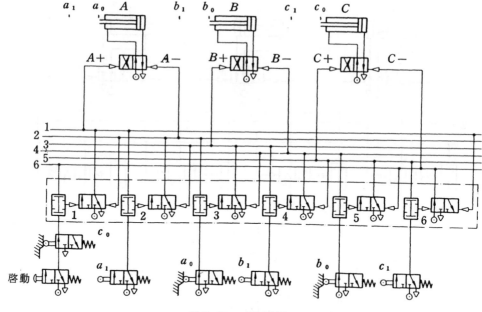

圖 9-69　氣壓廻路圖

$$\frac{A+}{1}\Bigg/\frac{A-}{2}\Bigg/\frac{B+}{3}\Bigg/\frac{B-}{4}\Bigg/\frac{C+}{5}\Bigg/\frac{C-}{6}$$

廻路之設計順序如同例題 1 ，圖 9-69 為其廻路圖

討論：

(1)　由圖 9-68 及圖 9-69 讀者可知，最多法設計之廻路用了較多的雙壓閥及 3/2—位閥。

(2)　最多法設計之廻路其 $A+A-B+B-C+C-$ 之控制線直接在其所屬輸出管路上，不和極限開關串聯，故可確保正確操作。

(3)　a_0 ，b_0 ，c_0 在廻路未操作前皆在致動狀態，故以通路表示。

例題 3（最多法）

圖 9-70 為鑄件的噴珠處理示意圖，鑄件的二個分肢皆須噴珠處理。用手將鑄件放置在夾緊夾定器內，並藉氣缸 A 夾緊。然後氣缸 B 按照預先決定時間開啓噴珠噴嘴。氣缸 B 關閉噴珠噴嘴閥瓣後，氣缸 C 移動噴嘴至第二分肢位置。重覆噴珠操作。當第二"噴珠"操作完成，氣缸 C 回行至起始位置。氣缸 A 鬆開夾緊，從夾定器取下鑄件。圖 9-71 為其位移—步驟圖。

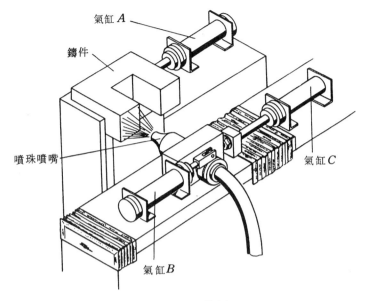

圖 9-70 示意圖

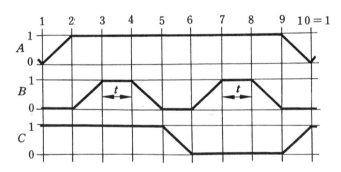

圖 9-71 動作順序 $A+B+$ ⓣ $B-C-B+$ ⓣ $B-A-$ 之位移－步驟圖
$$C+$$

分組：$A+$ | $B+$ | ⓣ $B-$ | $C-$ | $B+$ | ⓣ $B-$ | $A-$
$C+$

  1   2   3   4   5   6   7

　依據前述之設計順序，圖9-72爲其氣壓廻路圖。

討論：

(1) 由氣缸之動作順序可知，B缸前進、後退各兩次，故必須藉助梭動閥做
　　訊號處理。

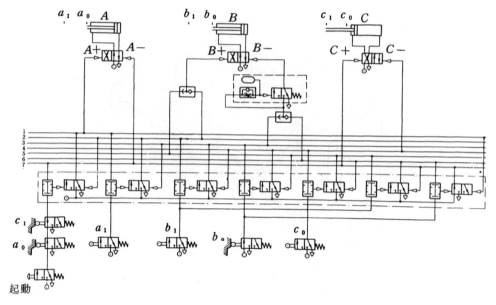

圖 9-72　　氣壓廻路圖

(2)　*B* 缸前進壓到 b_1 延遲一段時間 t ，故在使 *B* 缸後退之控制線串接一延時閥完成此項工作。

(3)　注意 *C* 缸之起始位置為伸出。

(4)　a_0 、c_1 串接是在保證 *A* 、*C* 兩缸皆回到起始位置方可進行下一循環。

(5)　c_1 ，a_0 ，b_0 在起始位置皆是致動狀態，故以通路表示。

例題 4（最簡法）

圖 9-73 為一鉚釘鉚合夾定器示意圖，二個金屬片料工件鉚合在一起。工件係放置在滑行臺 2 及 3 內。氣缸 *A* 外伸及帶動滑行臺 1 使鉚合站 *N*1 進入鉚合位置。鉚合頭 *D* 完成一鉚合操作。當第一鉚合操作完成後，氣缸 *C* 帶動滑行臺 2 至鉚合站 *N*2。鉚合頭 *D* 再一次完成它的鉚合操作。在第二鉚合操作以後，氣缸 *C* 使滑行臺 2 回行至起始位置及氣缸 *A* 使滑行臺 1 進入起始位置。鉚合站 *N*3 因此在鉚合頭 *D* 下面，完成鉚合操作。此後，氣缸 *B* 移動滑行臺 3 至鉚合站 *N*4。鉚合頭 *D* 完成它的鉚合操作。氣缸 *B* 使滑行臺 3 回行到端點位置後，即可除下完工工件。圖 9-74 為其位移—步驟圖。

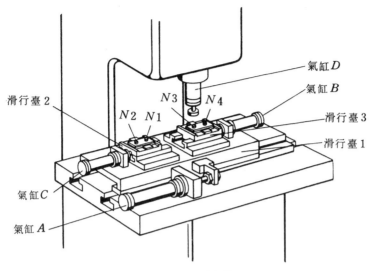

圖 9-73　示意圖

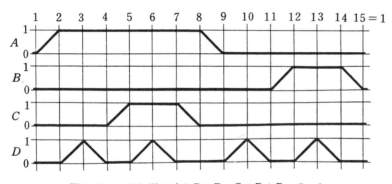

圖 9-74　動作順序 $A+D+D-C+D+D-C-A$
$-D+D-B+D+D-B-$ 之位移－步驟圖

分組：$A+D+$ ／ $D-C+$ ／ $D+$ ／ $D-C-A-$ ／ $D+$ ／ $D-B+$ ／ $D+$ ／ $D-B-$
　　　　 1 ／ 2 ／ 3 ／ 4 ／ 5 ／ 6 ／ 7 ／ 8

　　將動作順序分組，依據前述設計順序，圖 9-75 為其氣壓廻路圖。

討論：

(1)　本例分組後當 D 缸後退（$D-$）壓到 d_0 產生之動作有 $C+$，$C-$，$B+$，$B-$ 故必須配合雙壓閥做訊號處理。

(2)　D 缸前進、後退各四次，故須以梭動閥做訊號處理。

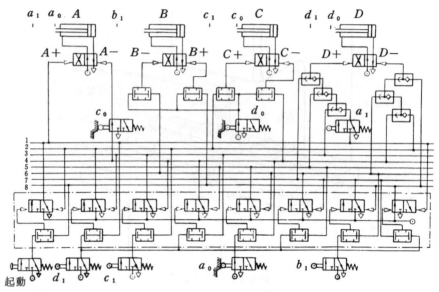

圖 9-75 氣壓廻路圖

例題 5（最多法）

如將例題 4 改爲最多法設計，其分組如下：

$$A+\bigg/D+\bigg/D-\bigg/C+\bigg/D+\bigg/D-\bigg/C-\bigg/A-\bigg/D+\bigg/D-\bigg/B+\bigg/D+\bigg/D-\bigg/B-$$
$$1\bigg/2\bigg/3\bigg/4\bigg/5\bigg/6\bigg/7\bigg/8\bigg/9\bigg/10\bigg/11\bigg/12\bigg/13\bigg/14$$

廻路之設計如前所述，圖 9-76 爲其氣壓廻路圖。

※ 9-4 邏輯設計法

邏輯設計法主要是利用卡氏圖化簡以求出邏輯方程式，再由邏輯方程式繪出氣壓廻路。在學習卡氏圖化簡之前，必須先對布氏代數有所了解。

※ 9-4-1 布氏代數

布氏代數（Boolean Algebra）是 1854 年由喬治布林（Geogre Boole）所發表，此種新的代數原來只是純數學的理論。可是後來由於邏輯電路系統的發展，使它成爲解決數位邏輯電路上的最佳數學工具，所以要學邏輯電路，先要懂布氏代數。

布氏代數是一種雙態或二進位代數。所謂雙態代數是說布氏代數的變數值只有 0 與 1 二種，這正和電路系統通常只有開與關（ON／OFF）二種狀態一

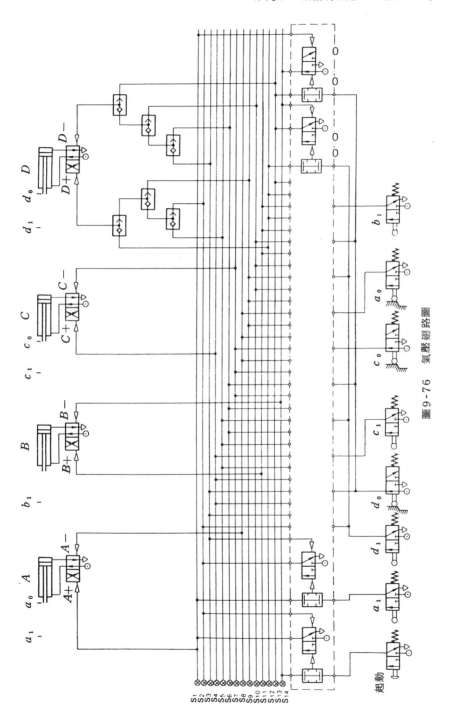

圖 9-76　氣壓廻路圖

樣。所以從物理意義而言，布氏代數的 0 狀態即相對電路中關（OFF）的狀態。1 狀態即相對於開（ON）的狀態。

一般代數中我們用大小寫英文字母來代表變數，如 $A=0.9$，$B=10$，$y=112$，……等等。而布氏代數也是用大小寫英文字母來代表變數，不同地只是布氏代數的變數值只能有 0 與 1 二種，如 $A=0$，$X=1$，$C=0$，……等等，而且當某一變數值爲 1 時，就不等於 0。爲 0 時就不等於 1。如 $x=1$ $\Rightarrow x \neq 0$。

一般代數中的基本運算有 " + "，" － "，" × "，" ÷ " 四種，而運算元和運算後的結果以 " = " 號連接，而布氏代數的基本運算有 NOT、AND、OR 三種，在 " = " 號左邊是運算元（或 INPUT ）間的運算，" = " 號右邊即運算結果（或 output ），其觀念和普通代數一樣，茲將三種基本運算介紹如下：

NOT運算：NOT 是否定運算，0 的否定爲 1。其符號爲變數上加上一橫槓，如 $X=1$，則 $\overline{X}=0$，NOT 的相對基本電子元件爲反閘（NOT gate）。其說明如下圖。input，output 關係表，我們稱眞值表。

布氏代數表示法　　　邏輯符號　　　　　氣壓符號　　　　　眞值表

$$Y = \overline{a} \qquad a \longrightarrow \!\!\!\! \triangleright\!\!\circ\!\!-\!\! Y(=\overline{a})$$

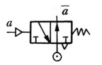

input	output
a	Y
0	1
1	0

當有二個 NOT 運算可視爲回到原來狀態

例如：　$y = \overline{\overline{a}} \quad \Rightarrow \quad y = a$

由此可類推　$a = \overline{\overline{a}} = \overline{\overline{\overline{\overline{a}}}} \cdots$

$\overline{a} = \overline{\overline{\overline{a}}} = \overline{\overline{\overline{\overline{\overline{a}}}}} \cdots$

AND運算：AND 運算的定義爲全部 input 爲 1 時，output 才爲 1，否則爲 0，其符號爲 " . "。

　　　　　布氏代數表示法　　　　　邏輯符號

$$Y = a \cdot b \qquad \begin{array}{c} a \\ b \end{array} \!\!\!\longrightarrow\!\!\!\! \boxed{D} \!\!-\!\! Y$$

氣壓符號　　　　　　　　　　　　　眞值表

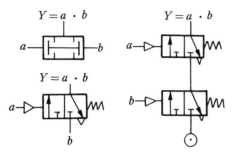

input		output
a	b	Y
0	0	0
0	1	0
1	0	0
1	1	1

OR運算： OR運算定義爲只要有一個 input 爲 1 ，output 則爲 1 ，其符號爲 " ＋ " 。

布林代數表示法　　　邏輯符號　　　氣壓符號　　　　　眞值表

$Y = a + b$

$Y = a + b$

input		output
a	b	Y
0	0	0
0	1	1
1	0	1
1	1	1

　　有了上面運算的觀念，我們可以很容易證明下列定理，定理證明方法可由 " ＝ " 號兩邊眞值表結果比較得證，定理公式整理如下：

(1)　$\bar{\bar{a}} = a$　　　　　(6)　$a \cdot 1 = a$

(2)　$a + 1 = 1$　　　　(7)　$a \cdot 0 = 0$

(3)　$a + 0 = a$　　　　(8)　$a \cdot \bar{a} = 0$

(4)　$a + \bar{a} = 1$　　　　(9)　$a \cdot a = a$

(5)　$a + a = a$　　　　(10)　交換律① $a + b = b + a$ ② $a \cdot b = b \cdot a$

(11)　結合律

　　① $a + (b + c) = (a + b) + c$

　　② $a \cdot (b \cdot c) = (a \cdot b) \cdot c$

(12)　分配律

　　① $a + (b \cdot c) = (a + b) \cdot (a + c)$

　　② $a \cdot (b + c) = (a \cdot b) + (a \cdot c)$

⒀ 吸收律

① $a + (a \cdot b) = a$

② $a \cdot (a + b) = a$

③ $a + \overline{a} b = a + b$

④ $(a + b)(a + c) = a + bc$

例題 1

證明公式(5)(9) $a + a = a \cdot a = a$

a	$a + a$	$a \cdot a$
1	1	1
0	0	0

例題 2

證明(8) $a \cdot \overline{a} = 0$

a	$\overline{a}$	$a \cdot \overline{a}$
1	0	0
0	1	0

例題 3

證明公式 $(12, ①)$ $a + (b \cdot c) = (a + b) \cdot (a + c)$

a	b	c	$(b \cdot c)$	$a + (b \cdot c)$	$(a+b)$	$(a+c)$	$(a+b) \cdot (a+c)$
0	0	0	0	0	0	0	0
0	0	1	0	0	0	1	0
0	1	0	0	0	1	0	0
0	1	1	1	1	1	1	1
1	0	0	0	1	1	1	1
1	0	1	0	1	1	1	1
1	1	0	0	1	1	1	1
1	1	1	1	1	1	1	1

例題 **4**

證明公式（13,①）　　$a + (a \cdot b) = a$

a	b	$(a \cdot b)$	$a + (a \cdot b)$
0	0	0	0
0	1	0	0
1	0	0	1
1	1	1	1

例題 **5**

證明公式（13,③）　　$a + \overline{a}b = a + b$

a	b	$\overline{a}$	$\overline{a}b$	$a + \overline{a}b$	$a + b$
0	0	1	0	0	0
0	1	1	1	1	1
1	0	0	0	1	1
1	1	0	0	1	1

⑭　棣莫根定律（Dei 'Morgan's Theorem）

　　(a) $\overline{a + b} = \overline{a} \cdot \overline{b}$ ………第一定律

　　(b) $\overline{a \cdot b} = \overline{a} + \overline{b}$ ………第二定律

證明棣莫根定律：

a	b	$\overline{a+b}$	$\overline{a} \cdot \overline{b}$	$\overline{a \cdot b}$	$\overline{a} + \overline{b}$
0	0	1	1	1	1
0	1	0	0	1	1
1	0	0	0	1	1
1	1	0	0	0	0

依次可推廣證明出

$$\overline{a + b + c} = \overline{a} \cdot \overline{b} \cdot \overline{c} \qquad \overline{a + b + c + d} \cdots = \overline{a} \cdot \overline{b} \cdot \overline{c} \cdot \overline{d} \cdots$$

$$\overline{a \cdot b \cdot c} = \overline{a} + \overline{b} + \overline{c} \qquad \overline{a \cdot b \cdot c \cdot d} \cdots = \overline{a} + \overline{b} + \overline{c} + \overline{d} + \cdots$$

利用前述之基本定理，可將布氏代數予以化簡。在化簡過程中，可能需要一些技巧，以下將以例題說明布氏代數運算式子的化簡。

例題 6

$$Y = \overline{b}\,\overline{c}\,a + \overline{b}\,c\,a + b\,\overline{c}\,a + b\,c\,\overline{a} + b\,c\,a$$

$$= (\overline{b}\,\overline{c}\,a + b\,\overline{c}\,a) + (\overline{b}\,c\,a + b\,c\,a) + b\,c\,\overline{a}$$

$$= \overline{c}\,a\,(\overline{b}+b) + c\,a\,(\overline{b}+b) + b\,c\,\overline{a} \cdots (12.②)$$

$$= \overline{c}\,a + c\,a + b\,c\,\overline{a} \cdots (4)$$

$$= a\,(\overline{c}+c) + b\,c\,\overline{a} \cdots (12.②)$$

$$= a + b\,c\,\overline{a} \cdots (4)$$

$$= a + b\,c \cdots (13.③)$$

例題 7

$$X\,\overline{Y}\,Z + X\,\overline{Y}\,\overline{Z}$$

$$= X\overline{Y}\,(Z+\overline{Z}) \cdots (12.②)$$

$$= X\overline{Y} \cdot 1 \cdots (4)$$

$$= X\overline{Y}$$

例題 8

$$\overline{A}\overline{B}D + \overline{B}C\overline{D} + ABC + A\overline{B}D$$

$$= \overline{B}D\,(A+\overline{A}) + \overline{B}C\overline{D} + ABC \cdots (12.②)$$

$$= \overline{B}D + \overline{B}C\overline{D} + ABC \cdots (4)$$

$$= \overline{B}\,(D+C\overline{D}) + ABC \cdots (12.②)$$

$$= \overline{B}[\,(D+C)\cdot(D+\overline{D})\,] + ABC \cdots (12.①)$$

$$= \overline{B}\,(D+C) + ABC \cdots (4)(6)$$

$$= \overline{B}D + \overline{B}C + ABC \cdots (12)$$

$$= \overline{B}D + C\,(\overline{B}+AB) \cdots (12)$$

$$= \overline{B}D + C[\,(\overline{B}+A)\cdot(\overline{B}+B)\,] \cdots (12)$$

$$= \overline{B}D + C[\,(\overline{B}+A)\,] \cdots (4)(6)$$

$$= \overline{B}D + \overline{B}C + AC \cdots (12)$$

例題 **9**

$$(a + b c) \cdot (a + c d)$$
$$= a + a b c + a c d + b c d \cdots\cdots (12)$$
$$= a + a c d + b c d \cdots\cdots (13.①)$$
$$= a + b c d \cdots\cdots (13.①)$$

例題 **10**

$$XZ + YZ + \overline{X}Y$$
$$= XZ + YZ (X + \overline{X}) + \overline{X}Y \cdots\cdots （由(4)(6)加入適當項）$$
$$= XZ + YZX + YZ\overline{X} + \overline{X}Y \cdots\cdots (12)$$
$$= XZ (1 + Y) + \overline{X}Y (Z + 1) \cdots\cdots (12)$$
$$= XZ + \overline{X}Y \cdots\cdots (2)(6)$$

例題 **11**

$$\overline{(\overline{A}B\overline{C} + D) \cdot E}$$
$$= \overline{\overline{A}B\overline{C} + D} + \overline{E} \cdots\cdots (14)$$
$$= \overline{\overline{A}B\overline{C} \cdot \overline{D}} + \overline{E} \cdots\cdots (14)$$

※ 9-4-2　卡氏圖化簡法

　　由基本公式加以化簡時，必須十分熟悉公式，加上須要一些技巧，所以化簡起來並不容易。卡氏圖是一種很簡便的化簡法，其原理仍是由布氏代數導出，它是直接由真值表填入卡氏圖，而後找出最簡單的方程式，使得化簡變得更簡單。

　　卡氏圖是一種矩陣圖表，表中的每一小格代表各變數組合的情況，對於二變數的函數，共有 2^2 種組合，即有 2^2 個方格，三變數有 2^3 個方格，N 變數則有 2^N 個方格。對於二變數、三變數、四變數、五變數的卡氏圖如下：

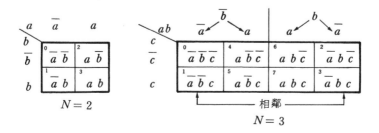

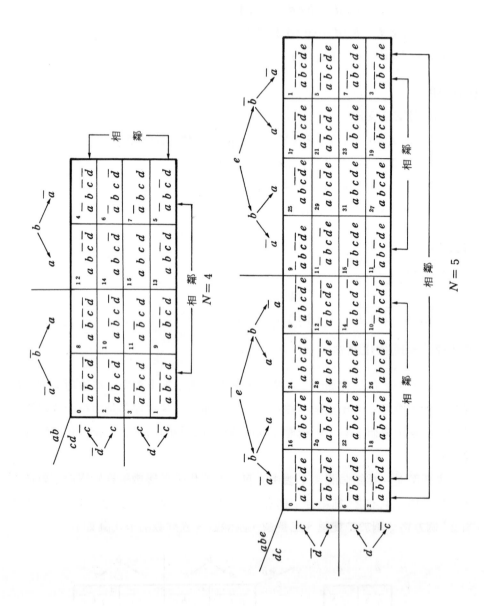

卡氏圖中變數排列最大的規則是相鄰的二小方格，只能有一變數變化，例如 $N=4$ 圖中第一行中 $\overline{a}\,\overline{b}\,c\,\overline{d}$，$a\,\overline{b}\,c\,\overline{d}$，$a\,b\,\overline{c}\,\overline{d}$，$\overline{a}\,b\,c\,\overline{d}$，都只相差一變數，卡氏圖中相鄰不僅是格子與格子相連在一起而已，而是只要三個變數以上組成之小區域，其上下左右邊界均視爲相鄰，卽左邊界格子和右邊界格子相鄰，上邊界格子與下邊界格子爲相鄰。如 $N=4$ 的卡氏圖中與 $\overline{a}\,\overline{b}\,\overline{c}\,\overline{d}$ 相鄰的格子有 $a\,\overline{b}\,\overline{c}\,\overline{d}$，$\overline{a}\,b\,\overline{c}\,\overline{d}$，$\overline{a}\,\overline{b}\,c\,\overline{d}$，$\overline{a}\,\overline{b}\,\overline{c}\,d$，$N=5$ 的卡氏圖中 $\overline{a}\,\overline{b}\,\overline{c}\,\overline{d}\,\overline{e}$，與 $a\,\overline{b}\,\overline{c}\,\overline{d}\,\overline{e}$，$\overline{a}\,b\,\overline{c}\,\overline{d}\,\overline{e}$，$\overline{a}\,\overline{b}\,c\,\overline{d}\,\overline{e}$，$\overline{a}\,\overline{b}\,\overline{c}\,d\,\overline{e}$，$\overline{a}\,\overline{b}\,\overline{c}\,\overline{d}\,e$ 等格子相鄰，卡氏圖的相鄰可視爲一種立體的型態。

化簡卡氏圖的第一步是把要化簡式子的邏輯值填入，或從眞值表中直接填入卡氏圖，通常只把 1 值填入適當的格子中。如果函數變數有缺項，則缺少的那項相對正反格子均要填入。

例題 12

$Y=\overline{a}\,\overline{b}\,\overline{c}+a\,\overline{b}\,\overline{c}+a\,b\,\overline{c}$，畫出其卡氏圖，並將值填入

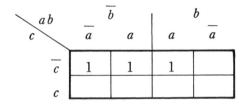

例題 13

$Y=\overline{b}\,\overline{c}+a\,\overline{c}$ 畫出其卡氏圖，並將值填入

$Y=\overline{b}\,\overline{c}+a\,\overline{c}$ 有缺變數

而

$$\overline{b}\,\overline{c}=(a+\overline{a})\overline{b}\,\overline{c}=a\,\overline{b}\,\overline{c}+\overline{a}\,\overline{b}\,\overline{c}$$

$$a\,\overline{c}=(b+\overline{b})a\,\overline{c}=a\,\overline{b}\,\overline{c}+a\,b\,\overline{c}$$

$$\therefore Y=a\,\overline{b}\,\overline{c}+\overline{a}\,\overline{b}\,\overline{c}+a\,\overline{b}\,\overline{c}+a\,b\,\overline{c}=a\,\overline{b}\,\overline{c}+\overline{a}\,\overline{b}\,\overline{c}+a\,b\,\overline{c}$$

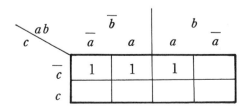

※例題 12，例題 13 爲同一例子，例題 13 只是例題 12 的化簡式。

　　接下來我們將出現 1 的相鄰格子畫圈，畫圈的格子必須相鄰，而畫圈的方格數必是 1、2、4、8、16……等，因爲相鄰二格可消去一變數，相鄰四格可消去二變數，相鄰八格可消去三變數……等，畫的圈越大越好，因爲每一個圈都能使其圈內的函數化簡，最後將各圈化簡後的式子全部 " ＋ " 起來即可求得化簡式，爲了求得更大的面積，被圈過的格子可重覆再圈。

例題 14

化簡(1) $f = ab + a\overline{b}$　　(2) $f = a\overline{b}\overline{c} + ab\overline{c}$

卡氏圖中相鄰二格可消去一變數，從卡氏圖中可觀察得之化簡結果。

(1)

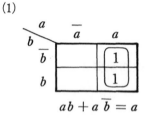

$$ab + a\overline{b} = a$$

(2)

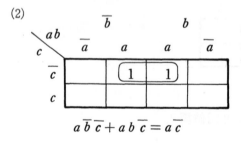

$$a\overline{b}\overline{c} + ab\overline{c} = a\overline{c}$$

例題 15

化簡(1) $f = a\overline{b}\overline{c} + ab\overline{c} + a\overline{b}c + abc$

(2) $f = \overline{a}\overline{b}\overline{c}\overline{d} + \overline{a}\overline{b}c\overline{d} + \overline{a}\overline{b}cd + \overline{a}\overline{b}\overline{c}d$

(3) $f = a\overline{b}\overline{c}\overline{d} + ab\overline{c}\overline{d} + a\overline{b}\overline{c}d + ab\overline{c}d$

4 小格相鄰，可消去二變數

(1)

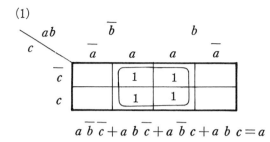

$$\overline{a}\,\overline{b}\,\overline{c}+a\,b\,\overline{c}+a\,\overline{b}\,c+a\,b\,c=a$$

(2)

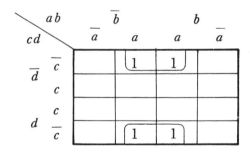

$$\overline{a}\,\overline{b}\,\overline{c}\,\overline{d}+\overline{a}\,\overline{b}\,c\,\overline{d}+\overline{a}\,\overline{b}\,c\,d+\overline{a}\,\overline{b}\,\overline{c}\,d=\overline{a}\,\overline{b}$$

(3)　上邊界與下邊界也視爲相鄰，故可消去二變數

ab cd		$\overline{b}$		b	
		$\overline{a}$	a	a	$\overline{a}$
$\overline{d}$	$\overline{c}$		1	1	
	c				
d	c				
	$\overline{c}$		1	1	

$$a\,\overline{b}\,c\,\overline{d}+a\,b\,c\,\overline{d}+a\,\overline{b}\,\overline{c}\,d+a\,b\,\overline{c}\,d=a\,\overline{c}$$

例題 **16**

化簡(1) $f=a\,\overline{d}+a\,\overline{b}\,c\,d+a\,\overline{b}\,\overline{c}\,d+a\,b\,c\,d+a\,b\,\overline{c}\,d$

　　(2) $f=\overline{a}\,\overline{b}\,\overline{d}+\overline{a}\,b\,d+\overline{a}\,b\,\overline{c}\,\overline{d}+\overline{a}\,b\,c\,\overline{d}+a\,b\,d$

相鄰 8 小格可消除三變數

(1)

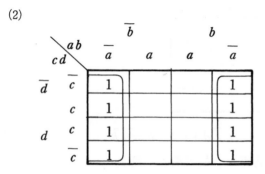

$$a\overline{d}+a\overline{b}\,\overline{c}\,d+a\overline{b}\,\overline{b}\,c\,d+a\,b\,c\,d+a\,b\,\overline{c}\,d=a$$

(2)

$$\overline{a}\,\overline{b}\,\overline{d}+\overline{a}\,\overline{b}\,d+\overline{a}\,b\,c\,\overline{d}+\overline{a}\,b\,c\,\overline{d}+\overline{a}\,b\,d=\overline{a}$$

例題 17

化簡 $\overline{a}\,\overline{b}\,\overline{c}+a\,\overline{b}\,\overline{c}+a\,b\,\overline{c}$

分別圈二個圈圈，被圈過的格子，可以重覆被圈。二個圈化簡式分別為 $\overline{b}\,\overline{c}$，$a\,\overline{c}$，" ＋ "起來就是最後化簡式。

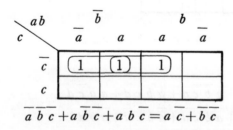

$$\overline{a}\,\overline{b}\,\overline{c}+a\,\overline{b}\,\overline{c}+a\,b\,\overline{c}=a\,\overline{c}+\overline{b}\,\overline{c}$$

例題 18

化簡 $\overline{b}\,\overline{c}\,a+\overline{b}\,c\,a+b\,\overline{c}\,a+b\,c\,\overline{a}+b\,c\,a$

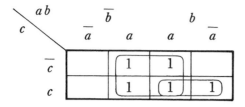

$$\overline{b}\,\overline{c}\,a+\overline{b}\,c\,a+b\,\overline{c}\,a+b\,c\,\overline{a}+b\,c\,a=a+b\,c$$

例題 19

化簡 $\overline{a}\,\overline{b}\,d+\overline{b}\,c\,\overline{d}+a\,b\,c+a\,\overline{b}\,d$

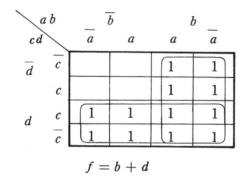

$$f = b + d$$

例題 20

化簡 $f = \overline{a}\,\overline{b}\,\overline{d}+\overline{a}\,b\,\overline{d}+\overline{a}\,\overline{b}\,c\,d+\overline{a}\,b\,\overline{c}\,d+a\,c\,\overline{d}$

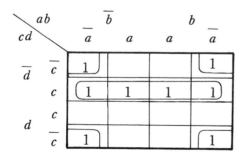

上下左右邊界，都是相鄰，$f = \overline{a}\,\overline{c}+c\,\overline{d}$

例題 21

化簡 $f = b\,\overline{d}+\overline{a}\,\overline{b}\,d+ad+\overline{a}\,b\,c\,d+\overline{a}\,b\,\overline{c}\,d$

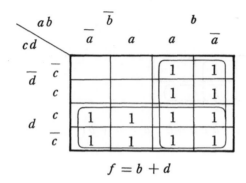

$$f = b + d$$

※ 9-4-3 氣壓廻路設計

邏輯設計法適用於純氣壓控制及電氣氣壓控制，藉邏輯運算以布氏代數或卡氏圖來化簡，此為理論化方法，非常有效。

邏輯設計法是依據控制要求，求出邏輯方程式，然後繪出控制廻路。以 $A + B + B - A -$ 的動作順序為例，圖9-77系其動作部份圖，圖9-78系其位移一步驟圖，圖中所示的狀態系指那一步驟那一極限開關被作動，如動作 $A +$，極限開關 a_0，b_0 被壓住，故狀態為 $a_0 b_0$，以二進位代號為00。將圖9-78所示的狀態填入卡氏圖，如圖9-79，動作 $A +$ 在第0方格，下一動作 $B +$ 在第2方格，動作 $B -$ 在第3方格，動作 $A -$ 又回到第2方格，動作順序如箭頭所

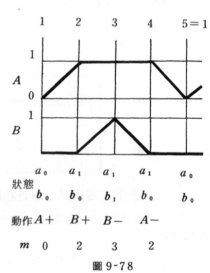

圖 9-78

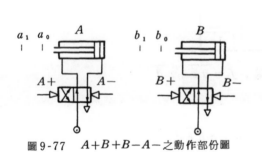

圖9-77 $A + B + B - A -$ 之動作部份圖

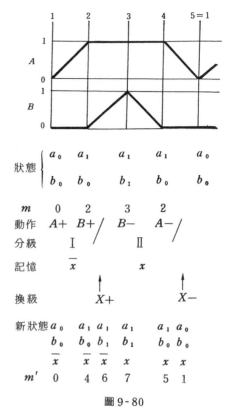

圖9-80

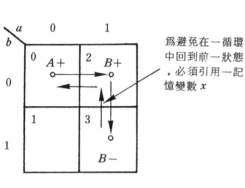

圖9-79

示，方格代號 m 為0232，其中動作 $B+$、$A-$ 的狀態均為 $a_1 b_0$，均在第2方格，因此當動作 $A+$ 之後，下一動作是 $A-$ 或 $B+$，實是難以決定，而有誤動作產生，因此必須加以區分。

用串級法設計氣壓廻路，由於各級氣壓源不同，故可防止誤動作產生。在此依據串級法分級的方法將動作順序 $A+B+B-A-$ 分為二級，並為避免在一循環中回到前一狀態，而必須引用一記憶變數 X。把 $a_0 a_1 b_0 b_1$ 四個開關變數稱為主變數，在設計中需要加入的變數叫做副變數 X。圖9-80系將動作順序 $A+B+B-A-$ 依串級法分級分為兩級，並加入一記憶變數 X，其中由 $\bar{x}(0)$ 變為 $x(1)$ 稱為 $X+$，由 x 變為 $\bar{x}$ 稱為 $X-$，卡諾圖上方格代號 m' 為046751，沒有兩個動作出現同一代號，故可防止誤動作產生。將圖9-80所示新狀態填入卡氏圖中，如圖9-81。觀察圖9-81，整個動作順序依序為

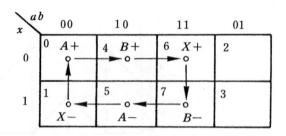

圖 9-81 卡氏圖

$A+B+X+B-A-X-$ 而又回到 $A+$ ，完成一循環。

　　觀察圖 9-77 ，$A+$ 和 $A-$ 不能同時有信號出現 ，$B+$ 和 $B-$ ，$X+$ 和 $X-$ 亦是如此 。因此 $A+$ 和 $A-$ 稱為不共容變數 ，本例計有三組不共容變數 ，這三組要分開繪卡氏圖 。

　　不共容變數卡氏圖的繪製係根據圖 9-81 所示動作順序傳送路徑 ，標記所記憶之狀態 。以 $A+$ ，$A-$ 而言 ，必須先找出 $A+$ ，$A-$ 這兩方格予以填入 ，其餘過程狀態以 1 或 0 填入 。在 $A+$ 到 $A-$ 中間所經過的路徑 ，包含 $B+$ ，$X+$ ，$B-$ ，均以「 1 」填入 ，$A-$ 到 $A+$ 所經過路徑 ，包含 $X-$ ，以「 0 」填入 ，因而得到圖 9-82 (a) 之卡氏圖 。同理亦可得到 $B+B-$ 及 $X+X-$ 兩組卡氏圖

　　不共容變數卡氏圖劃圈規則如下 ：（以圖 9-82 (a) 為求 $A+$ 邏輯方程式為例 ）

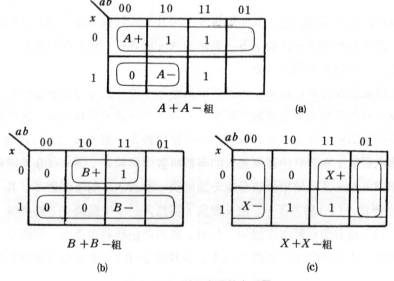

圖 9-82 不共容變數卡氏圖

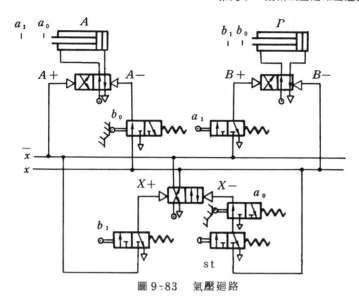

圖 9-83 氣壓廻路

(1) $A+$ 小方格一定要圈入。

(2) 「$A-$」小方格及「0」小方格一定不可圈入。

(3) 「1」小方格及「」小方格可圈入也可不圈入。

　　根據卡氏圖化簡法，可得邏輯方程式如下：

$$A+=\bar{x} \qquad\qquad B-=x$$
$$A-=b_0 \, x \qquad\qquad X+=b_1 \qquad\qquad (9.1)$$
$$B+=a_1 \bar{x} \qquad\qquad X-=a_0 \cdot st$$

　　由（9-1）式可得圖9-83之氣壓廻路。

　　在設計廻路時必須加入多少個副變數，完全依其卡諾圖之方格代號 m 之相同值出現次數而定，如出現二次，加一副變數，出現3次或4次，必須加入兩個副變數。分級時，只能分成二、四或八級，分成二級，用一個副變數，分為四級，用二個副變數，分成八級用三個副變數，餘類推。

例題22

　　有 A、B、C 三支氣壓缸，位移一步驟圖如圖9-84，利用邏輯法設計氣壓廻路。

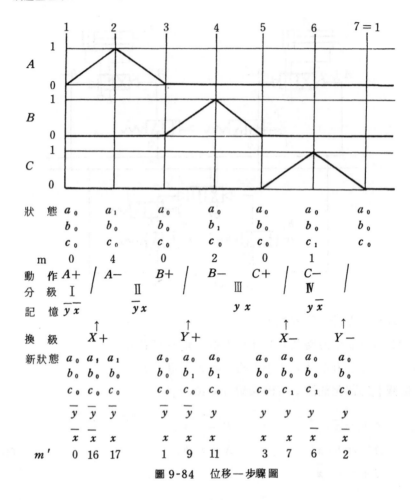

圖 9-84　位移—步驟圖

　　本題依串級法分爲四級，用兩個副變數，圖 9-85 爲其卡氏圖。不共容變數卡氏圖有五組，如圖 9-86 。

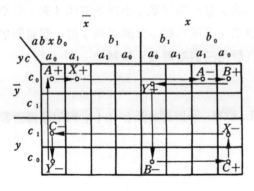

圖 9-85　卡氏圖

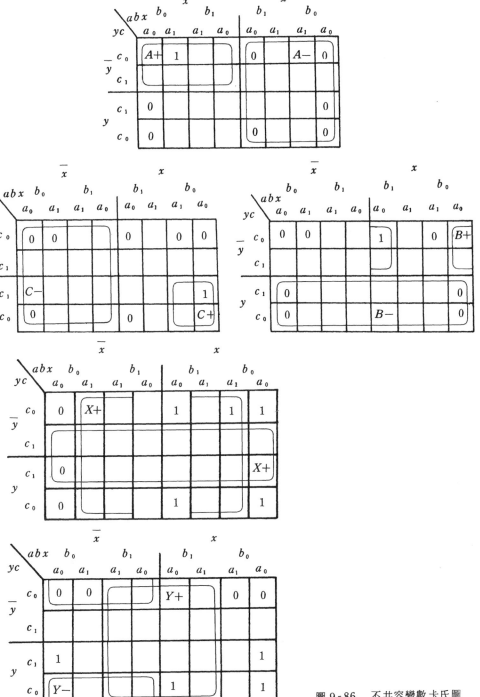

圖 9-86 不共容變數卡氏圖

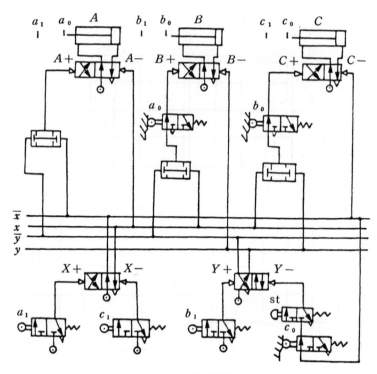

圖9-87　氣壓廻路圖

根據卡氏圖化簡可得邏輯方程式如下：

$$A+ = \overline{y}\,\overline{x}$$
$$A- = x$$
$$B+ = a_0\,\overline{y}\,x$$
$$B- = y$$
$$C+ = b_0\,y\,x$$
$$C- = \overline{x}$$

$$X+ = a_1$$
$$X- = c_1$$
$$Y+ = b_1$$
$$Y- = c_0\,\overline{x}\cdot \mathrm{st}$$

(9-2)

將（9-2）式邏輯方程式繪成氣壓廻路如圖9-87。

※9-5　簡化氣壓邏輯廻路設計

9-4-3 節所述邏輯設計法對工程人員或學生是繁雜而不易瞭解，今依其運動圖觀察，迅速、準確地卽求得邏輯函數答案，而免除了布氏代數或卡氏圖運算過程，此氣壓廻路設計簡化原則如下：

(1)　寫出工作元件的動作情形。

(2)　利用串級法分級，級數愈少愈好。

(3)　每一級的第一個動作之邏輯函數，以其級數表示之。

(4)　其它動作之邏輯函數，以其級數串聯其啓動其本身動作之極限開關表示。

(5)　換級時，以達到換級的極限開關表示其邏輯函數。

(6)　最後一級變為第一級時，除第(5)項所述外，仍須串聯一個啓動開關。

　　今以實際的例子說明此簡化的原則。

例題 23

　　在一木工銑床上銑削一木框中的溝槽，用一氣壓缸 A 壓緊木框，再利用一氣壓 ── 油壓進給單元（B）完成銑床工作台進給工作。

　　運用上述原則求解。（參考圖9-88）

(1)　由位移—步驟圖得知氣壓缸的動作順序為 $A+B+B-A-$（原則①）。

(2)　分為兩級（原則②）。

(3)　邏輯函數之簡化與答案由位移一步驟圖觀察可得，說明如下：

　　①　$A+$ 在第一級的位置，所以 $A+$ 之邏輯函數等於 I，即 $A+=\mathrm{I}$（原則③）。

　　②　$B+$ 在第 I 級位置，其動作必須待 A 氣壓缸運動到 a_1 時才能動作，

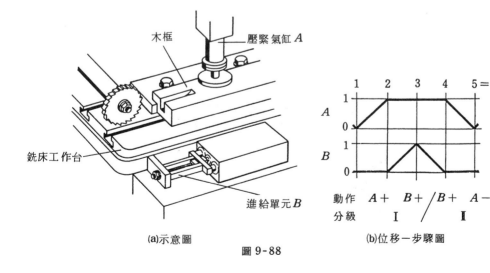

(a)示意圖　　　　　　　　　　(b)位移—步驟圖

圖 9-88

所以 $B+$ 之邏輯函數為 $B+=a_1\mathrm{I}$（原則④）。

③　$B-$ 在第 II 級的位置，所以 $B-$ 之邏輯函數等於 II，即 $B-=\mathrm{II}$。（原則③）。

④　$A-$ 在第二級的位置，其動作必須 B 氣壓缸之動作回到 b_0 位置時才能動作，所以 $A-$ 之邏輯函數為 $A-=b_0\mathrm{II}$。（原則④）

⑤　用第 I 級變為第 II 級必須由 B 氣壓缸運動到 b_1 時，就產生換級動作，所以第 I 級變為第 II 級之邏輯函數 $\mathrm{I}\rightarrow\mathrm{II}=b_1$。（原則⑤）

⑥　第 II 級變為第 I 級必須由 A 氣壓缸運動到 a_0 時才產生換級，所以第 II 級變換為第 I 級之邏輯函數 $\mathrm{II}\rightarrow\mathrm{I}=a_0\cdot\mathrm{st}$。（原則⑥）

(4)　將邏輯函數整理如下：

$$
\begin{aligned}
&A+=\mathrm{I} & &B-=\mathrm{II} \\
&A-=b_0\mathrm{II} & &\mathrm{I}\rightarrow\mathrm{II}=b_1 \\
&B+=a_1\mathrm{I} & &\mathrm{II}\rightarrow\mathrm{I}=a_0\cdot\mathrm{st}
\end{aligned}
\tag{9-3}
$$

將（9-1）式和（9-3）式比較，可知其結果完全相同，故繪出的氣壓廻路如圖 9-83 。

例題 24

軸襯從一滑軌進給到車床，氣壓缸 A 移動鞍架到定位，氣壓缸 B 推送工件至抽拉夾頭，氣壓缸 C 夾緊軸襯，氣壓缸 D 推動切削加工軸襯內徑。用手鬆開及取下工件，一個開動訊號再完成一個新的工作循環。（圖 9-89）。

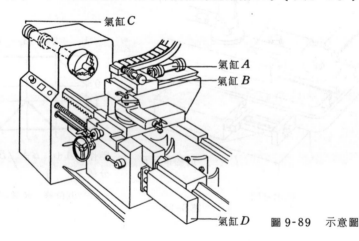

氣缸 C

氣缸 A

氣缸 B

氣缸 D　圖 9-89　示意圖

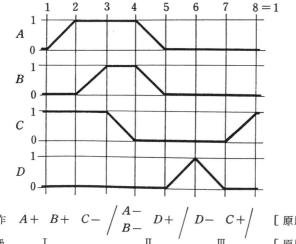

動　作　$A+$　$B+$　$C-$　／　$\begin{matrix}A-\\B-\end{matrix}$　$D+$　／　$D-$　$C+$　／　　〔原則①〕

分　級　　Ⅰ　　　　　　　　Ⅱ　　　　　Ⅲ　　　　〔原則②〕

圖 9-90　位移─步驟圖

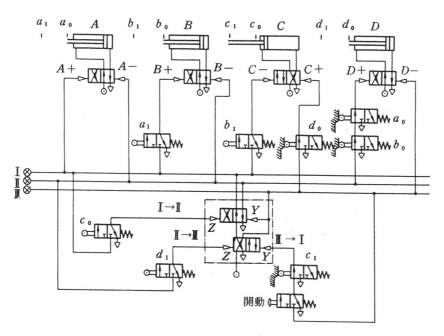

圖 9-91　氣壓廻路圖

依據上面所述原則並參考圖 9-90，得知廻路邏輯函數如下：

$A+=$ Ⅰ　　　　　（原則③）　　　$D-=$ Ⅲ　　　　　（原則③）

$$B += a_1 \text{I} \qquad （原則④）\qquad C += d_0 \text{III} \qquad （原則④）$$

$$C -= b_1 \text{I} \qquad （原則④）\qquad \text{I} \to \text{II} = c_0 \qquad （原則⑤）$$

$$A -= \text{II} \qquad （原則③）\qquad \text{II} \to \text{III} = d_1 \qquad （原則⑤）$$

$$B -= \text{II} \qquad （原則③）\qquad \text{III} \to \text{I} = c_1 \cdot \text{st} \qquad （原則⑥）$$

$$D += a_0 b_0 \text{II} \qquad （原則④）$$

$$(9\text{-}4)$$

將（9-4）式繪成氣壓廻路，如圖9-91。

習　題

9-1 利用直覺法設計氣壓廻路。

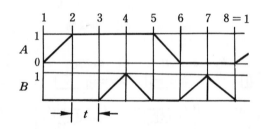

9-2 利用串級法設計氣壓廻路。

(1) $A + B + C + A - A + A -$

$$B -$$

$$C -$$

(2) $A + A - B + C + C - B -$

(3) $A + D + B + A - D - C + B - C -$

9-3 將習題9-2之動作順序改由循環步進法設計。（(a)(b)用最簡法，(c)用最多法）

9-4 利用邏輯法設計氣壓廻路。

(1) $A + B + B - A - B + B -$

(2) $A + B - A - C + B + C -$

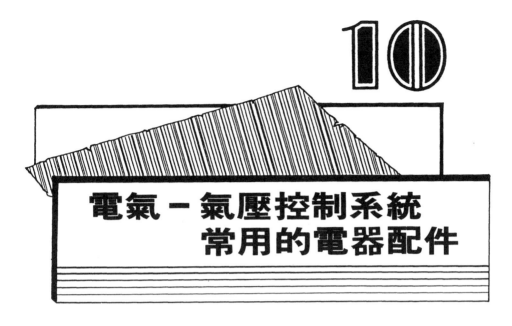

電氣－氣壓控制系統 常用的電器配件

研讀至今，相信各位讀者對氣壓系統所需元組件之構造、功能，如何選用及設計機械氣壓迴路之方法，必定有所了解。底下章節，將詳述有關電氣－氣壓控制系統，亦即說明如何將電氣和氣壓的優點相結合，使其在低成本自動化的領域發揮得淋漓盡致。

一般而言，電氣－氣壓控制是指控制迴路使用電的訊號，而動作部份則使用氣壓之控制方式，二者之連繫則由電磁閥來擔任。電磁閥之解說，詳看第五章。

本章將對氣壓上常用的電氣配件作一簡單扼要的說明，讀者如想對各種配件有更深一層的了解，可參閱廠商所提供之有關參考資料。

10-1 開 關

常用之開關有按鈕開關、微動開關、扳動開關、閘刀開關、切換開關等，分述於后。在討論諸開關之前，先對開關上接點名稱如 a 接點、b 接點、c 接點，做一說明（以按鈕開關為例如圖 10-1）。

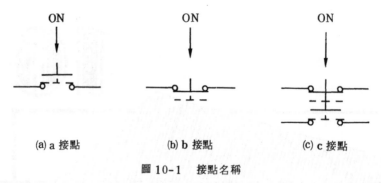

(a) a 接點   (b) b 接點   (c) c 接點

圖 10-1 接點名稱

a 接 點

　　a接點就是開路的接點，其別名稱爲 make contact ，或稱爲常開接點（normally open contact）。如圖 10-1 (a)所示，當用手按下時（ON）接點閉合，手離開時（OFF），接點打開。

b 接 點

　　所謂 b 接點就是閉路的接點，或稱爲常閉接點（normally close contact。如圖 10-1 (b)所示，當用手按下時（ON），接點打開，手離開時（OFF），接點閉合。

c 接 點

　　c接點就是可動接點，具有a接點和b接點的作用，稱爲切換接點或轉移接點。如圖 10-1 (c)所示，當用手按下時（ON），上面接點打開，下面接點閉合，手離開（OFF），則恢復原狀。

　　一般開關的使用，須注意下列問題：

1. 接點容量問題。在開關上標示有電壓、電流如「3A」「120V」，此乃表示其接點在「ON」「OFF」時能承受電壓或電流的能力，叫做"接點容量"。如通過接點的電壓、電流超過其接點容量，則接點易於溶着、劣化，降低開關之壽命。

2. 在直流電路開關的開閉動作，易產生火花，使接點提早劣化，故同一開關在直流電路所能承受的接點容量較交流電路少。

3. 在電感負載（如馬達、電磁線圈）、電燈負載（如白熾電燈、水銀燈）、

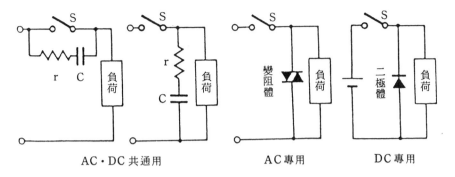

AC・DC 共通用　　　　　　AC 專用　　　　DC 專用

r 之值一般爲數十～數百 Ω ，C 之值爲 $0.1 \sim 0.5$
〔 μF〕程度，依實驗採用最具效果之值。

圖 10-2

電容負載，回路在閉合（電壓加上）之瞬間，會產生比正常值高達數倍到
數十倍的湧浪電流，一般而言，此湧浪電流持續 0.1（s）～ 0.02（s），
故開關接點容量以其正常值的 $1.2\sim 1.5$ 倍即可。

4. 在電感性負載，回路在打開（電壓切斷）之瞬間，會感應發生比正常電壓
高達數十倍的感應電壓，接點間易生火花，故設計如圖 10-2 的火花吸
收電路，以保護接點，防止劣化。

一、按鈕開關

按鈕開關爲常用之電氣配件，常用在起動或停止（緊急停止）之操作。

按鈕開關有基本型和按鈕上附指示燈兩種。附指示燈按鈕在按鈕按下後指
示燈亮表示在操作中。

一般基本型的按鈕開關用手指頭按下使接點之狀態產生轉換，手離開，則
恢復原狀，此叫做自動復置式。然也有手離開時，接點之狀態不恢復原狀，欲
使其恢復原狀，手必須再按按鈕一次。

茲以圖 10-3 基本型按鈕開關說明其操作情形。a 和 b 兩個接頭，在按鈕
未按時是相通的（N.C.），c 和 d 兩接頭爲不通（N.O.）；按下按鈕，則
a 和 b 之接頭變爲不通，c 和 d 接頭變爲通（此接點型式爲 1a1b）；手離開
，內部彈簧之作用恢復原狀。

按鈕開關依其接點之構造分類如下：（見圖 10-4，圖 10-5）

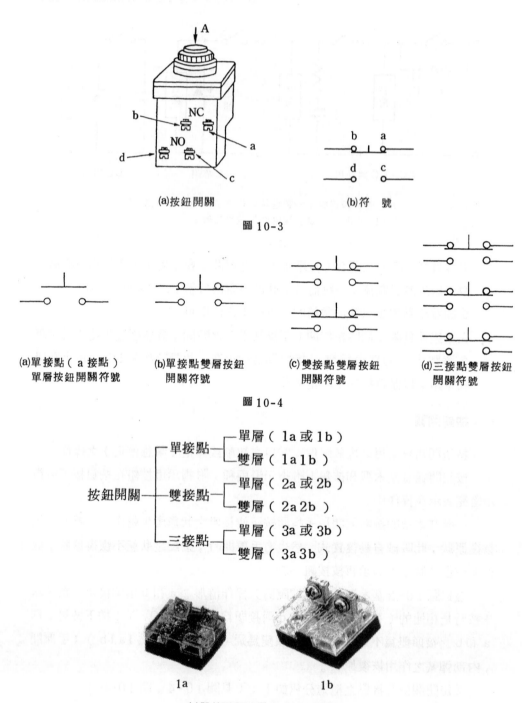

(a)按鈕開關　　　　　　　　　(b)符　號

圖 10-3

(a)單接點（a 接點）　(b)單接點雙層按鈕　(c)雙接點雙層按鈕　(d)三接點雙層按鈕
　單層按鈕開關符號　　開關符號　　　　　開關符號　　　　　開關符號

圖 10-4

按鈕開關 ─── 單接點 ─── 單層（1a 或 1b）
　　　　　　　　　　　　 雙層（1a1b）
　　　　　 雙接點 ─── 單層（2a 或 2b）
　　　　　　　　　　　　 雙層（2a2b）
　　　　　 三接點 ─── 單層（3a 或 3b）
　　　　　　　　　　　　 雙層（3a3b）

1a　　　　　　　　　1b

(a)單接點單層平頭式按鈕開關

圖 10-5

1a1b

(b)單接點雙層按鈕開關

1a1b

(c)單接點雙層附指示燈
按鈕開關

圖10-5　（續）

　　雖然其接點之構造有如此多種，然工業上常用者爲1a1b之形式。又按鈕開關其按下部份有黑、綠、白、紅、褐等各種顏色，通常起動用綠色，停止採用紅色。

二、選擇開關

　　選擇開關其頭部有作成把手和錐形而帶有箭號，抓住此把手向左右轉動某個角度即可達到接頭轉換之目的。選擇開關依其接點之構造有二段式、三段式、多段式。圖10-6爲其實體圖。

　　圖10-7 (a)爲1a1b二段式選擇開關，將帶有箭頭的這種開關的柄朝a或b方向轉動，則分別成爲a′或b′的轉換狀態。圖10-7 (b)爲1a1b三段式，有其中立位置。

圖10-6　二段式選擇開關（ 1a1b ）

(a) 1a1b 2段式　　　　(b) 1a1b 3段式

圖 10-7

　　除此之外，選擇開關尚有2a2b，4a4b型的2段式或3段式構造。

三、扳動開關

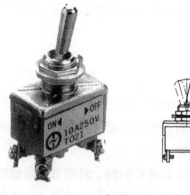

(a)單投

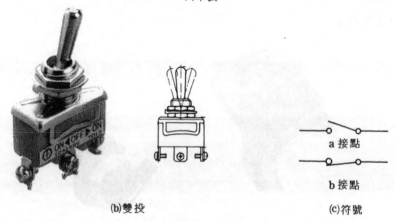

(b)雙投

a 接點

b 接點

(c)符號

圖 10-8　扳動開關

扳動開關爲一種比較小型的開關，有時在控制上須要保持作動後之狀態，此時可採用扳動開關。如圖10-8所示，圖(a)爲單投，圖(b)爲雙投，用手將手柄扳動一邊後，改變接點爲通或不通。

扳動開關除了單獨1組的單極開關之外，還有將2組或4組開關作成一體來全部同時連動的，也就是所謂的2極或4極等。

四、閘刀開關

閘刀開關（KS）就類別而言有單投和雙投，極數有1，2，3極。圖10-9爲一單投3極式開放閘刀開關。

五、微動開關

微動開關，也有人將之稱爲限制開關（ limit switch ），在自動化機器上廣被採用，依其用途，而有各種不同的種類被製造。

微動開關非其形狀微小而被命名，乃是因其具有微小接點間隔與彈簧作用機構之開關。圖 10-10 爲各式各樣的微動開關供各位讀者參考。

氣油壓上常用的微動開關如圖 10-11 ，其內部接線圖如圖 10-12 。在微動開關底部上有三個接頭，分別標有COM、NO、NC 。在氣壓缸活塞桿未碰觸到桿槓或銷時， COM 和 NC 兩個接頭是通的， COM 和 NO 兩個接頭是不通。當桿槓或銷被碰觸到，則改變接點狀態， COM 和 NO 變爲通， COM

(a)外　　觀　　　　　　　　　　單極

(b)符　　號

圖10-9　閘刀開關

C 型   CC型   S 型   VF 型   SDW型   W型

Z 型   Z 型可調整   V 型

X 型   A 型   DZ 型   AG 型   LV 型

V－FL 型

WL型   WLS 型   VV 型

ZD 型   ZE型   ZC 型   ZH 型   DW型

VE 型   AF 型   ZL 型

圖 10-10　各種型式的微動開關

圖 10-11　氣油壓上常用之微動開關

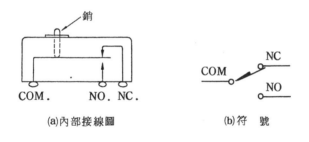

(a)內部接線圖　　　　　(b)符　號

圖 10-12

　　和 NC 接頭變為不通，此接點形式為 1a1b，在應用上視需要接 NO 或 NC 接頭皆可。當然微動開關接點亦有 2a2b 之型式，然在氣壓用控制電氣迴路，1a1b 型之微動開關較常用。

　　圖 10-13 顯示微動開關內部接線圖之情形，供各位讀者參考。

　　圖 10-11 所示微動開關為雙向致動性質，當活塞桿由左向右或由右向左碰到微動開關之輥輪皆會使其內部接點產生轉換，然有時為簡化電氣迴路亦有採用單向致動的微動開關，如圖 10-14。當活塞桿由左向右壓到輥輪，則內部接點產生轉換；當活塞桿由右向左碰在輥輪，內部接點不產生轉換作用。

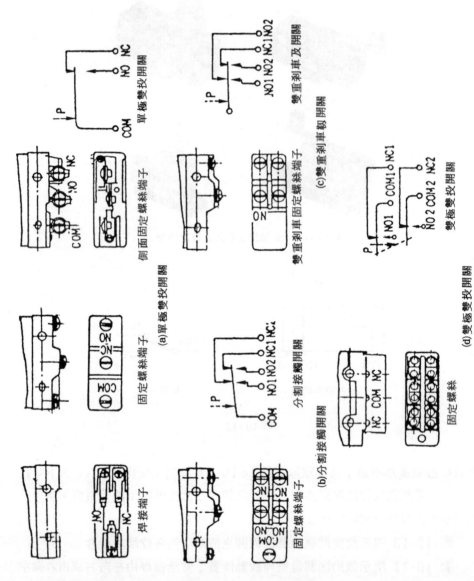

單極雙投開關

側面固定螺絲端子

(a)單極雙投開關

固定螺絲端子

焊接端子

固定螺絲端子

雙重剎車及開關

(c)雙重剎車軔開關

雙重剎車軔開關

雙重剎車固定螺絲端子

雙極雙投開關

(d)雙極雙投開關端子和接線圖

圖 10-13　微動開關端子和接線圖

固定螺絲

分割接觸開關

(b)分割接觸開關

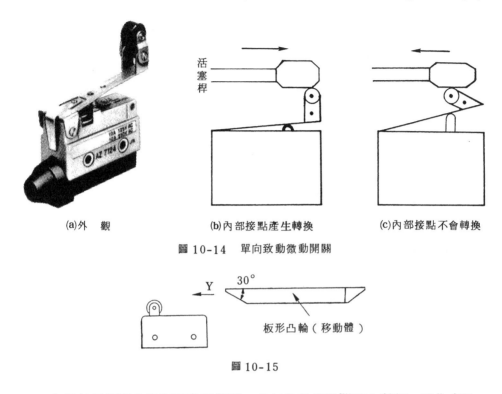

(a)外　　觀　　　　(b)內部接點產生轉換　　　　(c)內部接點不會轉換

圖 10-14　單向致動微動開關

圖 10-15

　　如欲使用板形凸輪碰壓微動開關，其傾角依微動開關之種類、操作方法、操作方向而定，在一般情形下，以 30°左右爲佳，如圖 10-15 。

　　有關微動開關的分類，額定電壓機械壽命、特徵、及外型等有關資料，建議讀者參考廠商之產品目錄 。

10-2　壓力開關

　　壓力開關是將氣壓訊號轉換爲電氣訊號輸出 。茲將活塞式壓力開關和布登管（Bourdon tube）壓力開關說明如下：

一、活塞式壓力開關

　　如圖 10-16 所示，空氣壓力由×口引入作用在活塞上，當其作用力大於活塞桿上彈簧之反作用力時，活塞下降，改變電氣接點，反之當×口之壓力下降，則電氣接點恢復原狀。此種型式之壓力開關使用在較高之壓力系統 。

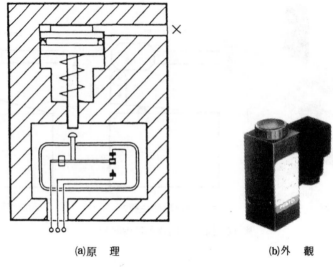

(a)原　理　　　　　　　(b)外　觀

圖 10-16　活塞式壓力開關

二、布登管壓力開關

其感測壓力用布登管，和壓力表類似。布登管之材料為青銅、鋼或不銹鋼材料之彎管。見圖 10-17 ，空氣壓力由×口引入，使曲管有伸直的趨向，此伸直之移動與連桿接至一組觸點，使電氣接點產生轉換。

尚有一種囊腹式壓力開關，囊腹使用黃銅、青銅或鋼料製成，作用靈敏，使用在低壓系統。

壓力開關在使用時有所謂的差壓值和壓力遲滯的現象，如圖 10-18 ，假

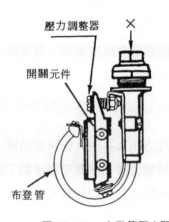

壓力調整器　　　×

開關元件

布登管

圖 10-17　布登管壓力開關

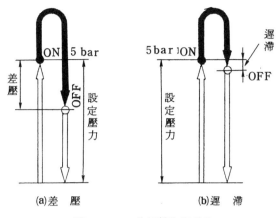

圖 10-18　差壓性和遲滯性

設設定壓力爲 5 bar時壓力開關「ON」，壓力開關「OFF」時壓力低於 5 bar，此「ON」「OFF」間的壓力差即是所謂的差壓。

差壓值小則壓力開關頻繁的切換使系統的安定性和控制性變差，故差壓值宜適當。

遲滯則由壓力開關內部壓力檢知部份的材料（如布登管）問題所產生ON-OFF壓力值的些微差異。

10-3　繼電器

繼電器（Relay）又稱電磁繼電器或電驛，由電磁鐵的線圈部與作電路開閉之一組或數組接點所構成，圖 10-19 爲其構造簡圖及作動原理。其動作由方塊圖表示。

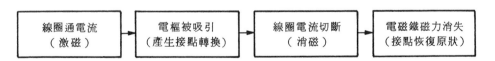

由圖 10-19 可知，繼電器亦有所謂常開接點（N.O.）（a接點），常閉接點（N.C.）（b接點），轉換接點（c接點），說明如下，見圖10-20。

常開接點（圖 10-20 (a)），當線圈通電，接點閉合。常閉接點（圖10-20 (b)），線圈通電，接點打開。轉換接點（圖 10-20 (c)）具有單極，雙投作用，由一組常開及一組常閉接點所構成。

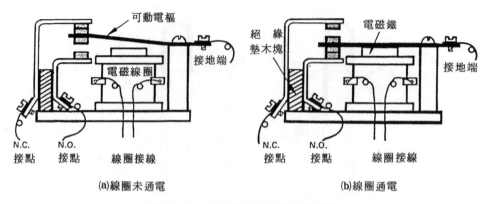

(a)線圈未通電　　　　　　　　　(b)線圈通電

圖 10-19　繼電器之構造及作動原理

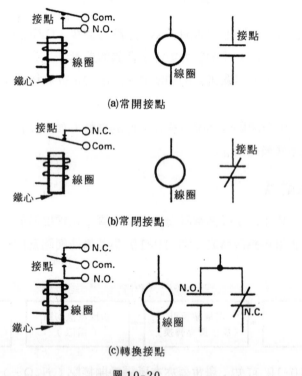

(a)常開接點

(b)常閉接點

(c)轉換接點

圖 10-20

　　　工業用繼電器具有重載接點並具有多組常開及常閉接點如 4a 4b 等 。一般
工業用控制繼電器使用在低電功率系統中操作（低電流），高電功率之開與閉
之操作則要採用電磁接觸器 。

表 10-1

Relay	激 磁 電 壓	激 磁 電 流	接 點 容 量 （最大）
CR 1	DC 12（V）	DC 25（mA）	AC 5（A） 250（V）
CR 2	DC 24（V）	DC 15（mA）	AC 5（A） 250（V）
CR 3	AC 100（V）	AC 12（mA）	AC 10（A） 250（V）

　　繼電器線圈消耗之電力很小，故用很小的電流通過線圈使電磁鐵激磁，而其所控制的接點，可通過相當大的電壓電流，此乃謂之繼電器接點容量擴大機能。如表 10-1 所示為一般常用繼電器的激磁電壓、電流和接點容量之比較，表中 CR1 為 DC 12V，25 mA 的激磁電壓電流，可作 AC 5A 250V 的負荷電路之開閉使用，如圖 10-21 。

　　繼電器在使用時必須注意三事項如下：

1. 繼電器或負載不能串聯連接

　　如圖 10-22 (a)，繼電器 CR 1 ，CR 2 各有其電壓電流，這種將 CR 1 ，

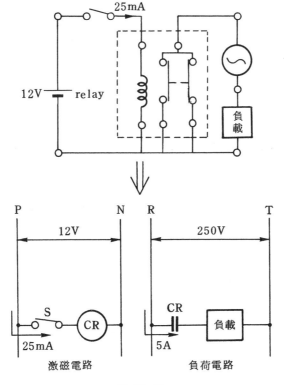

圖 10-21

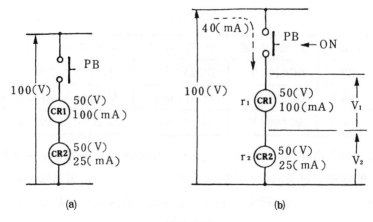

圖 10-22

　CR2 串接，在動作上雖沒問題，但實際上若有任何一方線圈燒損，可能就有不動作的問題產生。

　　而且CR1、CR2同樣為50(V)的繼電器，但串聯連接，其內部電阻的不同其所加電壓就不同。如CR1之內電組 $r_1 = 500\,\Omega$，CR2之內電阻 $r_2 = 2000\,\Omega$，見圖 10-22(b)，此兩繼電器串接在100V之電源，加在CR2之分壓為80V，CR1之分壓為20V，若CR1不動作，則CR2就加上過大之電壓，很有可能將線圈燒毀。

2. 注意接點的電流容量
　　此和開關的接點容量所須注意事項相同。

3. 繼電器或開關之端子，其中一方要共通連接
　　如圖10-23(a)所示，CR1的 a 接點使用兩個，而且被各自分離的表示。但

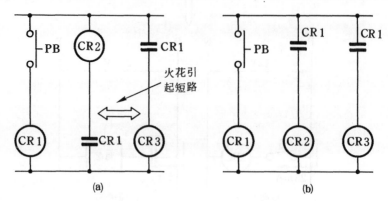

圖 10-23

是實際上，同一的繼電器其接點都在同一盒子（case）內，且位置非常接近，因此，在接點的開閉時，恐怕會有火花引起電源短路現象，爲改善這種情形如圖 10-23 ⒝，將端子的一方共通連接時，縱使火花引起接點間的短路，也可防止電源的短路現象。

　　繼電器在電氣控制上扮演相當重要角色，因此在電氣控制迴路上，設計者必須按工作負載審慎加以選擇。購買時，須指明接點組數及其型別，同時指明線圈伏特數及頻率（如爲 AC），接點容量等。

　　繼電器之種類，型式相當多，圖 10-24 爲繼電器之外觀，表 10-2 爲某一廠牌之規格，供各位讀者參考。

| 6US
6UR
（4P） | 6US44
6UR44
（8P） | 6US44W
6UR44W
（8P） | 8US
8UR
（4P） | 8US33
8UR33
（6P） |

圖 10-24

表 10-2　標準型電磁繼電器（US型）

機　　種	PAK-6US			PAK-8US			PAK-10US		
額定電壓（V）	550			550			550		
額定通電電流（A）	6			8			10		
額定使用電壓（V）	100-110	200-220	380-550	100-110	200-220	380-550	100-110	200-220	380-550
額定使用電流（A）A11 級（線圈負載）	6	4	2	8	6	3	10	8	5
瞬時最大負載電流（A）A11 級	66	44	22	88	66	33	110	88	55
閉合頻率 0 級	1,800 次／小時			1,800 次／小時			1,800 次／小時		
電氣的壽命　1 級（ 50 萬次動作）	—	—	—	8A	6A	3A	—	—	—
電氣的壽命　0 級（ 100 萬次動作）	6A	4A	2A	6A	4A	2A	10A	8A	5A
機械的壽命 0 級	10　百萬次			10　百萬次			10　百萬次		
最小操作容量	AC48V，0.1A			AC48V，0.1A			AC48V，0.1A		

10-4 定時器

定時器（timer）就是當電氣或機械的信號輸入時，經過事先設定的時間後，持有使電路成爲 " 閉合 " 或 " 開路 " 接點的電驛稱之爲定時器，目前電氣控制電路上使用相當多。

定時器是由驅動部和輸出接點所構成，如圖 10-25 所示，而定時器的種類及特徵，如表 10-3 。

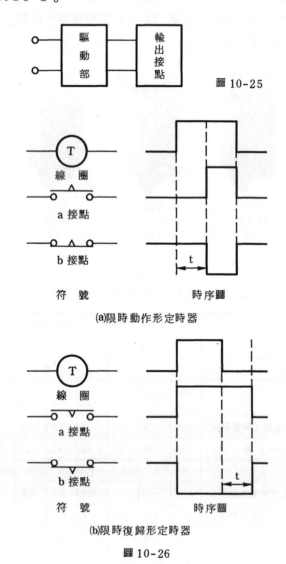

圖 10-25

符　號　　　　　　　時序圖

(a)限時動作形定時器

符　號　　　　　　　時序圖

(b)限時復歸形定時器

圖 10-26

表 10-3

種　　類	特　　　　　　　　　徵	最大設定時間	誤　差	外　　　　　形
馬達式定時　器	利用齒輪將小型馬達之轉動分幾個階段減速，而在最後一段轉動軸上來開閉負荷。 優點爲精確度高，定時長。	5秒〜24小時	± 0.5 %〜± 1 %	
RC式定時　器	將電容器和電阻作串聯或並聯連接，在輸入端子間加上直流電壓，利用其充放電的時間來定時。以半導體方式予以增幅再輸出至輸出電路上，爲固態（Solid state）定時器，設定時間短，小型但使用壽命長。	1秒〜180秒	± 1 %〜± 3 %	
計數式定時　器	利用商用頻率或水晶振盪器之時間脈波計數，於達到設定時間時再開閉負荷，爲純電子式，精確度高，壽命長，價格較貴。	4.9秒〜999.9秒	± 1 數字	
控制式定時　器	利用空氣或油類等流體阻力作限時因素。構造簡單，重量輕，型小。 用法簡單，價格便宜。	1秒〜200秒	± 10 %〜± 20 %	空氣式

定時器依其動作形式可分爲如下二種：（時序圖見圖 10-26 ）

(1) 限時動作形又稱通路延遲定時器（on delay timer），當電壓加上後經過設定時間之後，接點才作開閉之動作。

(2) 限時復歸形 —— 又稱斷路延遲定時器（off delay timer），當電壓切斷後經過設定時間接點才作復歸動作。

圖 10-26 中之 t 表設定時間，一般電氣控制電路上常用限時動作形。

10-5 計數器

在油氣壓系統中，如以壓缸推送物料加以計數，達到一定數量壓缸即自動停止推送並進行下一步驟之作業，這種進行計數控制的電氣就是計數器。

計數器有電子式和電磁式，如圖 10-27 。電磁計數器自電磁作用到結構體發生操作爲止，所費時間影響其操作速度，故最高計數每秒僅約 10 次左右。而電子計數器之最高計數速度，每秒可達一億次以上，故廣泛地應用在高數回轉體計數控制，高速移動體計數控制，高頻率控制等方面。

油氣壓系統常用電磁式計數器，其內部構造如圖 10-28 。當線圈通過電流時，電磁力將電樞（armature）之銜鐵吸引，使數字盤（棘輪）作一回轉，並以數值表示出來，基本上，電磁計數器之線圈每通電一次即計數 1 次，此種叫積算計數器。

又電磁計數器也有可預先設定其數量，當其設定量到達時，內藏的開關即動作，此叫預設電磁計數器（preset magnetic counter）。其由計數線圈

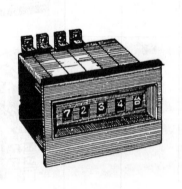

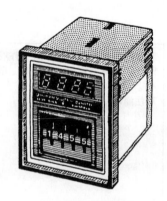

(a)電磁式計數器　　　　　　　　(b)電子式計數器

圖 10-27

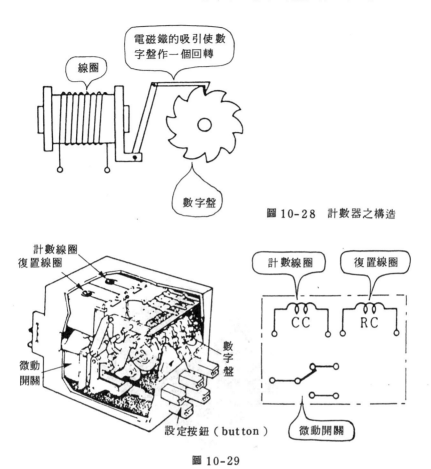

圖 10-28　計數器之構造

圖 10-29

（count coil）、復置線圈（reset coil）及微動開關所構成。（見圖10-29）

計數線圈（CC），每次被通電即驅動數字盤，到達設定數時內藏的微動開關即動作。

復置線圈（RC），當設定之數字達到即被通電而使數字盤恢復原狀。

預設電磁計數器有減算式和加算式，減算式預設電磁計數器表示數值由設定值起被減算，當到達０時內藏之微動開關即動作。

加算式預設電磁計數器由０開始累積計數，到達設定值時，內藏的微動開關即動作。

10-6 固態繼電器

固態繼電器（Solid State Relay），簡稱 SSR，主要由矽控整流器、二極體、電阻、電容等元件所構成，藉着輸入電壓訊號的改變而使電路中的輸出端點形成通或不通。由於製造廠商之不同其內部之電子電路亦有所不同。

SSR（見圖 10-30）一端劃有一 AC 接線用的接點符號（━╫━），此為輸出端；而輸入端加上直流電壓（＋3V～＋32V），則輸出端之接點閉合。輸出端之規格寫有 5A110VAC 表示其輸出接點可承受最大額定電壓為交流 110V，通過接點的最大額定電流為5A。

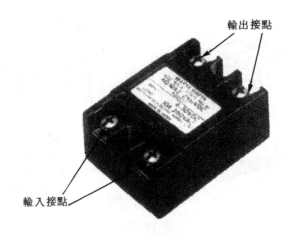

輸出接點

輸入接點

圖 10-30　SSR

10-7 電磁接觸器

在主電路等大電力的開閉，必須考慮其接點容量或耐壓的問題，此時必須採用電磁接觸器（MC）。

電磁接觸器其外觀及構造見圖 10-31，主要由線圈主接點及輔助接點所組成，動作原理如同繼電器。主接點用在主電路上，而輔助接點則用在控制電路（操作電路）上。

電磁接觸器其線圈之操作電壓有交流和直流兩種。交流有110V，220V，380V，440V等，直流有 12V，24V，48V，110V，240V 等。接點數有幾個

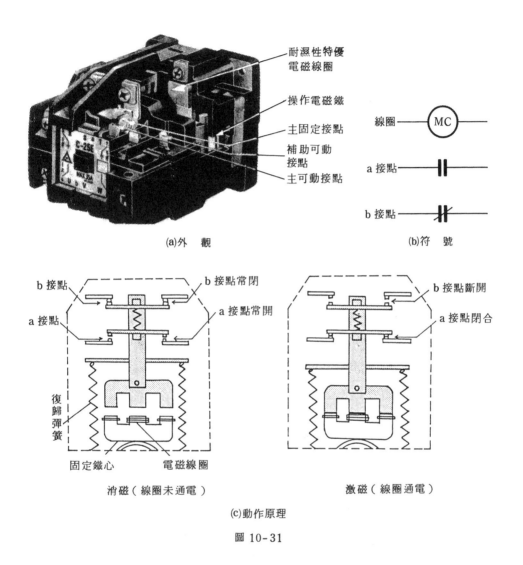

耐濕性特優
電磁線圈

操作電磁鐵

主固定接點

補助可動
接點

主可動接點

線圈 ── (MC)

a 接點 ── ┤├ ──

b 接點 ── ┤╱├ ──

(a)外　觀　　　　　　　(b)符　號

b 接點　　　　　b 接點常閉

a 接點　　　　　a 接點常開

復歸
彈簧

固定鐵心　　電磁線圈

消磁（線圈未通電）

b 接點斷開

a 接點閉合

激磁（線圈通電）

(c)動作原理

圖 10-31

a 接點，幾個 b 接點，宜注意其接點容量問題。

10-8　過電流的保護裝置

　　為防止在電力電路（主電路）使用大電力負載或配線路上發生異常過大電流流過時發生重大事故（如火災），必須採用安全保護措施。

(a)外　觀　　　　　　　　　　　(b)符　號

一般保險絲　　　　包裝形保險絲

圖 10-32　保險絲

一、保險絲（fuse）

　　保險絲如圖 10-32 為電路上最簡單的安全保護措施，若過電流通過時保險絲即熔斷，以保護電路或裝置。

二、配線用遮斷器（MCB）

　　配線用遮斷器（見圖 10-33 ）又稱為線路斷路器，兼有啓閉電源及過電流保護的功能，極數有單極、雙極、三極等三種。其內部有雙金屬片構造，當線路電流過大時，藉雙金屬片之膨脹作用，開關將自動切斷電路，因不需保險絲，故也稱為無熔絲開關（NFB）。欲使電路再行接通，只須撥上開關即可，無換裝保險絲之麻煩。

三、熱動繼電器（THR）

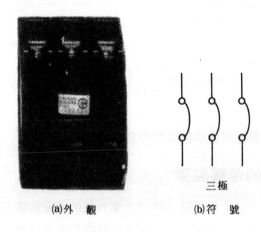

三極

(a)外　觀　　　　　　　　(b)符　號

圖 10-33　配線用遮斷器

(a)外　觀

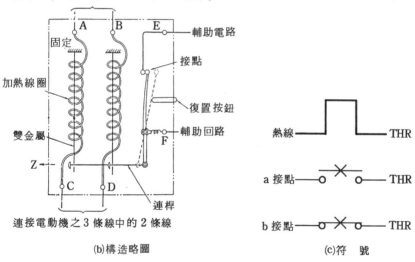

(b)構造略圖　　　　　　　　　(c)符　號

圖 10-34　熱動繼電器

　　熱動繼電器（thermal relay）（見圖 10-34 ）由熱線、雙金屬及 a 接點、b 接點所構成。由圖 10-34(b) 可知，當大電流通過加熱線時，加熱線被加熱，雙金屬在加熱線圈中彎曲，就會使連桿朝 Z 方向移動，如此原來之 b 接點即變為開路，謂之接點的跳脫。

　　接點的跳脫與否，決定於負荷電流的大小。而熱動繼電器其接點的跳脫所

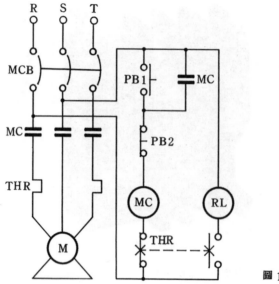

圖 10-35

需之動作電流大小可由轉盤（dial）作調整設定。

　　熱動繼電器其接點跳脫之後，若要重新操作負荷動作，則須將其接點復元，而復元方式有兩種：

(1)　自動復元：使雙金屬片經過數分鐘冷卻收縮，接點即復元。

(2)　手動復元：雙金屬片冷卻收縮後，接點不能自動復元，必須用手按復歸鈕才能使接點復元。但有些熱動繼電器，具有手動復元和自動復元，而以一切換裝置決定手動復元或自動復元。

　　圖 10-35 為一三相感應電動機控制電路。PB1 按下，MC 線圈激磁，MC 接點閉合，馬達運轉。當馬達產生異常負載，主電路通過大電流（大於設定電流）加熱熱線，使得控制電路熱動繼電器之接點產生轉換（跳脫），因此MC 線圈不再被激磁，MC 接點跳開，馬達就不會運轉，同時紅燈亮。

　　亦有將電磁接觸器和熱動繼電器裝在同一盒子上，此叫做電磁開關。

10-9　氣壓系統常用電器配件符號

　　茲將各種常用電器配件符號整理如下表：

配件名稱	說　明	DIN 40 713	ASA	JIS C 0301	CNS
按鈕開關 PB（Push Button）	手按移位，彈簧復歸 (1)左邊（上面）爲常開接點 (2)右邊（下面）爲常閉接點			a 接點　b 接點	ON OFF
	手按移位，彈簧復歸具有一常開接點與一常閉接點，單極雙投（SPDT）				C NC NO
微動開關 LS（Limit Switch）	機械碰觸移位，彈簧復歸之單極單投開關 SPST（Single Pole Single Throw） (1) COM 爲共同接點 (2) NO（Normally Open）爲常開接點 (3) NC（Normally Closed）爲常閉接點 (4)NOHC（Normally Open Held Closed）爲常開接點處於碰觸關閉狀態 (5) NCHO（Normally Closed Held Open）爲常閉接點處於碰觸打開狀態	處於機械碰觸狀態	COM NO COM NC COM NO NOHC COM NC NCHO		C NO C NC C NO C NC

配件名稱	說明	DIN 40 713	ASA	JIS C 0301	CNS
	單極雙投開關 SPDT (Single Pole Double Throw)		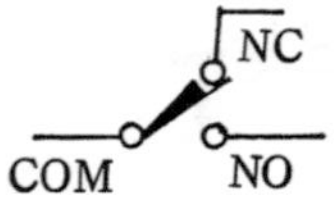 （NC／NO／COM）		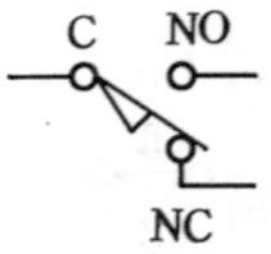 （C／NO／NC）
	單極雙投開關（符號在作用位置）		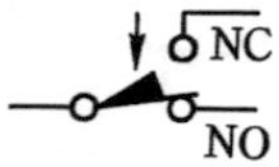 （NC／NO／COM）		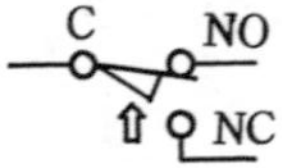 （C／NO／NC）
	單向作動開關	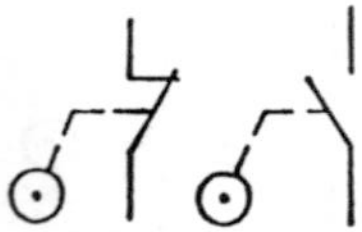			
	保持型單極雙投開關圖示雙向箭頭，表示不管在 A 或 B 位置，均有保持在該位置之作用		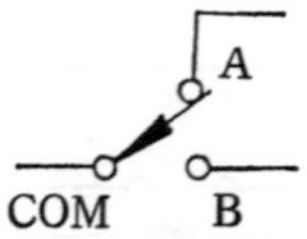 （A／B／COM）		
電驛（繼電器）CR（Control Relay）	線圈（Coil）	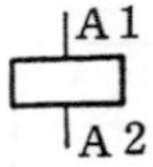 A1 A2 電驛以 K1，K2，K3 ……等標示之電驛線圈之電驛以 A1 及 A2 標示	 電驛以 1-CR，2-CR ，3-CR……等標示 CR 為 Control Relay	 或 	 R1 電驛以 R1，R2，… 等標示

配件名稱	說明	DIN 40 713	ASA	JIS C 0301	CNS
	接點，自動復歸	13 21 14 22 常開接點以 3,4 標示 常閉接點以 1,2 標示 第一個接點之接點標號，以電驛 1，2……等標示	常開接點 常閉接點 若電驛有數組接點，則以 1-CR-A,1-CR-B,1-CR-C……等標示	a接點 b接點	R1/a 電驛 R 1 的 a 接點 R1/b 電驛 R 1 的 b 接點
限時電驛 TR (Timing Relay)	線圈通電後，接點延遲作用（ON Delay） (1)線圈 (2)接點	A1 A2 電驛以 K1,K2,K3……等標示	電驛以 1-TR,2-TR,3-TR……等標示	或 a接點 b接點	T1 C NO T1/a 限時電驛 T1 之 a 接點 C NC T1/b 限時電驛 T1 之 b 接點

配件名稱	說明	DIN 40 713	ASA	JIS C 0301	CNS
負荷裝置 （Load Device）	線圈斷電後，接點延遲作用（OFF Delay） (1)線圈 (2)接點	A1 A2 電驛以K1，K2，K3……等標示	電驛以1-TR，2-TR，3-TR……等標示 NO NC	或 a 接點　b 接點	T1 C ─○∨○─ NO　T1/a　限時電驛T1之a接點 C ─○∨○─ NC　T1/b　限時電驛T1之b接點
負荷裝置 （Load Device）	螺線管（Solenoid）	A1 A2 螺線管以Y1，Y2，Y3……等標示	螺線管以Sol. A，Sol. B，Sol. C……等標示	或　或　或	Sol-1 電磁閥線圈
壓力開關	壓力上升，接點閉合 壓力上升，接點打開		常閉接點 常閉接點		

配件名稱	說明	DIN 40 713	ASA	JIS C 0301	CNS
感應開關 （簧片接點）	磁鐵吸入後接點閉合	$\frac{C}{3}$ —◯— $\frac{NO}{4}$			C ◇ NO

心得筆記

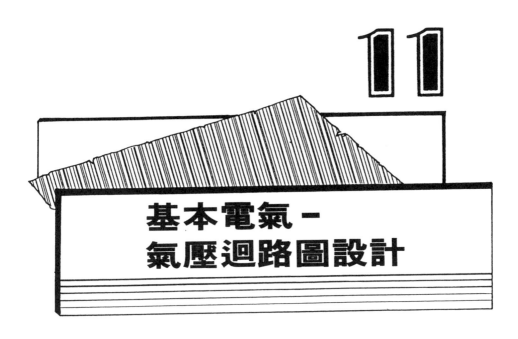

基本電氣 - 氣壓迴路圖設計

電氣－氣壓迴路圖包括氣壓迴路及電氣迴路兩部份。氣壓迴路一般為指動力部份，電氣迴路則為控制部份。通常在設計電氣迴路之前，一定要先繪出氣壓迴路圖，亦即先決定動力部份到底要採用何種型式的電磁閥以控制氣壓缸的運動，如此方能着手設計電氣迴路。在繪圖上，氣壓迴路圖與電氣迴路圖須分開繪製。在整個迴路圖繪製上，氣壓迴路圖習慣繪於電氣迴路圖的上方或左側。氣壓迴路圖的繪製如前所述，本章專述電氣迴路圖的設計。

電氣迴路圖的設計方法有多種，第十一、十二章將逐一敍述，至於那一種方法較佳，則是見仁見智。讀者如能勤加練習定能熟能成巧，融會貫通。在講到電氣迴路圖的設計之前，必須對常用之電磁閥有所了解。

11-1　電磁閥的構造與原理

在第五章我們已對電磁閥作一簡單的介紹。在本章節，則針對氣壓自動化上常用的電磁閥作一詳細的說明。電磁閥依其構造可分為提升型、滑柱型和滑板型；依其操作方式，又可分為直動式電磁閥和導引式電磁閥，有關其優缺點可參閱5-1-3節。茲將直動式及導引式之差異，列表如表11-1所示。

表 11-1

特性\種類	彈簧操作力量	操作電流	線圈壽命	最小使用壓力（bar）	價　格	反應速度	閥體構造
直 動 式	大	大	短	0.1 以上	中　等	快	簡　單
導 引 式	小	小	長	1.5 以上	中等以上	慢	較 複 雜

一、2/2 一位閥（直動式）（提升型）

如圖 11-1 所示，此閥亦稱為 2 口 2 位電磁操作彈簧復歸常閉式閥瓣。構造上屬於提升型，為直動式電磁閥。主要用於氣源的切斷或開啓。

如圖中所示，當電磁鐵通電後，電磁力大於彈簧力，柱塞被吸提上升，$P \rightarrow A$ 通，如將電源切斷，彈簧將柱塞拉下，$P \rightarrow A$ 不通。

二、3/2 一位閥（直動式）（常閉式）（提升型）

如圖 11-2 所示，此閥亦稱為 3 口 2 位電磁操作彈簧復歸常閉式閥瓣，構造上屬於提升型，為直動式電磁閥，主要用於控制單動氣壓缸或作為訊號之轉換用。有關其動作原理如同本書第五章 P.175 所述。

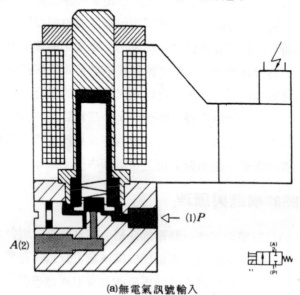

$A(2)$ ⟸ (1)P

(a)無電氣訊號輸入

圖 11-1　直動式電磁閥（2/2 一位閥）

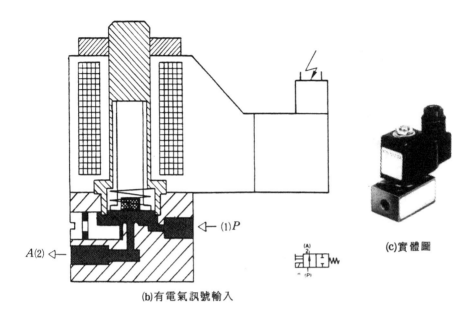

(b)有電氣訊號輸入

(c)實體圖

圖 11-1(續)

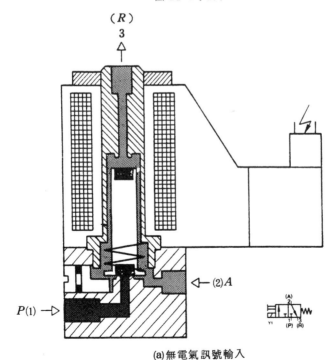

(a)無電氣訊號輸入

圖 11-2　直動式電磁閥（ 3/2 一位閥 ）

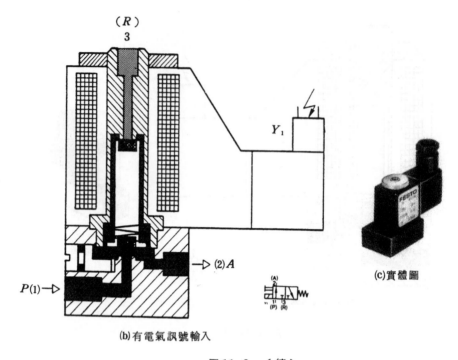

(b)有電氣訊號輸入

(c)實體圖

圖 11-2 （續）

三、3/2 一位閥（直動式）（常開式）（提升型）

如圖 11-3 所示，此閥亦稱為 3 口 2 位電磁操作彈簧復歸常開式閥瓣，構造上為提升型，為直動式電磁閥，主要用在控制單動缸或作為訊號的轉換用。

如圖中所示，當電磁鐵通電，電磁力大於彈簧力，則柱塞被吸提上升，$A \rightarrow R$ 通，P 口被堵塞；如將電源切斷，彈簧將柱塞拉下，$P \rightarrow A$ 通，R 口被堵塞。

四、3/2 一位閥（導引式）（常閉式）

如圖 11-4 所示，此閥亦稱為 3 口 2 位電磁操作氣壓導引彈簧復歸常閉式閥瓣。構造上屬於提升型，為導引式電磁閥，主要用於控制單動氣壓缸及訊號轉換用。

如圖中所示，主閥的供壓通路 P 有一小孔道，通到繞導閥的閥座，彈簧力使柱塞壓向繞導閥的閥座。當電磁鐵通電，電磁力吸引柱塞使柱塞被提上升，

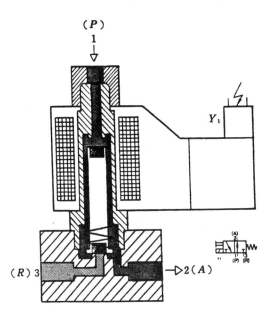

(a)無電氣訊號輸入

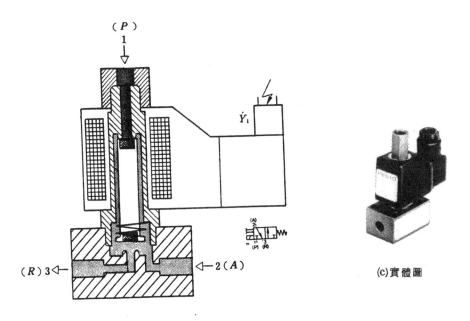

(b)有電氣訊號輸入

(c)實體圖

圖 11-3　直動式電磁閥（ 3/2 一位閥 ）

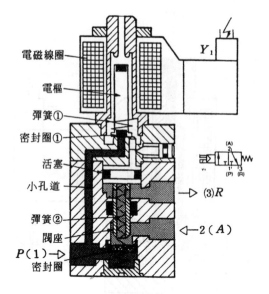

電磁線圈

電樞

彈簧①

密封圈①

活塞

小孔道

彈簧②

閥座

$P(1)$

密封圈

(a)無電氣訊號輸入

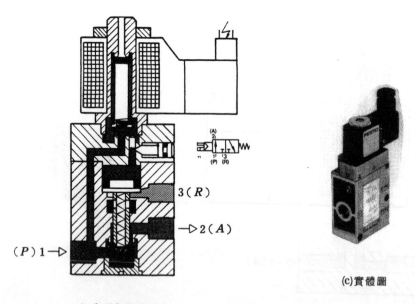

$3(R)$

$2(A)$

$(P)1$

(b)有電氣訊號輸入

(c)實體圖

圖 11-4　導引式電磁閥（3/2 一位閥）

壓縮空氣由 P 口經小孔道流到主閥之活塞上（嚮導滑柱），活塞下移使密封圈離開閥座，壓縮空氣由 $P \rightarrow A$ 通，R 口被堵塞。

此為內部導引電磁閥，最少操作壓力在 1.5bar 以上方能使活塞下移打開通路口。一般而言，此型電磁閥使用的電流及線圈較小，故較省電。以下所述之導引式電磁閥皆具有此種特性。

五、4/2 一位閥（導引式）（提升型）

如第五章 P.176 圖 5-22 所示。此閥亦稱為 4 口 2 位電磁操作彈簧復歸閥瓣，主要用於控制雙動氣壓缸或訊號之接轉用，詳細之動作原理如 P.177 所述。

六、4/2 一位閥（導引式）（滑板型）

如圖 11-5 所示，此閥亦稱為 4 口 2 位雙邊電磁操作氣壓導引閥瓣，構造上屬於滑板型，為導引式電磁閥，主要用於控制雙動氣壓缸或訊號的接轉用。

如圖中所示，兩邊之電磁鐵未通電時，彈簧壓柱塞緊靠於閥座上，主閥之

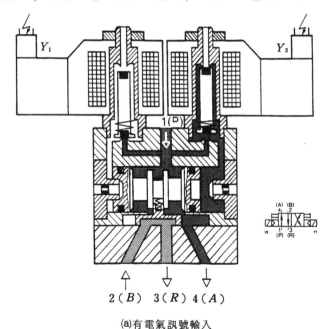

(a)有電氣訊號輸入

圖 11-5　導引式電磁閥（4/2 一位閥）

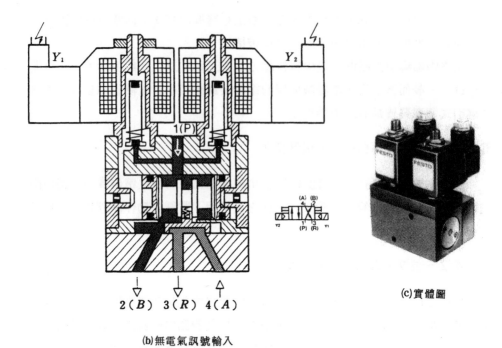

(c)實體圖

(b)無電氣訊號輸入

圖 11-5　（續）

滑軸左右兩邊皆無導引氣源，故主閥之滑軸停留在上一動作訊號所決定的位置，故 $P \rightarrow B$ 通，$A \rightarrow R$ 通。當右邊電磁鐵通電，柱塞被吸上升，P 口氣源經右邊小孔道流到主閥滑軸右邊，滑軸往左移動，故 $P \rightarrow A$ 通，$B \rightarrow R$ 通。如將電源切斷，則滑軸停留在左邊。如欲使滑軸右移（恢復 $P \rightarrow B$ 通，$A \rightarrow R$ 通），則左邊電磁通電卽可。由上可知，此種型式的閥瓣具有記憶的性質，故亦可稱為記憶閥瓣。

七、5/2 一位閥（導引式）（滑柱型）

　　如圖 11-6 所示。此閥亦稱為 5 口 2 位雙邊電磁操作氣壓導引式閥瓣，構造上屬於滑柱型，為導引式電磁閥，主要用於控制雙動氣壓缸或訊號的接轉用。

　　如圖中所示，兩邊之電磁鐵未通電，彈簧壓柱塞緊靠在閥座上，主閥之滑軸左右兩邊皆無導引氣源，故主滑之滑軸停留在上一動作訊號所決定的位置，

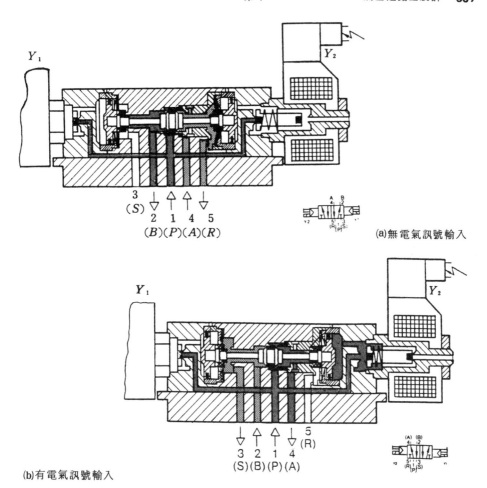

(a)無電氣訊號輸入

(b)有電氣訊號輸入

(c)實體圖

圖 11-6　導引式電磁閥（5/2一位閥）

故$P \to B$通，$A \to R$通，S口被堵塞。當右邊電磁鐵通電，右邊嚮導滑之柱塞被吸右移，P口氣源經右邊小孔道流到主滑滑軸右邊，滑軸左移，故$P \to A$通，$B \to S$通，R口被堵塞。如將電源切斷，則滑軸停留在左邊。如欲使滑軸右移，則左邊電磁鐵通電卽可。故此種閥瓣亦爲記憶閥瓣。

11-2　基本電氣廻路

在講到電氣廻路的設計之前，先對常見的基本電氣廻路作一簡單說明。

一、AND電路

如圖$11-7$所示，用手將A、B、C三個按鈕開關閉合，則電流通過繼電器線圈CR，故線圈CR激磁；如將其中任何一個開關打開，則電流中斷，線圈CR消磁。AND電路亦可以邏輯方程式$F = A \cdot B \cdot C$表示。

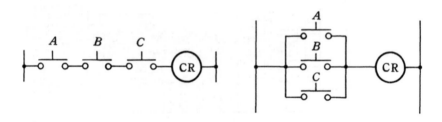

圖$11-7$　　AND電路　　　　　　　　　圖$11-8$　　OR電路

二、OR電路

如圖$11-8$所示，只要按下A、B、C任何一個開關使其閉合，則電流通到繼電器線圈CR，故線圈CR激磁。OR電路亦可以邏輯方程式$F = A + B + C$表示。

三、NOT電路

如圖$11-9$所示，繼電器線圈CR激磁，如按下按鈕開關A，則電流中斷

圖$11-9$

，線圈 CR 消磁。NOT 電路可以邏輯方程式 $F = \overline{A}$ 表示。

四、自保電路

自保電路又稱為記憶電路，在工作機械之各種油氣壓裝置控制電路上最常使用，尤以使用單線圈電磁操作彈簧復歸方向閥控制油氣壓缸的前進後退運動，更是需要。

自保電路如圖 11-10 所示。將按鈕開關 A 按下，線圈 CR 激磁，其第 2 條線上所控制的 a 接點閉合，故電流亦可經虛線所示電路流通，此時若將按鈕開關 A 回位，線圈 CR 繼續保持激磁，故虛線所示電路即為自保電路。如欲使線圈 CR 消磁，按鈕開關 B 按下即可（將自保電路切斷）。

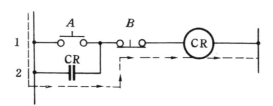

圖 11-10　自保電路

五、互鎖電路

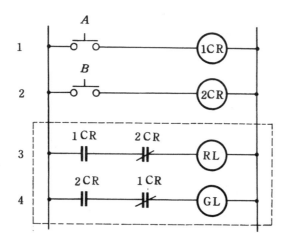

圖 11-11　互鎖電路

　　互鎖電路用於防止錯誤動作的發生，以保護機器、人員的安全。尤以雙線圈電磁閥為防止其兩邊線圈同時通電，線圈被燒段之虞，必要時得加互鎖電路。

　　如圖 11-11 所示，將按鈕開關 A 按下，則線圈 1CR 激磁，第 3 條線上 1CR 之 a 接點閉合，第 4 條線上 1CR 之 b 接點打開，故電流流經第 3 條線上，紅燈 RL 亮，綠燈 GL 不亮。同理，按鈕開關 B 按下，綠燈 GL 亮，紅燈 RL 不亮。如 A 、B 按鈕同時按下，則紅燈、綠燈皆不亮。圖中虛線框框即為互鎖電路。

11-3　電氣迴路圖繪圖原則

　　電氣迴路圖通常以一種層次分明的梯形法表示。此梯形表示法又可分為垂直梯形迴路圖及水平梯形迴路圖兩種，如圖 11-12 所示，其繪圖基本原則有下列各項。

1. 圖形上下（或左右）兩平行線代表供應電源母線，一為高壓 " 火線 " （ hot，簡寫 H ），一為 " 接地線 " （ ground，簡寫 G ），參考圖11-12 所示。

2. 垂直型電路圖之構圖系由上而下進行，水平型則是由左而右進行。

3. 電源母線的開關，水平型電路圖（ 圖 11-13 (a) ）畫在母線左側，垂直型電路圖（ 圖 11-13 (b) ）則畫在上側。

4. 控制機器的連接線，接於電源母線之間，且應力求直線（圖 11-13 ）。

5. 連接線和實際的機器等配置無關，其由上而下或由左而右，則依動作之順序來決定。

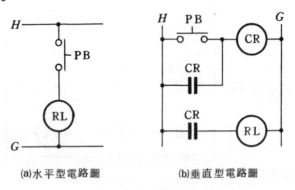

(a)水平型電路圖　　　　(b)垂直型電路圖

圖 11-12

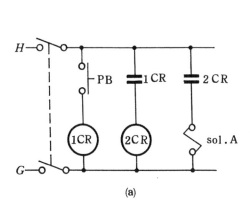
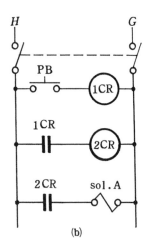

(a)　　　　　　　　　(b)

圖 11-13

6. 連接線所連接的器具、機器等皆以電氣符號表示，且皆爲停止動作狀態，和所有電源呈斷路。

7. 在連接上，按鈕開關、微動開關、繼電器、壓力開關、定時器、計數器等的接點位置，在水平型電路則由上側（圖 11-13 (a)）的電源母線開始連接；而垂直型電路則由左側（圖 11-13 (b)）的電源母線開始連接。

8. 在連接上，各種負載，如繼電器、定時器的線圈、指示燈等畫的位置，爲在水平型電路下側，直接通到電源母線上（圖 11-13 (a)）；而垂直型電路則位於右側且直接通到電源母線上（圖 11-13 (b)）。

9. 在電氣廻路圖上各機器、器具的機器構造或有關連的部份省略，僅將各別的線圈，接點等以電器符號表示，經分離的各部份，必須註明機器的名稱，並附加文字記號以了解其所屬相關連的情形（參考圖 11-13 ）。

10. 微動開關的操作方式在圖上須標明清楚，並須和氣壓廻路圖相配合，以瞭解開關在氣壓廻路所在位置及其性質。

11-4　控制單支氣壓缸運動電氣廻路圖設計

　　本節就常見的控制單支缸運動的電氣廻路設計說明如下。

11-4.1 用單線圈電磁閥控制單動缸前進及回行運動

單動缸的控制通常以 3/2 一位閥做為控制，但亦可用 4/2 一位或 5/2 一位電磁閥來加以控制。各種運動情形詳述如下：

一、單一循環，自動回行，採用微動開關

動力部份如圖 11-14 (a)。在設計電氣迴路之前，讀者腦中必須有如下邏輯構想：

【設計步驟】

1. 在第 1 條線上加上 PB_1（啓動按鈕）及 1CR 線圈，在第 3 條線上加上 1CR 之 a 接點及 Sol.A。如此即可達到上述方塊①②之要求。

2. 在第 2 條線上加上 1CR 之 a 接點，虛線方塊所示為自保電路，如此即達到上述方塊③之要求。

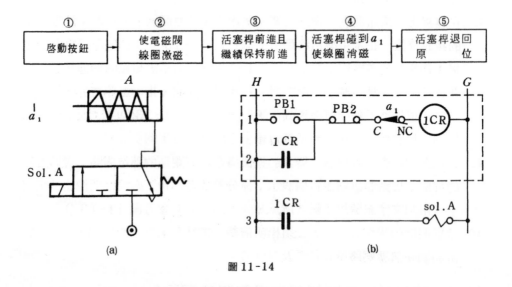

(a)   (b)

圖 11-14

3. 將 a_1 之 b 接點加在第 1 條線上，如此當活塞桿碰到 a_1 時，切斷自保電路，Sol.A 消磁，如此即達到上述方塊④⑤之要求。

4. PB_2 為停止按鈕。如此即可得到圖 11-14 (b)。

二、自動回行，連續往復循環

　　動力部份如圖 11-15 ⒜，邏輯構想如方塊圖所示。通常在設計有輔助狀況（如緊急停止裝置、連續往復循環……等）的電氣廻路，都先將單一循環之電氣廻路設計出來之後再加上輔助狀況即構成我們所要的電氣廻路。但如果讀者對設計電氣廻路很內行的話，則不拘泥於此。

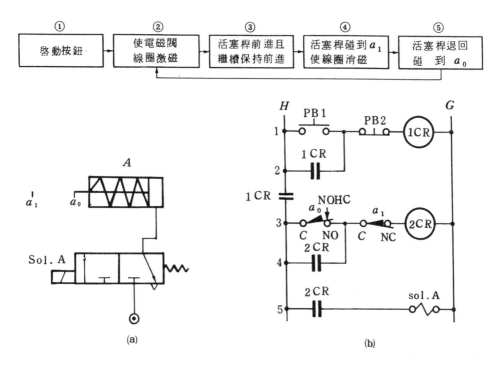

圖 11-15

【設計步驟】

1. 和前題一類似，由圖 11-14⒝稍加修改即得到圖 11-15⒝。

2. 為得到連續往復運動，故必須加上微動開關 a_0。

三、自動回行，連續往復循環，有時間延遲現象

　　位移 ── 步驟圖如圖 11-16 ⒜，動力部份如圖 11-16 ⒝。邏輯構想如下方塊圖所示。

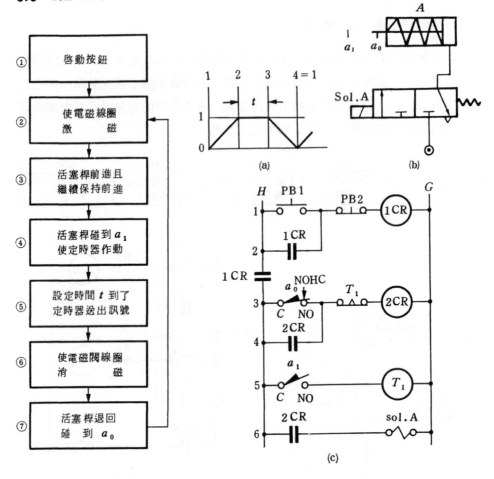

圖 11-16

【設計步驟】

1. 在第 1 條線上加上 PB_1 及 $1CR$ 線圈，第 2 條線上加上 $1CR$ 之 a 接點，構成一自保電路，並在火線上加一 $1CR$ 之 a 接點，如此，當啓動按鈕 PB_1 按下，則 3、4、5、6 方會有電源。

2. 在第 3 條線上加上 $2CR$ 線圈，第 4 條線上加上 $2CR$ 之 a 接點（構成自保電路），第 6 條線上加 $2CR$ 之 a 接點及 $Sol.A$，如此可達到方塊②③之要求。

3. 在第 5 條線上加 a_1 之 a 接點及定時器 T_1，如此可達到方塊④之要求。

4. 爲實現方塊⑤⑥，必須將定時器之接點加在第 3 條線上，且爲 b 接點形式。

5. 為產生另一次循環，故將 a_0 加在第 3 條線上，且為 NOHC 形式。

6. PB₂ 加在第 1 條線上，做停止按鈕。如此可得圖 11-16(c)。

四、單一循環，自動回行，採用壓力開關

動力部份如圖 11-17(a)，活塞桿前進時，當工作管路壓力達到壓力開關所設定壓力時，活塞桿後退。邏輯構想如下方塊圖所示。

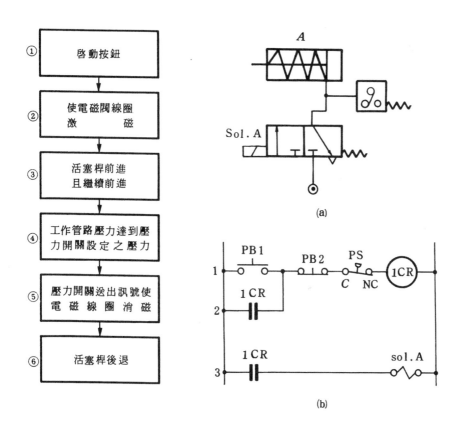

圖 11-17

【設計步驟】

1. 在第 1 條線上加 PB₁ 及 1CR 線圈，第 3 條線上加 1CR 之 a 接點及 Sol. A，如此可達方塊①②之要求。

2. 為達到方塊③之要求，必須在第 2 條線上加 1CR 之 a 接點以構成一自保電路。

3. 爲達到方塊⑤⑥之要求，必須將壓力開關 PS 之 b 接點加在第 1 條線上。

4. PB$_2$ 加在第 1 條線上，爲停止按鈕。如此可得圖 11-17(b)。

11-4.2　用單線圈電磁閥控制雙動缸前進及回行運動

雙動缸的前進及回行控制通常使用 4/2—位閥或 5/2—位閥。各種運動情形詳述如下：

一、單一循環，自動回行，採用微動開關

動力部份如圖 11-18，邏輯構想及設計步驟如 11-4-1 節題一，故電氣廻路圖如圖 11-14(b)所示。

二、自動回行，連續往復循環

動力部份如圖 11-19，邏輯構想及設計步驟如 11-4-1 節題二，完成之電氣廻路如圖 11-15(b)所示。

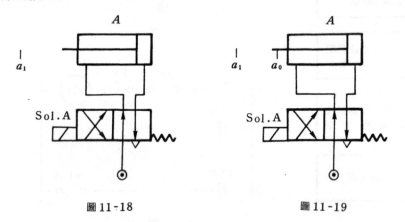

圖 11-18　　　　　　　　　圖 11-19

三、自動回行，連續往復循環，有時間延遲現象

位移步驟圖如圖 11-20(a)，動力部份如圖 11-20(b)，邏輯構想及設計步驟如 11-4-1 節題三，完成之電氣廻路圖如圖 11-16(c)所示。

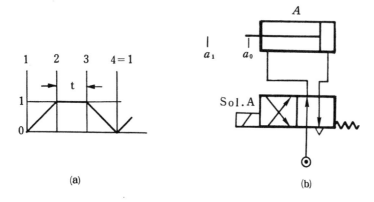

圖 11-20

四、單一循環，自動回行，採用壓力開關

動力部份如圖 11-21 。邏輯構想及設計步驟如 11-4-1 節題四，完成之電氣廻路圖如圖 11-17(b)所示。

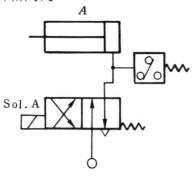

圖 11-21

11-4.3 用雙線圈電磁閥控制雙動缸前進及回行運動

各位讀者對用單線圈電磁閥控制壓缸的運動，大致有所了解，且知如欲使壓缸繼續保持前進，必須有自保電路，故一般而言，使用單線圈電磁閥當控制元件所設計的電氣廻路稍嫌複雜一點。本節將採用雙線圈電磁閥當控制元件，因本身閥瓣具有自保的功能，故電氣廻路之設計稍微簡單一點。至於將來讀者要採用何種型式的電磁閥當控制元件，則依成本和工作環境採取適當的抉擇，因此建議各位讀者對閥瓣之構造務必要了解。

一、單一循環，自動回行，採用微動開關

動力部份如圖 11-22 (a)。因雙線圈電磁閥具有記憶功能，故電磁線圈一激磁即使活塞繼續保持前進而不用自保電路。邏輯構想以方塊圖表示如下：

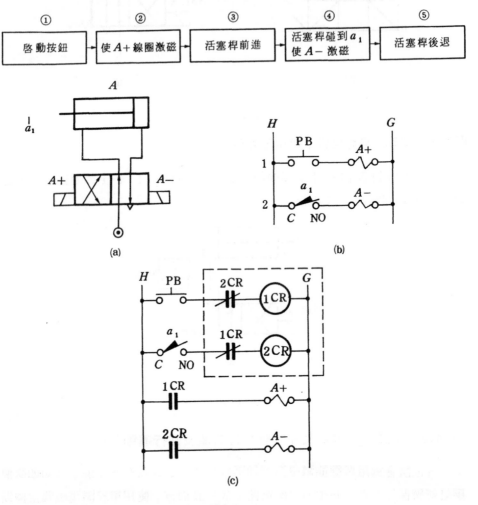

圖 11-22

【設計步驟】

1. 將 PB 及 A＋加在第 1 條線上，當 PB 按鈕壓下即放開，可達到方塊①②③之要求。

2. 爲使活塞桿碰到 a_1 時產生訊號給 $A-$ ，故將 a_1 之 a 接點及 $A-$ 加在第2條
線上，如此可達到方塊④⑤之要求。如此可得圖 11-22 (b)。

　　通常雙線圈電磁閥如果兩邊同時激磁，易使線圈燒毀，爲防止此現象產生
，在電氣廻路之設計中必須加入互鎖電路，如圖 11-22 (c)。圖中虛線方塊卽
爲互鎖電路，加入此電路後保證 $A+$　$A-$ 兩邊線圈不會同時激磁的。

二、自動回行，連續往復循環

　　動力部份如圖 11-23 (a)，邏輯構想如下方塊圖所示。

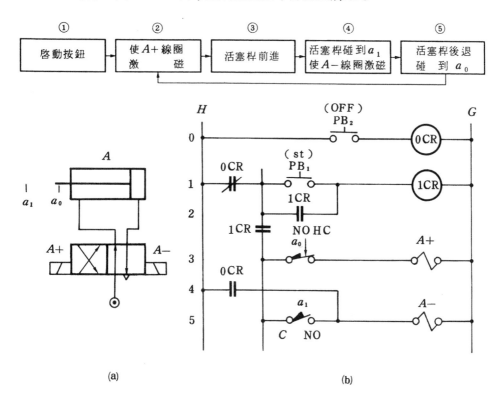

(a)　　　　　　　　　　　　　　　　　　(b)

圖 11-23

【設計步驟】

1. 在第1條線上加上 PB_1 及 1CR 之線圈，第2條線上加 1CR 之 a 接點，火
　　火線上加 1CR 之 a 接點，如此當 PB_1 按下，則3、5方會有電源。

2. 爲使 $A+$ 線圈激磁將 $A+$ 加在第3條線上，如此當 PB_1 按下，則達到方塊

①②③之要求。

3. 為達到方塊④之要求，將 a_1 之 a 接點及 $A-$ 加在第 5 條線上。

4. 為產生另一次之循環運動，必須將 a_0 以NOHC形式加在第 3 條線上。

5. 將PB_2之 a 接點及 OCR 線圈加在第 0 條線上，OCR 所控制之 a 接點加在第 4 條線上，如此，當PB_2按下，則 A 缸退回原位並停止運動。

6. 如此可得到圖11-23(b)所示。

三、自動回行，連續往復循環，有時間延遲現象

位移步驟圖如圖 11-24 (a)，動力部份如圖 11-24 (b)，邏輯構想如下方塊圖所示。

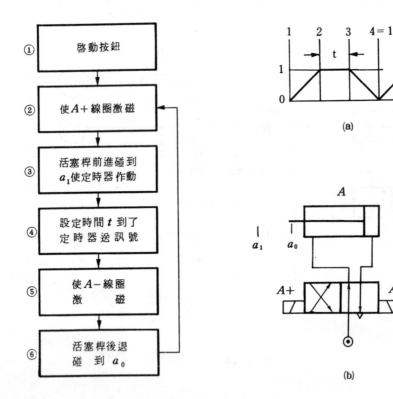

(a)

(b)

圖 11-24

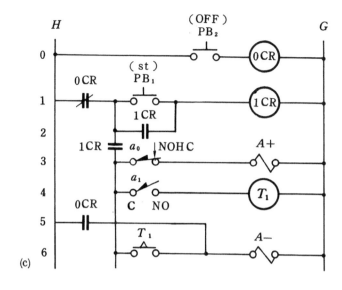

圖 11-24 　（續）

【設計步驟】

1. 將 PB_1 ，$1CR$ 線圈加在第 1 條線上，$1CR$ 之 a 接點加在第 2 條線及火線上，如此當 PB_1 按下時，3、4、6 方有電源。

2. 將 $A+$ 加在第 3 條線上，如此當 PB_1 按下，則可達到方塊①②之要求。

3. 為使活塞桿前進碰到 a_1 時產生延遲，將 a_1 之 a 接點和定時器加在第 4 條線上，如此可達到方塊③之要求。

4. 為達到方塊④⑤之要求，必須將 T_1 之 a 接點和 $A-$ 加在第 6 條線上，如此當設定時間 t 到了，$A-$ 線圈就激磁。

5. 將 a_0 之 a 接點加在第 3 條線上，如此方能產生另一次之循環運動。

6. 將 PB_2 之 a 接點及 $0CR$ 線圈加在第 0 條線上，$0CR$ 所控制之 a 接點加在第 5 條線上，如此，當 PB_2 按下，則 A 缸退回原位並停止運動。

7. 如此可得圖 11-24 (c)所示。

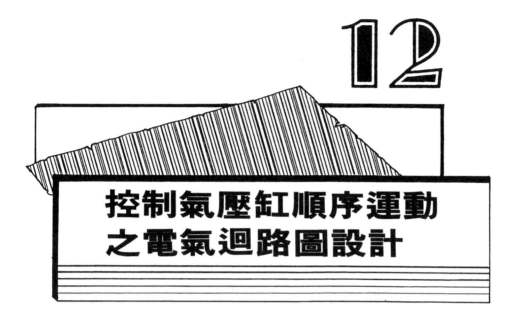

控制氣壓缸順序運動
之電氣迴路圖設計

對於機械背景的人而言，如何設計較爲複雜的電氣迴路，是件頭痛的事情。有鑑於此，本章節希望能夠歸納出一些方法幫我們解決問題。編者認爲這些方法只是一種導引而已，如何運用，全在讀者的勤加練習。

12-1　以經驗法設計電氣迴路

經驗法就如同前所述用直覺法設計氣壓迴路。使用此法設計電氣迴路和個人累積之經驗有關。

一、單純動作迴路設計

在此所指的單純動作乃是氣壓缸之運動無重覆動作、無同時前進、同時後退或延遲等現象產生，設計說明如下：

例題　A、B 兩支缸其位移 —— 步驟圖如圖 12-1 所示，動力部份如圖 12-2 (a)、(b)所示，設計其電氣迴路。（ 單循環，輔助狀況略 ）

讀者在設計電氣迴路之前，先有如下構想：

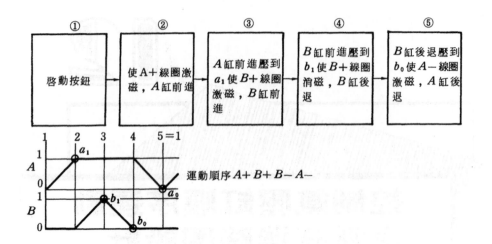

運動順序 $A+B+B-A-$

圖 12-1

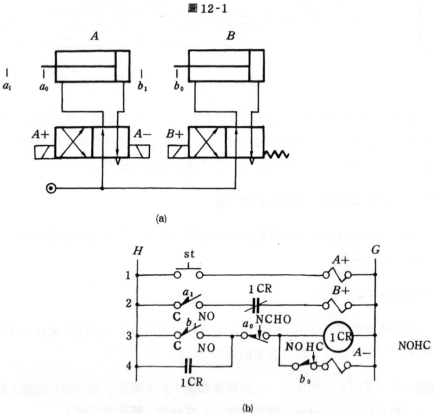

(a)

(b)

圖 12-2

【設計步驟】

1. 在第 1 條線上加上啓動按鈕及 $A+$ 線圈，如此可達到方塊①②之要求。

2. 爲達到方塊③之要求，在第 2 條線上加上 a_1 之 a 接點及 $B+$ 線圈。（因 B 缸後退在 A 缸後退之前，故使 B 缸前進時不需要有自保電路）

3. 將 b_1 之 a 接點及 $1CR$ 線圈加在第 3 條線上，並將 $1CR$ 之 a 接點加在第 4 條線上和 b_1 並聯（構成一自保電路），$1CR$ 之 b 接點加在第 2 條線上，如此可達到方塊④之要求。

4. 將 b_0 以 NOHC 形式 $A-$ 線圈和 $1CR$ 線圈並聯，如此可得到方塊⑤之要求。

5. 將 a_0 以 NCHO 形式加在第 3 條線上，如此當 A 缸後退壓到 a_0 時 $1CR$ 線圈消磁，其所控制之接點恢復原狀。

二、同時前進動作迴路設計

例題　A、B、C 三支缸其位移——步驟圖如圖 12-3，動力部份如圖 12-4 (a)、(b)所示，設計其電氣迴路（單循環，輔助狀況略）。

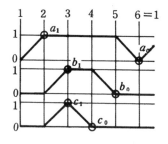

動作順序：
$A+$　$B+$　$C-$　$B-$　$A-$
　　　$C+$

圖 12-3

設計構想如下：（實線箭頭所示）

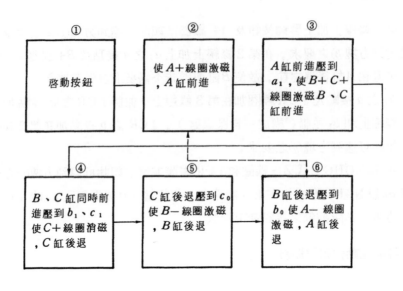

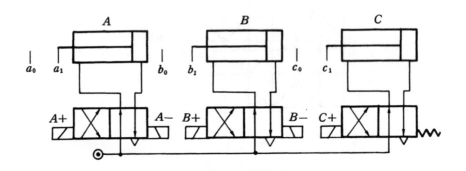

(a)

圖 12-4

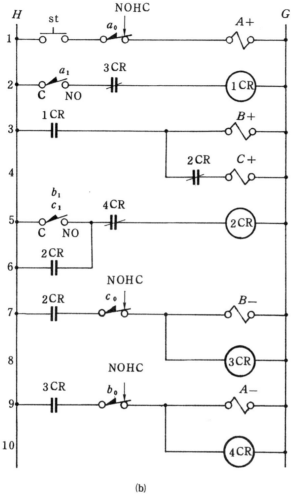

(b)

圖12-4 （續）

【設計步驟】

1. 在第 1 條線上加上啟動按鈕及 $A+$ 線圈，如此可達到方塊①②之要求。

2. 在第 2 條線上加上 a_1 之 a 接點及 1CR 線圈，第 3 條線上加上 1CR 之 a 接點及 $B+$ 線圈，第 4 條線上加 $C+$ 線圈並和 $B+$ 線圈並聯，如此可達方塊③之要求。（C 缸前進不需有自保電路，因 A 缸後退在 C 缸後退之後）

3. 將 b_1 c_1 之 a 接點及 2CR 線圈加在第 5 條線上，2CR 之 a 接點加在第 6

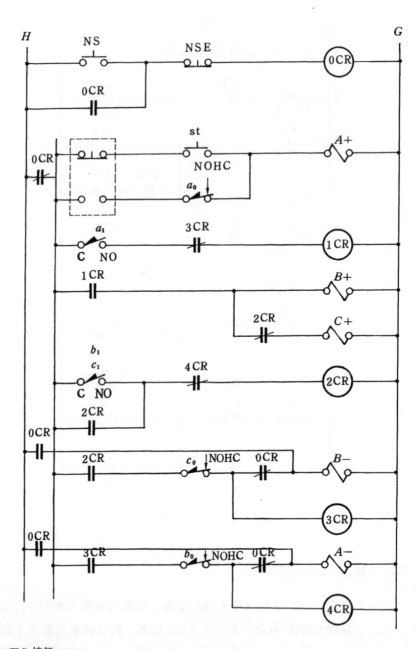

NS：緊急按鈕
NSE：緊急解除按鈕
st：單循環啟動按鈕

圖 12-5

條線上並和 $b_1 c_1$ 並聯，2CR 之 b 接點加在第 4 條線上，如此可達到方塊④之要求。

4. 在第 7 條線上加上 2CR 之 a 接點、c_0 之 a 接點（NOHC形式）及 B—線圈，第 8 條線上加上 3CR 線圈並和 B—線圈並聯，3CR 之 b 接點加在第 2 條線上，如此可達到方塊⑤之要求。

5. 將 3CR 之 a 接點、b_0 之 a 接點（NOHC形式）、A—線圈加在第 9 條線上，如此可達到方塊⑥之要求。

6. 將 4CR 線圈加在第 10 條線上並和 A—線圈並聯，4CR 之 b 接點加在第 5 條線上，如此 B 缸後退壓到 b_0 則 2CR 線圈消磁，其所控制之接點恢復原狀。

以上所設計之電氣迴路只具有單循環的功能，然一部自動化機械電氣迴路，必須至少具備如下機能：

1. 單循環
2. 連續往復循環 ⎬ 可用選擇開關選擇。
3. 緊急狀況處理。

為達到上述機能，圖 12-4(b)之電氣迴路可改為如圖 12-5。

【說　明】

1. 虛線框框為選擇開關，目前所示之位置如將啟動按鈕 st 按下，為單循環運動，如欲改為連續循環，則將選擇開關旋轉即可。

2. NS 為緊急按鈕，將 NS 按下，則 A、B、C 三支缸後退。

3. NES 為緊急解除按鈕，當 NS 按下之後，如欲使機器重新啟動，必須按 NSE 使 0CR 線圈所控制之接點恢復原狀。

4. 在 A— B—線圈之前加上 0CR 之 b 接點在防止緊急按鈕按下時，產生誤動作。

三、同時後退動作迴路設計

例題　A、B 兩支缸其位移——步驟圖如圖 12-6，動力部份如圖 12-7(a)，設計其電氣迴路。（單循環，無輔助狀況）

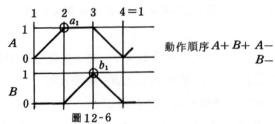

動作順序 $A+$ $B+$ $A-$
　　　　　　　　　　$B-$

圖 12-6

設計構想如下：

①	②	③	④
啓動按鈕	使 $A+$ 線圈激磁，A 缸前進（要有自保電路）	A 缸前進壓到 a_1 使 $B+$ 線圈激磁，B 缸前進	B 缸前進壓到 b_1 使 $A+$ $B+$ 線圈消磁，A、B 缸後退

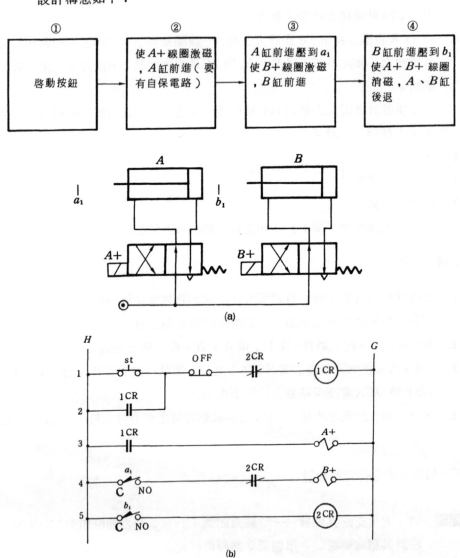

(a)

(b)

圖 12-7

【設計步驟】

1. 因為控制 A 缸之電磁閥為單線圈電磁閥，故在第 1 條線上加啓動按鈕及
   1CR 線圈，第 2 條線上加 1CR 之 a 接點並和啓動按鈕並聯（構成一自保
   電路），第 3 條線上加 1CR 之 a 接點及 $A+$ 線圈，如此可達到方塊①②
   之要求。

2. 在第 4 條線上加 a_1 之 a 接點及 $B+$ 線圈，如此可達到方塊③之要求。（ A
   、 B 缸同時後退，不需要自保電路）

3. 在第 5 條線上加 b_1 之 a 接點及 2CR 線圈，並將 2CR 所控制之接點以 b
   接點形式加在第 1 條線和第 4 條線上，如此可達到方塊④之要求。

4. 停止 按鈕加在第 1 條線上。

四、有時間延遲動作迴路設計

例題　A 、 B 兩支缸其位移——步驟圖如圖 12-8 ，動力部份如圖 12-9(a) ，
設計其電氣迴路。（單循環，無輔助狀況）

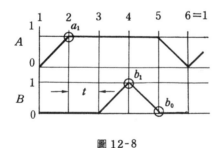

動作順序
$A+$ ⓣ $B+$ $B-$ $A-$

圖 12-8

設計構想如下：

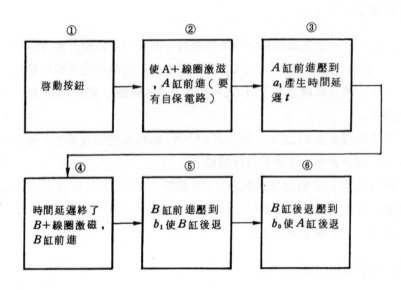

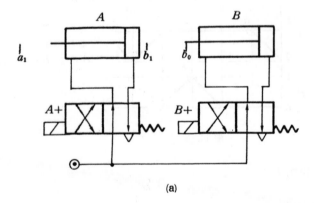

(a)

圖 12-9

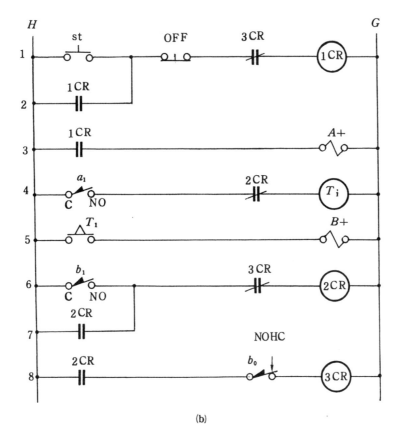

(b)

圖 12-9　（續）

【設計步驟】

1. 將啟動按鈕及 1CR 線圈加在第 1 條線上，1CR 之 a 接點加在第 2 條線上並和啟動按鈕並聯（構成一自保電路）；第 3 條線上加 1CR 之 a 接點及 $A+$ 線圈，如此可達到方塊①②之要求。

2. 為達到方塊③④之要求，將 a_1 之 a 接點及 T_1 定時線圈加在第 4 條線上，在第 5 條線上加 T_1 之 a 接點及 $B+$ 線圈，如此當 A 缸壓到 a_1，經過延遲時間 t，定時器之 a 接點閉合，B 缸前進。（A 缸後退在 B 缸後退之後，故可不用自保電路）

3. 要使 B 缸後退必須使 $B+$ 線圈消磁，故在第 6 條線上加 b_1 之 a 接點及 2CR 線圈，第 7 條線加 2CR 之 a 接點並和 b_1 並聯（構成一自保電路）

爾後將 $2CR$ 之 b 接點加在第 4 條線上，如此當 B 缸前進壓到 b_1，T_1 定時線圈不再通電，$B+$ 線圈消磁，完成方塊⑤之要求。

4. 將 $2CR$ 之 a 接點，b_0 以 NOHC 形式及 $3CR$ 線圈加在第 8 條線上，並將 $3CR$ 之 b 接點加在第 1 條線上，如此可達到方塊⑥之要求。

5. 將 $3CR$ 之 b 接點加在第 6 條線上，如此可使 $2CR$ 所控制之接點恢復原狀。

6. 停止按鈕加在第 1 條線上。

12-2　以串級法設計電氣廻路

以經驗法設計電氣廻路的確不簡單且易生錯誤。本節將介紹以串級法設計電氣廻路，其整個大原則和前所述用串級法設計純氣壓廻路類似。注意本節所介紹之方法僅適用在雙線圈電磁閥。

以串級法設計電氣廻路其步驟如下：

1. 繪出工作示意圖。
2. 繪出氣壓缸之位移——步驟圖。
3. 繪出動力部份圖，依據需求，決定微動開關之位置。
4. 寫出氣壓缸的動作順序並分組，如 $A+ B+ B-$ ……，分組之原則如同前所述相同。
5. 根據各氣壓缸移動位置，決定其所觸發之微動開關。
6. 依據第 5 步驟繪出電氣廻路圖。
7. 加入各種輔助狀況。

通常如將動作順序分爲兩組，則只用 1 個繼電器（一組用 a 接點控制，另一組用 b 接點控制）；如將動作順序分爲 3 組以上，則每一組用一個繼電器來控制，在任一時間，只有一繼電器激磁。底下以例題說明電氣廻路之設計。

一、單純動作廻路設計

例題　A、B、C 三支缸其位移—— 步驟圖如圖 12-10 所示，設計其電氣廻路（單循環，輔助狀況略）。

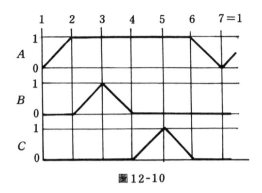

圖 12-10

【設計步驟】

1. 步驟 1（省略）。

2. 步驟 2，繪出位移——步驟圖如圖 12-10 所示。

3. 步驟 3，繪出動力部份圖如圖 12-11 所示。

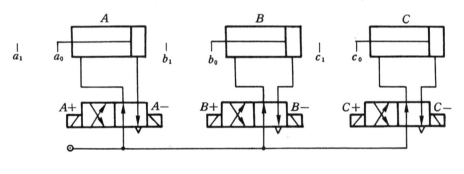

圖 12-11

4. 步驟 4，動作順序分組。

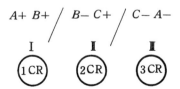

5. 步驟 5，決定每一動作所觸發之微動開關。

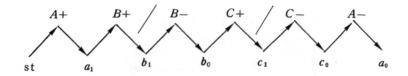

6. 步驟6，由步驟5繪出電氣廻路如圖12-12，說明如下：

(1) 動作順序分爲三組，故用三個繼電器，且每一組由一個繼電器掌管。

(2) 將啓動按鈕及1CR線圈加在第1條線上，1CR之 a 接點加在第2條線上並和啓動按鈕並聯，如此當啓動按鈕按下1CR線圈激磁。

(3) 第一組的第一個動作爲 $A+$，故可將1CR之 a 接點及 $A+$ 線圈加在第3條線上，因此當1CR線圈激磁時，A 缸即前進。

(4) A 缸前進壓到 a_1 使 B 缸前進，故將 a_1 之 a 接點及 $B+$ 線圈加在第4條線上且和 $A+$ 線圈並聯。

(5) B 缸前進壓到 b_1 要產生換組動作（由 I 變爲 II ），故將 b_1 之 a 接點及2CR線圈加在第5條線上，2CR之 a 接點加在第6條線上且和 b_1 並聯，又將2CR之 b 接點加在第1條線上，如此當 B 缸前進壓到 b_1 則2CR線圈激磁，1CR線圈消磁。

(6) 第 II 組的第一個動作爲 $B-$，故將2CR之 a 接點及 $B-$ 線圈加在第7條線上，因此當2CR線圈激磁時，B 缸即後退。

(7) B 缸後退壓到 b_0 要使 C 缸前進，故將 b_0 以NOHC形式及 $C+$ 線圈加在第8條線上且和 $B-$ 線圈並聯。

(8) C 缸前進壓到 c_1 要產生換組動作（由 II 變爲 III ），故將 c_1 之 a 接點及3CR線圈加在第9條線上，3CR之 a 接點加在第10條線上並和 c_1 並聯，又將3CR之 b 接點加在第5條線上，如此當 C 缸前進壓到 c_1，3CR線圈激磁，2CR線圈消磁。

(9) 第 III 組的第一個動作爲 $C-$，故將3CR之 a 接點及 $C-$ 線圈加在第11條線上，因此當3CR線圈激磁時，C 缸即後退。

(10) C 缸後退壓到 c_0 要使 A 缸後退，故將 c_0 以NOHC形式及 $A-$ 線圈加在第12條線上且和 $C-$ 線圈並聯。

(11) 將1CR之 b 接點加在第9條線上，如此當1CR線圈激磁，3CR線圈就不激磁。

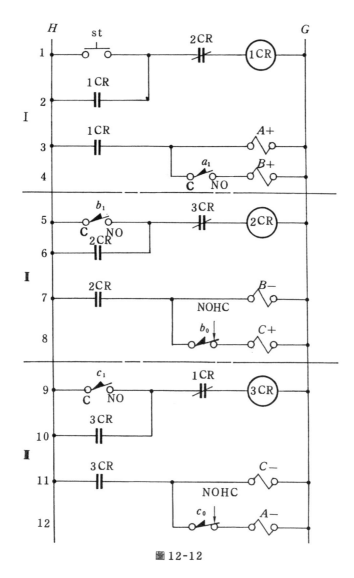

圖12-12

⑿　讀者如仔細分析此電路，可發覺在任一時間只有一繼電器激磁。

7.　步驟7，如果輔助狀況如下：

⑴　單循環

⑵　連續往復循環　〕可用選擇開關選擇。

⑶　緊急狀況發生時，三支缸皆退回原位。

完成之電氣迴路圖如圖12-13所示。

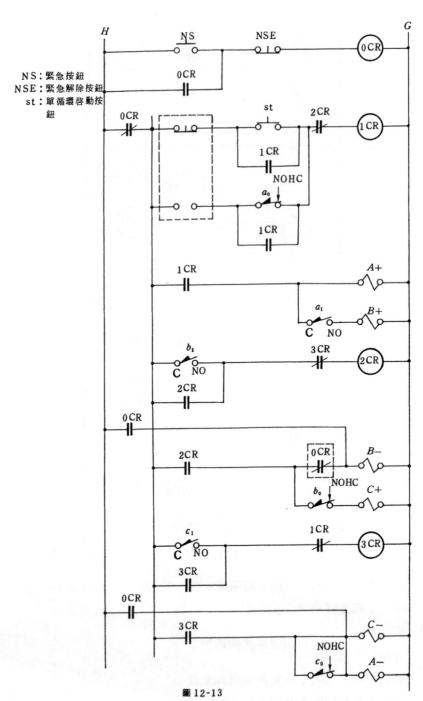

NS：緊急按鈕
NSE：緊急解除按鈕
st：單循環啓動按
　　鈕

圖12-13

【 説　　明 】

1. 虛線框框所示爲選擇開關，目前選擇開關所停留位置如將 st 按下，爲單循環運動。如欲改爲連續循環，則將選擇開關旋轉即可。

2. 如將緊急按鈕 NS 按下，則 A、B、C 三支缸皆退回原位；圖中在 $B-$ 線圈之前加 0CR 之 b 接點在防止 B 缸後退壓到 b_0 時使 $C+$ 線圈激磁，造成 C 缸前進。

3. NSE爲緊急解除按鈕。當NS按下之後，如欲使機器重新啓動，則必須按NSE使 0CR 線圈消磁。

二、同時前進動作廻路設計

例題　A、B、C 三支缸其位移——步驟圖如圖 12-14，設計其電氣廻路。

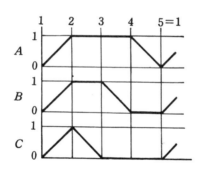

圖 12-14

【 設計步驟 】

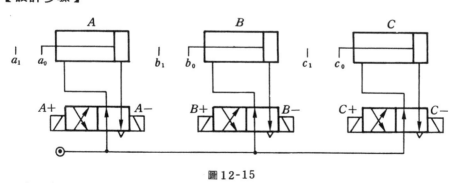

圖 12-15

1. 步驟 1（省略）。

2. 步驟 2，繪出位移——步驟圖如圖 12-14 所示。

3. 步驟 3，繪出動力部份圖如圖 12-15 所示。

4. 步驟 4，動作順序分組。

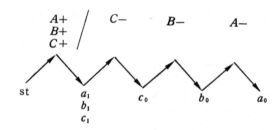

5. 步驟 5，決定每一動作所觸動之微動開關。

$$A+ \quad / \quad C- \qquad B- \qquad A-$$
$$B+$$
$$C+$$

st $\qquad$ a_1 $\qquad$ c_0 $\qquad$ b_0 $\qquad$ a_0
$\qquad\qquad\quad$ b_1
$\qquad\qquad\quad$ c_1

6. 步驟 6，由步驟 5 依序繪出電氣迴路圖，如圖 12-16。說明如下：

　(1)　動作順序分為兩組，故用 1 個繼電器控制卽可。第 I 組由 a 接點掌管（

　　　　 ），第 II 組由 b 接點掌管（ ）。

　(2)　首先建立啓動電路。將啓動按鈕及 1CR 線圈加在第 1 條線上，1CR 之
　　　　a 接點加在第 2 條線上且和啓動按鈕並聯，如此，當啓動按鈕按下，
　　　　1CR 線圈卽激磁。

　(3)　第 I 組的第 1 個動作為 A、B、C 三支缸同時前進，故將 1CR 之 a 接
　　　　點和 $A+$ $B+$ $C+$ 線圈加在第 3 條線上，如此，當 1CR 線圈一激磁，A
　　　　、B、C 三支缸卽同時前進。

　(4)　當 A、B、C 三支缸同時前進壓到 $a_1 b_1 c_1$，產生換組動作（由 I 變到
　　　　II）亦卽 1CR 線圈消磁，故必須將 a、b、c 以 b 接點形式加在第 1
　　　　條線上。

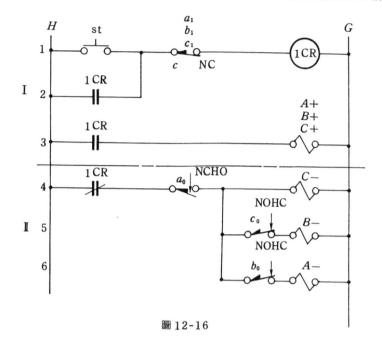

圖 12-16

(5) 第 II 組的第一個動作為 $C-$ ，故將 1CR 之 b 接點和 $C-$ 線圈加在第 4 條線上，因此當 1CR 線圈消磁時，C 缸即後退。

(6) C 缸後退壓到 c_0 使 B 缸後退，故將 c_0 以 NOHC 形式和 $B-$ 線圈加在第 5 條線上且和 $C-$ 線圈並聯。

(7) B 缸後退壓到 b_0 使 A 缸後退，故將 b_0 以 NOHC 形式和 $A-$ 線圈加在第 6 條線上且和 $C-$ 線圈並聯。

(8) 將 a_0 以 NCHO 形式加在第 4 條線上其目的在防止未按啟動按鈕前 $A-$ $C-$ $B-$ 線圈產生激磁。

三、同時後退動作廻路設計

例題　A、B、C、D 四支缸其位移——步驟圖如圖 12-17，設計其電氣廻路。

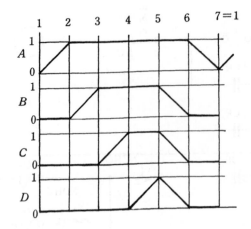

圖 12-17

【設計步驟】

1. 步驟1（省略）。

2. 步驟2，繪出其位移──步驟圖如圖12-17所示。

3. 步驟3，繪出動力部份圖，如圖12-18所示。

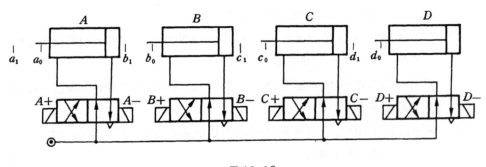

圖 12-18

4. 步驟4，將動作順序分組。

$$A+ \ B+ \ C+ \ D+ \ \bigg/ \ \begin{array}{l} B- \ A- \\ C- \\ D- \end{array}$$

$$\underset{\dashv}{\text{I}} \qquad \underset{\text{π}}{\text{I}}$$

5. 步驟5，決定每一動作所觸發之微動開關。

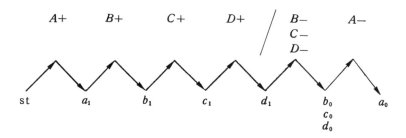

6. 步驟6，步驟5依序繪出電氣迴路圖，如圖12-19所示。

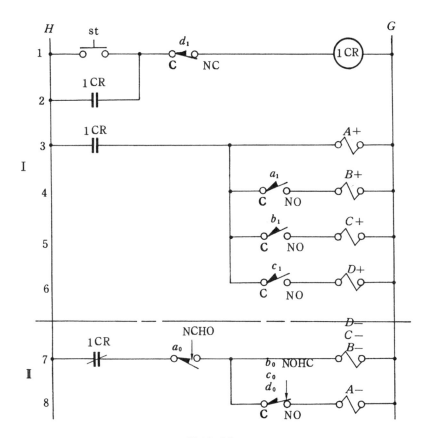

圖12-19

【說　明】

1. 將 d_1 以 b 接點形式加在第 1 條線上，其目的在使 D 缸前進壓到 d_1 產生換組動作（由 I 變到 II ）。

2. 將 a_0 以 NCHO 形式加在第 7 條線上，其目的在防止未啟動按鈕前，$A-$ $B-C-D-$ 線圈產生激磁。

四、有時間延遲及重覆動作廻路設計

例題　A、B 兩支缸其位移——步驟圖如圖 12-20 ，設計其電氣廻路。

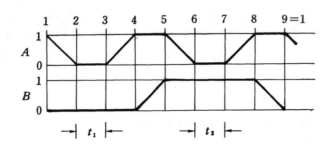

圖 12-20

【設計步驟】

1. 步驟 1 （省略）。

2. 步驟 2 ，繪出位移——步驟圖如圖 12-20 所示。

3. 步驟 3 ，繪出動力部份圖如圖 12-21 所示。

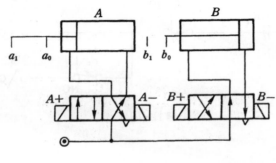

圖 12-21

4. 步驟４，將動作順序分組。

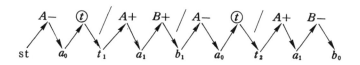

5. 步驟５，決定每一動作所觸動之微動開關。

$$A- \quad \textcircled{t} \quad / \quad A+ \quad B+ \quad / \quad A- \quad \textcircled{t} \quad / \quad A+ \quad B-$$

st　　a_0　　t_1　　a_1　　b_1　　a_0　　t_2　　a_1　　b_0

6. 步驟６，由步驟５依序繪出電氣迴路圖，如圖12-22所示。

【說　　明】

1. 換組動作：Ⅰ→Ⅱ由定時器T_1之a接點掌管，Ⅱ→Ⅲ由b_1微動開關掌管；Ⅲ→Ⅳ由定時器T_2之a接點掌管。

2. A缸後退，前進各兩次。後退時壓到 a_0 會產生兩種動作，一為時間延遲 t_1，另一為時間延遲t_2，故為遵循既定的動作順序，可將 $3CR$ 之 b 接點加在第10條線上，$1CR$之b接點加在第11條線上，如此當第一次A缸後退時壓到a_0，定時T_1激磁，T_2不激磁（因第一次$A-$分配在第Ⅰ組，此時只有$1CR$線圈激磁）。當第二次A缸後退壓到a_0時，則定時器 T_2 激磁，定時器T_1不激磁（因第二次$A-$分配在第Ⅲ組，此時只有$3CR$線圈激磁）。

3. A缸前進壓到a_1也會產生兩種動作，一為$B+$，另一為$B-$，故將 $4CR$ 之 b 接點加在第13條線上，$2CR$之b接點加在第14條線上，道理如同前所述。

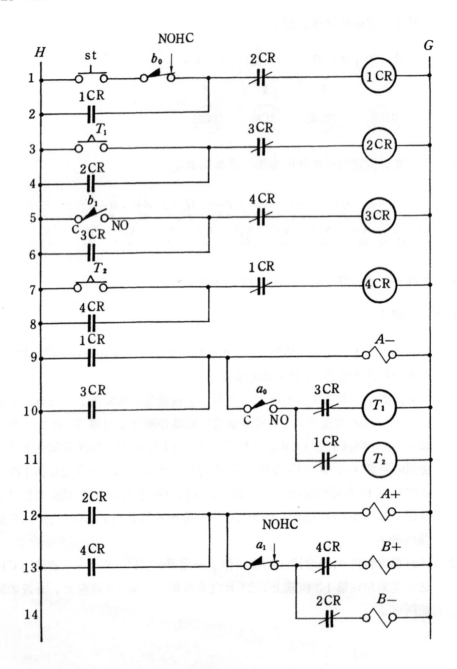

圖 12-22

12-3　移位暫存器法設計電氣迴路

　　以串級法設計電氣迴路所用的控制元件皆為雙線圈電磁閥。一般而言，用雙線圈電磁閥設計電氣迴路有其方便之處，然囿於工作場所，有時必須採用單線圈電磁閥當控制元件。本節即介紹一種稱為移位暫存器的電氣迴路設計法，此種方法即用單線圈電磁閥。

　　以移位暫存器法設計電氣迴路其步驟如下：

1. 繪出工作示意圖。

2. 繪出氣壓缸之位移——步驟圖。

3. 繪出動力部份圖，依據需求，決定微動開關之位置。

4. 寫出氣壓缸的動作順序並分組，決定每一動作所觸發之微動開關。分組之原則可將每一動作分為一組，亦可將不同之動作分為一組。

5. 依據步驟4繪出電氣迴路。

6. 加入各種輔助狀況。

　　通常使用本法設計電氣迴路，如將動作順序分為三組即用3個繼電器；分為兩組，即用兩個繼電器，以下即以例題說明如何利用本法設計電氣迴路。

一、單純動作迴路設計

例題　A、B兩支缸位移——步驟圖如圖12-23，設計電氣迴路。

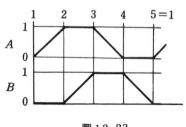

圖12-23

【設計步驟】

1. 步驟1（省略）。

2. 步驟2，繪出位移——步驟圖，如圖12-23所示。

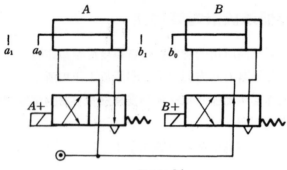

圖 12-24

3. 步驟 3 , 繪出動力部份圖 , 如圖 12-24 所示。

4. 步驟 4 , 動作順序分組並決定每一動作所觸發之微動開關。

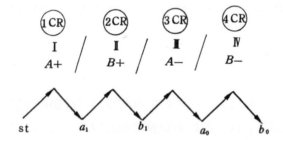

5. 步驟 5 , 由步驟 4 依序繪出電氣廻路如圖 12-25 所示 , 說明如下 :

(1) 動作順序分爲四組 , 故用 4 個繼電器控制。

(2) 將啓動按鈕及 1 CR 線圈加在第 1 條線上 , 1 CR 之 a 接點加在第 2 條線上且和啓動按鈕並聯 ; 如此當啓動按鈕按下 , 1 CR 線圈激磁。

(3) 第 I 組的第一個動作爲 $A+$, 故將 1 CR 之 a 接點及 $A+$ 線圈加在第 3 條線上 , 當 1 CR 之線圈一激磁 , A 缸即前進。

(4) A 缸前進壓到 a_1 其目的在產生換組動作 (由 I 變到 II) , 亦即使 2 CR 線圈激磁 , 故將 a_1 之 a 接點及 2 CR 線圈加在第 4 條線上 , 2 CR 之 a 接點加在第 5 條線上且和 a_1 並聯。

(5) 第 II 組的第一個動作爲 $B+$, 故將 2 CR 之 a 接點及 $B+$ 線圈加在第 6 條線上 , 當 2 CR一激磁 , B 缸即前進。

(6) B 缸前進壓到 b_1 其目的在產生換組動作 (由 II 變到 III) , 亦即 3 CR 線圈激磁。故將 b_1 之 a 接點和 3 CR 線圈加在第 7 條線上 , 3 CR 之 a 接

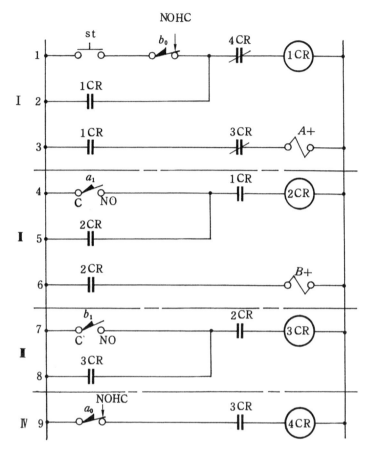

圖 12-25

點加在第 8 條線上且和 b_1 並聯。

(7)　第 III 組的第一個動作為 $A-$，為產生 A 缸後退，可將 3 CR 之 b 接點加在第 3 條線上。

(8)　A 缸後退壓到 a_0，其目的在產生換組動作（由 III 變到 IV），故將 a_0 以 NOHC 形式和 4 CR 線圈加在第 9 條線上。

(9)　第 IV 組的第一個動作為 $B-$，為產生 B 缸後退，可將 4 CR 之 b 接點加在第 1 條線上，1 CR 之 a 接點加在第 4 條線上，如此，當 4 CR 線圈 - 激磁，1 CR 線圈及 2 CR 線圈即消磁，B 缸就後退。

(10)　檢討整個電路，如果 B 缸後退，1 CR、2 CR 線圈皆消磁，然 3 CR、

NS：緊急按鈕
NSE：緊急解除按鈕
st：啟動按鈕（單循環）
OFF：停止按鈕

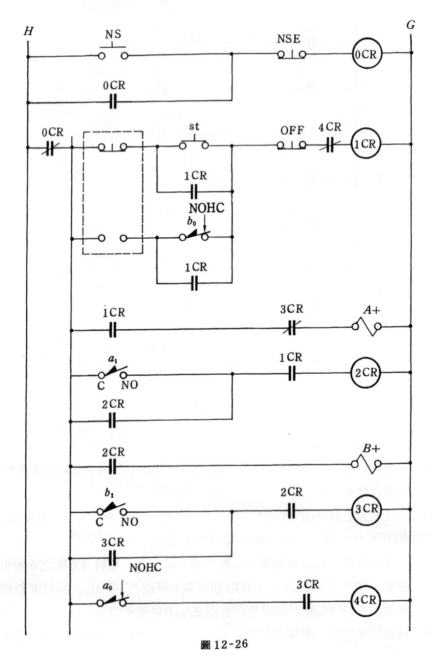

圖 12-26

4 CR 線圈未消磁，故必須把 2 CR 之 a 接點加在第 7 條線上，3 CR 之 a 接點加在第 9 條線上，如此當 A 缸後退壓到 a_0，B 缸隨即後退且 4 個繼電器皆消磁。

6. 步驟 6，加入輔助狀況

(1) 單循環
(2) 連續往復循環 〕用選擇開關選擇。

(3) 緊急狀況發生時，A、B 兩支缸皆退回原位。電氣迴路圖如圖 12-26 所示。

【說　明】

1. 虛線框框所示為選擇開關，目前所示位置如將 st 按下即產生單循環運動；如欲產生連續往復循環，將選擇開關轉一角度即可。

二、有同時後退動作迴路設計

例題　A、B、C 三支缸其位移——步驟圖如圖 12-27，設計其電氣迴路。

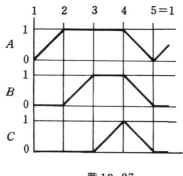

圖 12-27

【設計步驟】

1. 步驟 1（省略）。

2. 步驟 2，繪出位移——步驟圖如圖 12-27。

3. 步驟 3，繪出動力部份圖，如圖 12-28。

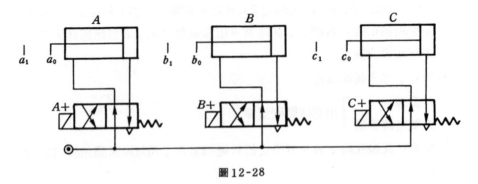

圖 12-28

4. 步驟 4 ，動作順序分組並決定每一動作所觸發之微動開關。

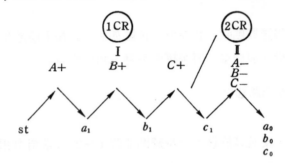

5. 步驟 5 ，由步驟 4 依序繪出電氣廻路如圖 12-29 所示。

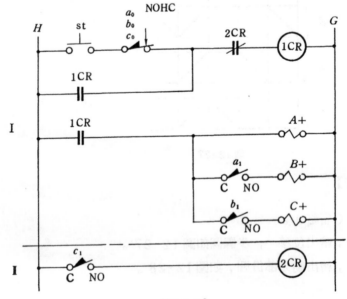

圖 12-29

三、有同時前進動作廻路設計

例題 A、B、C三支缸其位移——步驟圖如圖12-30，設計其電氣廻路圖。

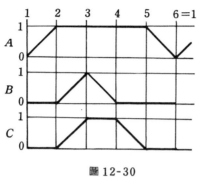

圖12-30

【設計步驟】

1. 步驟1（省略）。

2. 步驟2，繪出位移——步驟圖如圖12-30所示。

3. 步驟3，繪出動力部份圖如圖12-31所示。

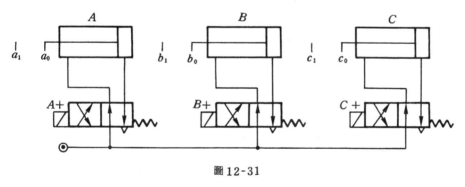

圖12-31

4. 步驟4，動作順序分組並決定每一動作所觸發之微動開關。

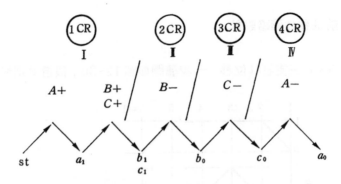

5. 步驟 5 ，由步驟 4 依序繪出電氣廻路圖 如圖 12-32 所示。

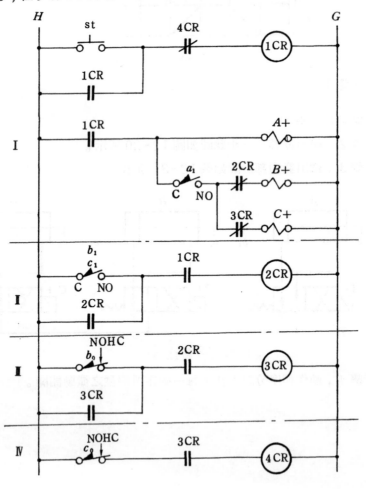

圖 12-32

四、有重覆動作迴路設計

例題 A、B兩支缸，其位移──步驟圖如圖12-33，設計電氣迴路圖。

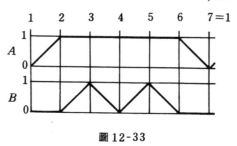

圖12-33

【設計步驟】

1. 步驟1（省略）。

2. 步驟2，繪出位移──步驟圖如圖12-33所示。

3. 步驟3，繪出動力部份圖如圖12-34所示。

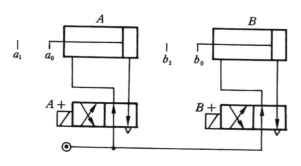

圖12-34

4. 步驟4，將動作順序分組並決定每一動作所觸發之微動開關。

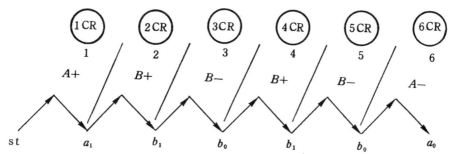

5. 步驟 5 ，由步驟 4 依序繪出其電氣廻路圖 ，如圖 12 - 35 所示 。

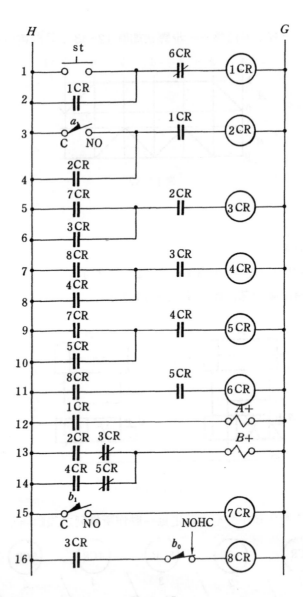

圖 12 - 35

【説　　明】

1. B缸前進、後退各爲兩次。B缸前進壓到 b_1 會產生兩種動作，一爲由2
   變爲3，另一爲由4變爲5，爲防止誤動作產生，把 b_1 之 a 接點和
   7CR線圈加在第15條線上，並把7CR繼電器之 a 接點取代 b_1 微動開關
   並加在第5條和第9條線上。B缸後退壓到 b_0 亦會產生兩種動作，其處
   理情形同上。

2. 第13、14條線所構成之控制電路，系用於處理B缸前進、後退，如何設
   計此電路，可參閱步驟4即知曉。

五、有時間延遲動作迴路設計

例題　A、B、C三支缸其位移——步驟圖如圖12-36，設計其電氣迴路。

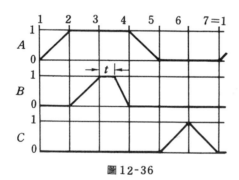

圖12-36

【設計步驟】

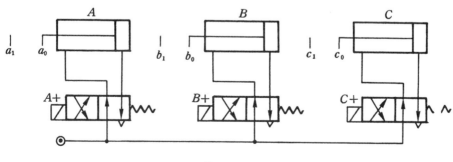

圖12-37

1. 步驟1（省略）。

2. 步驟2，繪出位移──步驟圖，如圖12‑36所示。

3. 步驟3，繪出動力部份圖，如圖12‑37所示。

4. 步驟4，動作順序分組並決定每一動作所觸發之微動開關。

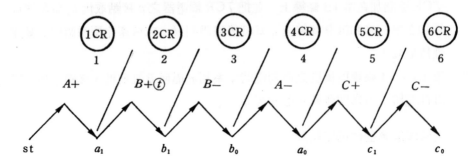

5. 步驟5，由步驟4依序繪出電氣廻路，如圖12‑38所示。

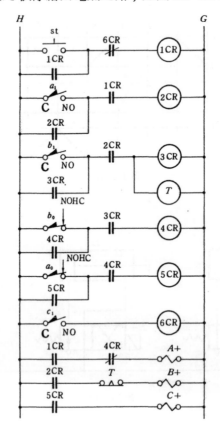

圖12‑38

12-4　公式法設計電氣迴路

　　上述章節中，我們已經介紹如何運用經驗法、串級法、移位暫存器法設計電氣控制迴路，相信讀者對這三種方法的優缺點，大致有有體會。通常經驗法適用於簡單的迴路設計，如用於複雜之控制迴路，則設計容易發生錯誤且不易偵錯；串級法和移位暫存器法在設計電氣迴路時有規則可循且易於偵錯，然串級法只適用於雙線圈電磁閥，移位暫存器法適用於單線圈電磁閥，且所用繼電器的數目和分級（組）多寡有關。

　　本節將介紹如何以公式法設計電氣迴路。其實公式法就是所謂的邏輯設計法，講到邏輯，就聯想到布林代數、卡氏圖；在這裡我們將不介紹如何利用布林代數或卡氏圖的化簡來求得邏輯函數，而希望以一種更簡便的方法求得邏輯函數，爾後再將邏輯函數轉成電氣控制迴路。底下以例題說明：

一、單純動作迴路設計

例題　A、B兩支缸其位移——步驟圖如圖 12-39，設計其電氣迴路。

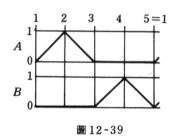

圖 12-39

解1　使用雙線圈電磁閥

　　如果控制氣壓缸的前進、後退順序運動皆使用雙線圈電磁閥，邏輯函數的求得原則如下：

(1)　寫出工作元件（氣壓缸）的動作順序。

(2)　利用串級法分級（組），級數愈少愈好，並決定每一動作所觸發之微動開關。

(3)　每一級的第一個動作之邏輯函數，以其級數表示。

(4)　其它動作之邏輯函數，以其級數串聯其啟動其本身動作之極限開關表示。

(5) 換級時，以達到換級的極限開關表示其邏輯函數。

運用上述原則求解：

(1) 由位移——步驟圖（圖12-39）得知氣壓缸的動作順序為$A+$ $A-$ $B+$ $B-$（原則①）。

(2) 動作順序分為兩級。（原則②）

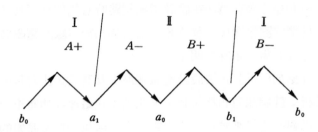

(3) 邏輯函數的簡化與答案由位移——步驟圖（或動作順序分級）觀察可得，說明如下：

① $A+$的動作在第一級，其動作必須等B缸後退壓到b_0時才能動作，所以$A+$之邏輯函數為$A+=\mathrm{I}\cdot b_0$。（原則④）

② $A-$ 在第二級且為第二級的第一個動作，故 $A-$ 之邏輯函數為 $A-=\mathrm{II}$。（原則③）

③ $B+$的動作在第二級，其動作必須等A缸後退壓到a_0時才能動作，所以$B+$之邏輯函數 $B+=\mathrm{II}\cdot a_0$。（原則④）

④ $B-$ 的動作在第一級且為第一級的第一個動作，故 $B-$ 之邏輯函數為 $B-=\mathrm{I}$。（原則③）

⑤ 由第一級變為第二級必須等A缸前進壓到 a_1 方產生換級動作，故由第一級變為第二級之邏輯函數為 $\mathrm{I}\to\mathrm{II}=a_1$。（原則⑤）

⑥ 由第二級變為第一級必須等B缸前進壓到 b_1 方產生換級動作，故由第二級變為第一級之邏輯函數為 $\mathrm{II}\to\mathrm{I}=b_1$。（原則⑤）

(4) 將邏輯函數整理如下：

$$\mathrm{I}\to\mathrm{II}=a_1$$
$$\mathrm{II}\to\mathrm{I}=b_1$$
$$A+=\mathrm{I}\cdot b_0$$

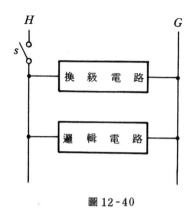

圖 12-40

$$A- = \mathbb{II}$$
$$B+ = \mathbb{II} \cdot a_0$$
$$B- = \mathbb{I} \qquad\qquad\qquad (12-1)$$

　　可知換級動作係利用微動開關達到（亦可利用其它訊號，容下再述）；每一動作順序之完成係由組合邏輯完成，故一完整之控制電路係由換級電路和邏輯電路所構成，如圖12-40所示。

　　將每一動作順序之邏輯函數轉成控制電路是簡而易行，問題是如何得到換級電路，通常我們必須藉助於繼電器。以本例題而言計分為兩級，故用一個繼電器，第一級由繼電器之 b 接點（　）掌管，第二級由繼電器之 a 接點掌管（　），由 $\mathbb{I} \to \mathbb{II}$ 或由 $\mathbb{II} \to \mathbb{I}$ 只是如何控制接點之轉換而已！故要得到換級電路依本人之經驗是先將每一動作順序之邏輯電路繪上，爾後依其動作順序依序的繪上換級電路。本例題之控制電路如圖12-41(b)所示，說明如下：

(1)　首先將每一動作之邏輯函數轉成邏輯電路，而邏輯函數裡面的 $\mathbb{I}$ 由 1CR之 b 接點（　）取代，$\mathbb{II}$ 由1CR之 a 接點（　）取代，故本題之邏輯電路由第3、4、5、6條線所構成。（第1、2條線還不要繪上）

(2)　將 s 開關閉合，則 A 缸前進，A 缸前進壓到 a_1，其目的在產生換級動作（由 $\mathbb{I}$ 變到 $\mathbb{II}$，亦即使第3條線上1CR之 b 接點變為 a 接點，而第5條線上1CR之 a 接點變為 b 接點）。為完成換級動作，將 a_1 之 a 接點及1CR線加在第1條線上，將1CR之 a 接點加在第2條線上並和 a_1 並聯。

(3) 因此當 A 缸壓到 a_1 時，1CR 線圈激磁，所以保證 $B-A+$ 線圈皆不會激磁。但 $A-$ 線圈激磁，此時 A 缸就後退。

(4) 當 A 缸後退壓到 a_0 時，則 B 缸前進。當 B 缸前進壓到 b_1 時其目的在造成換級動作（由 II→I，亦即要使 1CR 所控制之接點恢復原狀），故將 b_1 加在第 1 條線上（b 接點形式），如此 B 缸前進壓到 b_1 則 1CR 線圈消磁，1CR 所控制之接點恢復原狀。

(5) 1CR 線圈－消磁，則保證 $A-B+$ 線圈不會激磁，但 $B-$ 線圈激磁，故

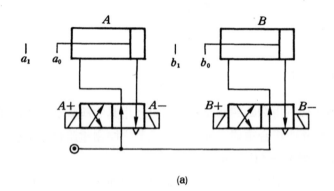

(a)

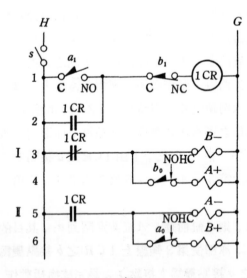

(b)

圖 12-41

B 缸馬上後退。

(6)　可知換級電路的設計是不用死背的，只要熟悉其運作情形定可將其設計出來。

解 2　使用單線圈電磁閥

　　通常如使用單線圈電磁閥，控制氣壓缸的前進時必須使電磁閥之線圈保持激磁，否則當電磁閥之線圈一斷電（消磁），則裡面的彈簧將使電磁閥回位，氣壓缸將永遠無法前進。使用單線圈電磁閥控制氣壓缸的前進、後退順序運動，其邏輯函數的求得類似解 1 所述，所不同者，乃是不必將後退動作（如 $A-$ $B-$ ）之邏輯函數表示出來。為便於把邏輯函數表示出來，茲將本例題之動作順序及分級情形重新標寫如下：

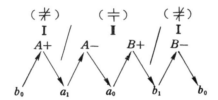

　　邏輯函數的求得可由上述動作順序及其分級觀察可得，說明如下：

(1)　$A+$ 的動作在第一級，其動作是由 B 缸後退壓到 b_0 所造成；而 $A-$ 的動作是第二級的第一個動作，亦即由 I 變到 II 時即造成 A 缸後退的動作，故 $A+$ 的邏輯函數為 $A+ = \text{I} \cdot b_0$ 。

(2)　$B+$ 的動作在第二級，其動作是由 A 缸後退壓到 a_0 所造成；而 $B-$ 的動作是第一級的第一個動作，亦即由 II 變到 I 時即造成 B 缸後退的動作，故 $B+$ 的邏輯函數為 $B+ = \text{II} \cdot a_0$ 。

(3)　換級的動作其邏輯函數和使用雙線圈電磁閥一樣。換級之邏輯函數為 I $\rightarrow$ II $= a_1$ ， II $\rightarrow$ I $= b_1$ 。

　　將上述之邏輯函數整理如下：

$$\text{I} \rightarrow \text{II} = a_1$$
$$\text{II} \rightarrow \text{I} = b_1$$
$$A+ = \text{I} \cdot b_0$$
$$B+ = \text{II} \cdot a_0 \tag{12-2}$$

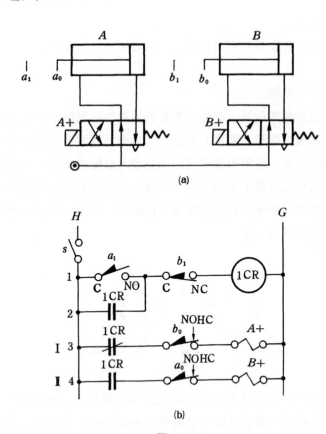

(a)

(b)

圖 12-42

可知控制電路亦由換級電路和邏輯電路所構成。如何將 (12-2) 式轉成電氣控制電路，其方法如同圖 12-41 的構成。將 (12-2) 式轉成控制電路，如圖 12-42 (b)所示。

通常將邏輯函數轉成電氣控制電路之後，必須再對此電路做一檢討，看看此電路是否符合需要，否則要再做適當的修改。本電路檢討如下：

(1) 把 S 開關閉合，則 A＋線圈激磁，A 缸前進。

(2) A 缸前進壓到 a_1，1 CR 線圈激磁，由 I → II（因為 1 CR 所控制之接點產生轉換），此時 A＋線圈消磁，故 A 缸後退。

(3) 當 A 缸後退壓到 a_0，B＋線圈激磁，故 B 缸前進。

(4) B 缸前進壓到 b_1，1 CR 線圈消磁，由 II → I（因為 1 CR 所控制之接點恢復原狀），故 B＋線圈消磁，B 缸後退。

(5)　B缸後退壓到b_0則$A+$線圈激磁，A缸又前進。

(6)　可知本控制電路沒有錯誤。

解 3　控制A缸用雙線圈電磁閥，控制B缸用單線圈電磁閥

　　如果A、B兩缸一用雙線圈電磁閥控制，另一用單線圈電磁閥控制，邏輯函數的求得，該是如何？當然我們可由其動作順序及其分級情形觀察得知，亦可由（12-1）式（12-2）式求得。因為控制A缸用雙線圈電磁閥，故必須將$A+$ $A-$之動作以邏輯函數表示，而控制B缸用單線圈電磁閥，故只要將$B+$之動作表示出來即可。$A+$、$A-$、$B+$各個動作之邏輯函數由（12-1）式、（12-2）式求得如下：

$$\mathbb{I} \rightarrow \mathbb{II} = a_1$$
$$\mathbb{II} \rightarrow \mathbb{I} = b_1$$
$$A+ = \mathbb{I} \cdot b_0$$
$$A- = \mathbb{II}$$
$$B+ = \mathbb{II} \cdot a_0 \qquad\qquad (12\text{-}3)$$

　　可知控制電路亦由換級電路和邏輯電路所構成。換級電路和圖 12-41 (b)、圖 12-42(b)之換級電路一樣。如何將（12-3）式轉成控制電路，其方法和圖 12-41 的構成類似。（12-3）式轉成控制電路如圖 12-43(b)。

　　控制電路完成之後，必須對此電路檢討，檢討如下：

(1)　S 開關閉合，則$A+$線圈激磁，故A缸前進。

(2)　A缸前進壓到a_1產生換級（由$\mathbb{I} \rightarrow \mathbb{II}$），1CR 線圈激磁，1CR 所控

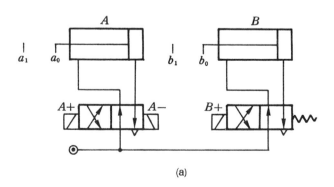

(a)

圖 12-43

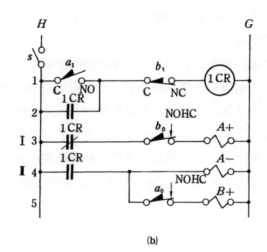

(b)

圖 12-43 （續）

制接點產生轉換，故 $A-$ 線圈激磁，A缸後退。（此時 $A+$ 線圈消磁）

(3)　A缸後退壓到 a_0，則$B+$線圈激磁，B缸前進。

(4)　B缸前進壓到 b_1 產生換級（由 II → I ），1CR 線圈消磁，1CR 所控制之接點恢復原狀，故 $B+$ 線圈消磁，B缸後退。

(5)　B缸後退壓到 b_0 則 $A+$ 線圈激磁，A缸又前進。

(6)　可知本電路無誤。

二、有同時前進動作廻路設計

例題　A、B、C 三支缸其位移 —— 步驟圖如圖 12-44，設計其電氣廻路。

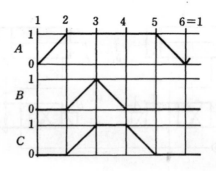

圖 12-44

例1 使用雙線圈電磁閥

【設計步驟】

1. 寫出動作順序並分級，決定每一動作所觸發之微動開關。

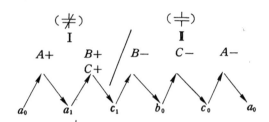

2. 觀察步驟1，求得每一動作及換級之邏輯函數。（求邏輯函數之原則和前述相同，以下將不再重述。）

$$\mathrm{I} \to \mathrm{II} = b_1$$
$$c_1$$

$$\mathrm{II} \to \mathrm{I} = a_0$$

$$A+ = \mathrm{I}$$

$$\begin{matrix} B+ \\ \\ C+ \end{matrix} = \mathrm{I} \cdot a_1$$

$$B- = \mathrm{II}$$

$$C- = \mathrm{II} \cdot b_0$$

$$A- = \mathrm{II} \cdot c_0 \qquad\qquad (12\text{-}4)$$

3. 將（12-4）式轉成控制電路，如圖 12-45 (b)。

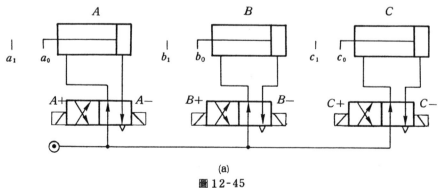

(a)

圖 12-45

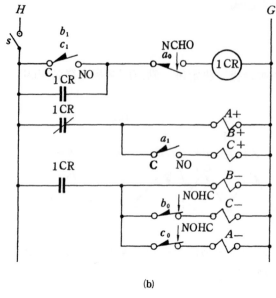

(b)

圖 12-45　（續）

4.　討　論

　　將邏輯電路繪上之後再依序檢討其動作情形，再將控制電路完成，可知如
欲使由第二級變爲第一級，a_0 必須以 NCHO 形式。

例 2　使用單線圈電磁閥

【設計步驟】

1.　寫出動作順序並分級，決定每一動作所觸發之微動開關。

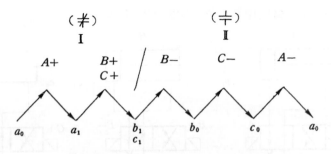

2.　由觀察步驟 1，求得每一動作及換級之邏輯函數。

(1) 觀察動作順序及其分級可知，$A+$動作起於第一級的第一個動作，直到第二級的C缸後退（$C-$動作）壓到c_0時，A缸才後退，亦即由第一級的第一個動作$A+$開始到第二級的第二個動作$C-$完了，$A+$線圈皆要保持激磁狀態，而$A+$線圈的消磁是由C缸後退壓到c_0所造成，由上討論可知$A+$的邏輯函數為$A+=\text{I}+\text{II}\cdot c_0$。

(2) $B+$動作是起於第一級的第二個動作，B、C兩缸同時前進壓到b_1c_1由第一級變為第二級，變到第二級時，B缸馬上後退，亦即由第一級的第二個動作$B+$開始到第一級終了，$B+$線圈保持激磁，但一轉到第二級，$B+$線圈馬上消磁，由上討論可知$B+$之邏輯函數為$B+=\text{I}\cdot a_1$。

(3) $C+$的動作起於第一級的第二個動作，直到第二級B缸後退壓到b_0時C缸才後退，亦即由第一級的第二個動作$C+$開始到第二級的第一個動作$B-$完了，$C+$線圈皆要保持激磁狀態，而$C+$線圈的消磁是由B缸後退壓到b_0所造成，故由上討論可知$C+$的邏輯函數為$C+=\text{I}\cdot a_1+\text{II}\cdot b_0$。

(4) 換級動作之邏輯函數同前。

將以上所討論得到之邏輯函數如下：

$$\text{I}\rightarrow\text{II}=\begin{matrix}b_1\\c_1\end{matrix}$$

$$\text{II}\rightarrow\text{I}=a_0$$
$$A+=\text{I}+\text{II}\cdot c_0$$
$$B+=\text{I}\cdot a_1$$
$$C+=\text{I}\cdot a_1+\text{II}\cdot b_0 \qquad\qquad (12\text{-}5)$$

3. 將（12-5）式轉成控制電路，如圖12-46(b)。

4. 討　論

控制電路繪完之後，各位如檢討整個控制電路運作情形，應有如下心得：

(1) 由$\text{II}\rightarrow\text{I}$，$a_0$應以 NCHO 形式加在第 1 條線上，如此當$A$缸後退壓到$a_0$才能產生換級情形。

(2) C缸後退壓到c_0將使$A+$線圈消磁，A缸後退，故c_0應以 NCHO 形式加在第 4 條線上。

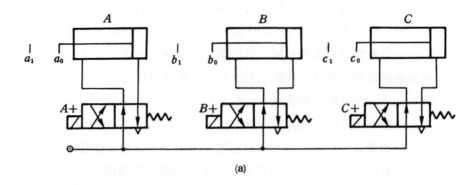

(a)

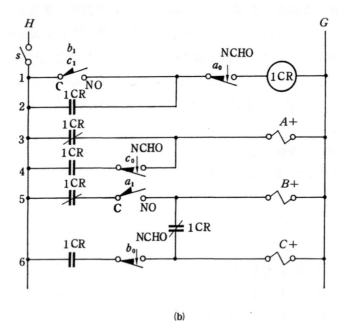

(b)

圖 12-46

(3) B缸、C缸同時前進，故在第 5 條線和第 6 條線之間加上 1 CR 之 b 接點。（如不加情形將如何？）

(4) B缸後退壓到 b_0 將使 C＋線圈消磁，C 缸後退，故 b_0 以 NCHO 形式加在第 6 條線上。

解3 控制 A 缸用雙線圈電磁閥，控制 B、C 兩缸用單線圈電磁閥。

【設計步驟】

1. 寫出動作順序並分級，決定每一動作所觸發之微動開關。

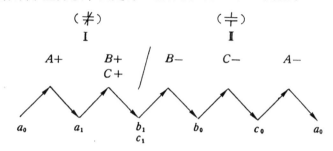

2. 由觀察步驟 1 ，求得每一動作及換級之邏輯函數。

$$\mathrm{I} \to \mathrm{II} = \begin{matrix} b_1 \\ c_1 \end{matrix}$$

$$\mathrm{II} \to \mathrm{I} = a_0$$

$$A+ = \mathrm{I}$$

$$A- = \mathrm{II} \cdot c_0$$

$$B+ = \mathrm{I} \cdot a_1$$

$$C+ = \mathrm{I} \cdot a_1 + \mathrm{II} \cdot b_0 \qquad\qquad (12\text{-}6)$$

3. 將 (12-6) 式轉成控制電路，如圖 12-47 (b)。

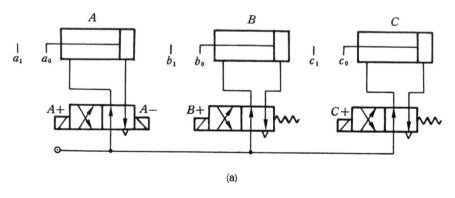

(a)

圖 12-47

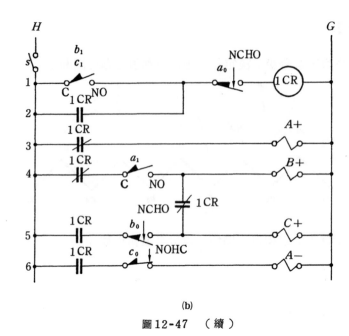

(b)

圖 12-47 （續）

4. 討　論

(1) 換級電路和圖 12-46 (b)、圖 12-45 (b)之換級電路一樣。

(2) 因為控制 A 缸用雙線圈電磁閥，而 C 缸後退壓到 c_0 在造成 $A-$ 線圈激磁，A 缸後退，故 c_0 以 NOHC 形式加在第 6 條線上。

(3) 控制 C 缸用單線圈電磁閥，故 B 缸後退壓到 b_0 在使 $C+$ 線圈消磁，因此 b_0 必須以 NCHO 形式加在第 5 條線上。

(4) 因為 B、C 兩缸係同時前進，故在第 5 條線和第 6 條線之間加上 1 CR 之 b 接點。（ 如不加情形將如何？）

三、有同時後退動作廻路設計

例題 A、B、C 三支缸其位移──步驟圖如圖 12-48，設計其電氣廻路。

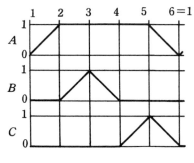

圖 12-48

解 1 使用雙線圈電磁閥

【設計步驟】

1. 寫出動作順序並分級，決定每一動作所觸發之微動開關。

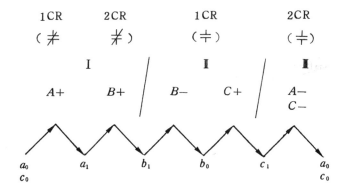

2. 由觀察步驟 1，求得每一動作及換級之邏輯函數。

$$\text{I} \to \text{II} = b_1$$

$$\text{II} \to \text{III} = c_1$$

$$\text{III} \to \text{I} = \begin{matrix} a_0 \\ c_0 \end{matrix}$$

$$A+ = \text{I}$$

$$B+ = \text{I} \cdot a_1$$

$$B- = \text{II}$$

$$C+ = \text{II} \cdot b_0$$

$$\frac{A-}{C-} = \text{III} \qquad\qquad (12\text{-}7)$$

3. 將 (12-7) 式轉成控制電路，如圖 12-49 (b)，說明如下：

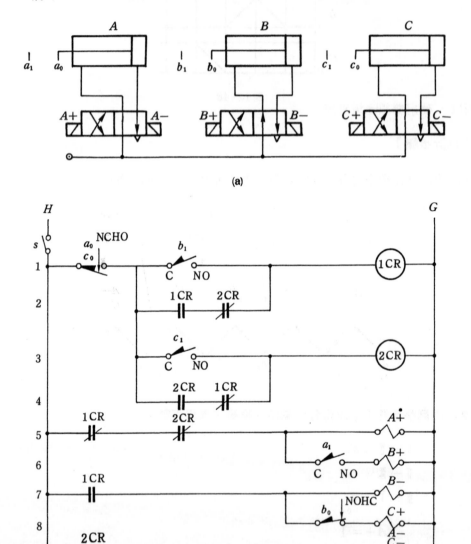

(a)

(b)

圖 12-49

(1) 本題動作順序分爲 3 級，故用 2 個繼電器。第一級由 1CR 及 2CR 之 b 接點掌管（ $\overset{1CR}{\not=}$　$\overset{2CR}{\not=}$ ），第二級由 1CR 之 a 接點掌管（ $\overset{1CR}{\div}$ ），第三級由 2CR 之 a 接點掌管（ $\overset{2CR}{\div}$ ）。

(2) 邏輯函數中之 I 由（ $\overset{1CR}{\not=}$　$\overset{2CR}{\not=}$ ）取代，II 由（ $\overset{1CR}{\div}$ ）取代，III 由（ $\overset{2CR}{\div}$ ）取代。首先將每一動作之邏輯函數轉成邏輯電路，本題之邏輯電路由第 5、6、7、8、9 條線所構成。

(3) 將 S 開關閉合，則 $A+$ 線圈激磁，A 缸前進。A 缸前進壓到 a_1，產生 B 缸前進。

(4) B 缸前進壓到 b_1，其目的在產生換級動作（ I 變到 II，亦即想辦法使第一級 1CR 之 b 接點打開，第二級 1CR 之 a 接點閉合）。故將 b_1 之 a 接點和 1CR 線圈加在第 1 條線上，1CR 之 a 接點加在第 2 條線上，如此當 B 缸前進壓到 b_1，1CR 線圈就激磁，1CR 所控制之接點產生轉換。

(5) 1CR 線圈一激磁，$A+$、$B+$ 線圈就保持消磁狀態（當然 $A-$、$C-$ 線圈也是在消磁狀態），但 $B-$ 線圈馬上激磁，B 缸後退。

(6) B 缸後退壓到 b_0，C 缸就前進。

(7) C 缸前進壓到 c_1，產生換級動作（由 II 變到 III，亦即想辦法使第二級 1CR 之接點恢復原狀，第三級 2CR 之 a 接點閉合，且第 I 級 2CR 之 b 接點打開。），故將 c_1 之 a 接點及 2CR 線圈加在第 3 條線上，2CR 之 a 接點加在第 4 條線上，2CR 之 b 接點加在第 2 條線上，如此，當 C 缸前進壓到 c_1，2CR 線圈激磁，1CR 線圈消磁。1CR 所控制之接點恢復原狀，2CR 所控制之接點產生轉換。

(8) 2CR 線圈一激磁，A 缸、C 缸兩缸就同時後退。

(9) A、C 兩缸後退壓到 a_0、c_0，目的在產生換級（由 III 變到 I，亦即想辦法使 1CR、2CR 線圈消磁，1CR、2CR 所控制之接點恢復原狀。），故將 a_0、c_0 以 NCHO 形式加在第 1 條線上。

(10) 當 A、C 兩缸後退壓到 a_0、c_0，繼電器之接點恢復原狀，故 A 缸又前進。

(11) 爲使 1CR、2CR 只有一繼電器激磁，故將 1CR 之 b 接點加在第 4 條

　　　線上。

⑿　由以上之步驟，即可將換級電路完成。

4. 討　論

(1)　動作順序如分爲三級，則用兩個繼電器。每一級有繼電器之接點代表。

(2)　爲使 1 CR 線圈，2 CR 線圈消磁，a_0、c_0 必須以 NCHO 形式加在第 1 條線上。

解2 使用單線圈電磁閥

【設計步驟】

1. 寫出動作順序並分級，決定每一動作所觸發之微動開關。

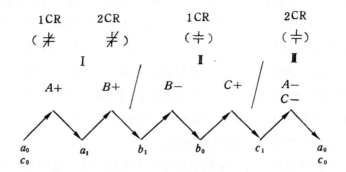

2. 由觀察步驟 1，求得每一動作及換級之邏輯函數。

$$\text{I} \rightarrow \text{II} = b_1$$
$$\text{II} \rightarrow \text{III} = c_1$$
$$\text{III} \rightarrow \text{I} = a_0$$
$$\phantom{\text{III} \rightarrow \text{I} = } c_0$$

$$A+ = \text{I} + \text{II}$$
$$B+ = \text{I} \cdot a_1$$
$$C+ = \text{II} \cdot b_0 \tag{12-8}$$

3. 將（12-8）式轉成控制電路，如圖 12-50 (b)。

4. 討　論

換級電路和圖 12-49 (b) 之換級電路一樣。

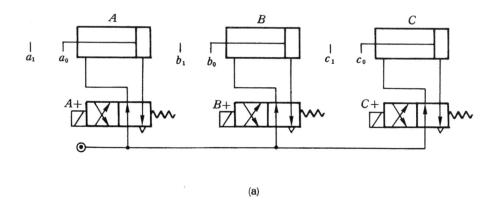

(a)

H   G

a_0 NCHO
c_0
b_1
C   NO   1CR

1CR 2CR

c_1
C   NO   2CR

2CR 1CR

1CR   2CR $A+$

1CR

1CR   2CR a_1 $B+$
                                     C   NO
1CR b_0 NOHC $C+$

(b)

圖 12-50

解3 控制A缸用雙線圈電磁閥，控制B、C兩缸用單線圈電磁閥。

【設計步驟】

1. 寫出動作順序並分級，決定每一動作所觸發之微動開關。

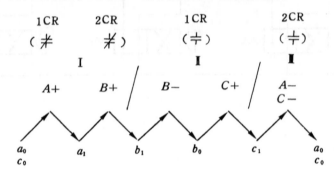

2. 觀察步驟1，寫出每一動作及換級之邏輯函數。

$$\text{I} \rightarrow \text{II} = b_1$$
$$\text{II} \rightarrow \text{III} = c_1$$
$$\text{III} \rightarrow \text{I} = \begin{matrix} a_0 \\ c_0 \end{matrix}$$
$$A+ = \text{I}$$
$$A- = \text{III}$$
$$C+ = \text{II} \cdot b_0$$
$$B+ = \text{I} \cdot a_1 \tag{12-9}$$

3. 將(12-9)式轉成控制電路，如圖12-51(b)。

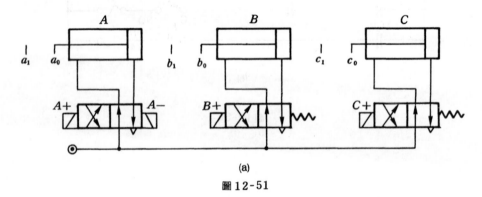

(a)

圖12-51

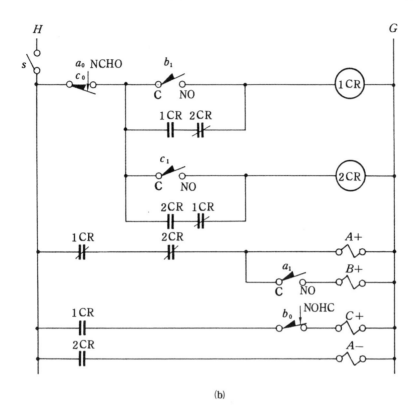

(b)

圖 12-51　（續）

4. 討　論

　　由電氣迴路的構成可知，換級電路和圖 12-50(b)、圖 12-49(b) 之換級電路一樣。

四、有重覆動作及時間延遲迴路設計

例題　A、B 兩支缸其位移 —— 步驟圖如圖 12-52，設計其電氣迴路。

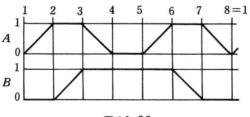

圖 12-52

解1 使用雙線圈電磁閥

【**設計步驟**】

1. 寫出動作順序並分級，決定每一動作所觸發之微動開關。

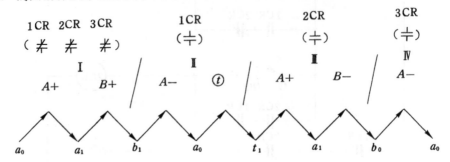

2. 觀察步驟 1 ，寫出每一動作及換級之邏輯函數。

$$I \rightarrow II = b_1$$
$$II \rightarrow III = t_1$$
$$III \rightarrow IV = b_0$$
$$IV \rightarrow I = a_0$$

$$A+ = I \qquad\qquad A+ = III$$
$$B+ = I \cdot a_1 \qquad B- = III \cdot a_1$$
$$A- = II \qquad\qquad A- = IV$$
$$\textcircled{t} = II \cdot a_0 \qquad\qquad\qquad (12\text{-}10)$$

3. 將(12-10)式轉成控制電路，如圖 12-53(b)。

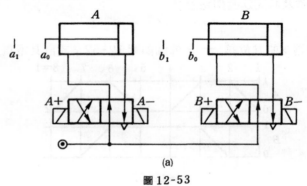

(a)

圖 12-53

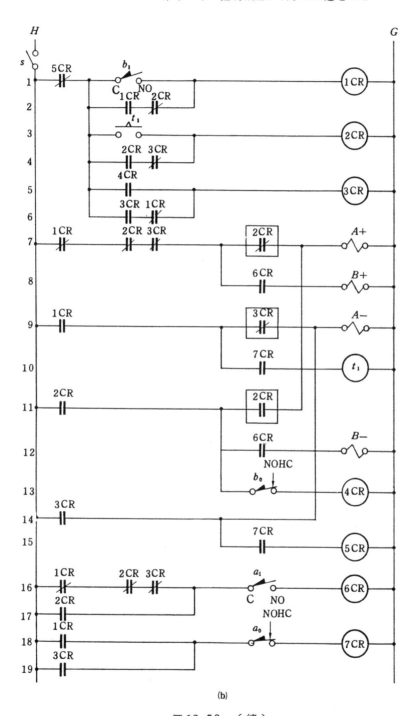

(b)

圖 12-53　（續）

4. 討　論

(1)　本題之動作順序分爲四級，故換級電路採用 3 個繼電器。第一級由 1CR、2CR、3CR 之 b 接點掌管，第二級由 1CR 之 a 接點掌管，第三級由 2CR 之 a 接點掌管，第四級由 3CR 之 a 接點掌管。

(2)　邏輯函數中之 I 由（ 1CR $\not\mp$　2CR $\not\mp$　3CR $\not\mp$ ）取代，II 由（ 1CR $\mp$ ）取代，III 由（ 2CR $\mp$ ）取代，IV 由（ 3CR $\mp$ ）取代。

(3)　繪製控制電路時先將每一動作之邏輯函數轉成邏輯電路，爾後再依其動作順序將換級電路完成。

(4)　$A+$ 在動作分級上屬於第一級和第三級。在第一級 A 缸前進壓到 a_1 造成 $B+$，第三級 A 缸前進壓到 a_1 造成 $B-$。到底 A 缸前進壓到 a_1 造成 $B+$ 或 $B-$？必須有一選擇電路，本選擇電路由第 16、第 17 兩條線所構成，而 a_1 微動開關由 6CR 線圈所控制之接點取代。故在第 8 條線，第 12 條線上我們皆以 6CR 之 a 接點取代 a_1 微動開關。

(5)　$A-$ 在動作分級上屬於第二級和第四級。在第二級 A 缸後退壓到 a_0 造成時間延遲 t ，第四級 A 缸後退壓到 a_0 造成換級。處理方法同(4)。由第 18、第 19 兩條線構成一選擇電路，a_0 微動開關由 7CR 線圈所控制之接點取代。故在第 10 條線，第 15 條線上我們皆以 7CR 之 a 接點取代 a_0 微動開關。

(6)　第 7 條線上 $A+$ 線圈前面加 2CR 之 b 接點（如框框所示），其原因是當在第三級時 A 缸前進壓到 a_1，6CR 線圈激磁，如不在 $A+$ 線圈前加 2CR 之 b 接點，由電路可知，將造成 $B+$ $B-$ 兩邊線圈通電激磁，故必須在 $A+$ 線圈前面加 2CR 之 b 接點。

(7)　第 11 條線上加了一 2CR 之 a 接點（框框所示），其原因是當 S 開關一閉合即造成 4CR 線圈激磁，如此將使整個動作順序大亂，故必須加 2CR 之 a 接點。

(8)　第 9 條線上 $A-$ 線圈前面加 3CR 之 b 接點（如框框所示），其原因是第四級之 A 缸後退壓到 a_0 在造成換級，如不在 $A-$ 線圈前面加 3CR 之 b 接點，由電路可知，當第四級之 A 缸後退壓到 a_0 將使定時線圈 t_1 產生激磁。故必須將 3CR 之 b 接點加在 $A-$ 線圈前面。

⑼　B 缸後退壓到 b_0 在產生換級動作（由 Ⅲ 變到 Ⅳ ）。通常應將 b_0 裝在第 5 條線上，但讀者如將 b_0 以 NCHO 形式裝上，3 CR 線圈將沒法產生激磁；如以 NOHC 形式裝上，讀者將會發覺 S 開關─閉合，3 CR 線圈就激磁，整個動作順序將大亂。因此我們必須為 b_0 以 NOHC 形式 串聯─4 CR 線圈（如第 13 線所示），以 4 CR 之 a 接點取代 b_0（如第 5 條線上所示）。

⑽　由第⑤項討論可知，在第四級 A 缸後退壓到 a_0 產生換級。我們不可能將 a_0 裝在第 1 條線上，在此我們以 5 CR 之 b 接點取代。

⑾　由以上討論可知，如控制電路完成之後，必須再對整個電路做一檢討，如有不當之處，必須要稍加修改，以符合需要。

解 2　使用單線圈電磁閥

【**設計步驟**】

1.　寫出動作順序並分級，決定每一動作所觸發之微動開關。

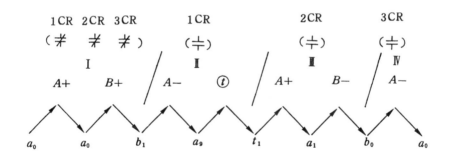

2.　觀察步驟 1 ，寫出每一動作及換級所用之邏輯函數。

$$\text{Ⅰ} \to \text{Ⅱ} = b_1$$
$$\text{Ⅱ} \to \text{Ⅲ} = t_1$$
$$\text{Ⅲ} \to \text{Ⅳ} = b_0$$
$$\text{Ⅳ} \to \text{Ⅰ} = a_0$$
$$A+ = \text{Ⅰ}$$
$$A+ = \text{Ⅲ}$$
$$B+ = \text{Ⅰ} \cdot a_1 + \text{Ⅱ} + \text{Ⅲ} \cdot a_1$$

$$t_1 = \mathbb{I} \cdot a_0 \qquad\qquad (12\text{-}11)$$

(1) $A+$ 屬於第一級和第三級。第一級時 A 缸前進，到第二級的第一個動作，A 缸即後退，故第一次 $A+$ 之邏輯函數 $A+ = \mathbb{I}$。

(2) 第二次的 $A+$ 在第三級的第一個動作，到第四級的第一個動作，A 缸即後退，故第二次 $A+$ 之邏輯函數 $A+ = \mathbb{II}$。

(3) $B+$ 屬於第一級。A 缸前進壓到 a_1 使 B 缸前進，經過第二級，到第三級 A 缸第二次壓到 a_1 才造成 B 缸後退，故 $B+$ 之邏輯函數為 $B+ = \mathbb{I} \cdot a_1 + \mathbb{II} + \mathbb{III} \cdot a_1$。

3. 將（12-11）式轉成控制電路如圖 12-54 (b)。

4. 討　論

(1) 本題換級電路和圖 12-53 (b)之換級電路一樣。

(2) 為何要加上 4 CR、5 CR、6 CR、7 CR 4 個繼電器，其處理情形和解 1 所討論相似。

(3) 第 11 條線上 6 CR 為何以 b 接點形式表示，乃是因為在第三級時 A 缸前進壓到 a_1 要造成 B 缸後退，要使 B 缸後退一定要讓 $B+$ 線圈消磁，在此我們必須以 b 接點形式表示，如此，在第三級時 A 缸後退壓到 a_1，6 CR 線圈激磁，第 11 條線上之 6 CR 接點即為斷路，$B+$ 線圈消磁，B 缸後退。

經過上述幾個例題的說明之後，將公式法的重點歸納如下：

1. 電氣控制電路係由換級電路和邏輯電路所構成。

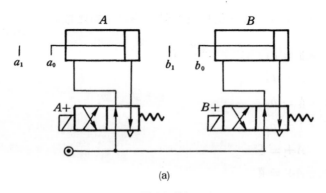

(a)

圖 12-54

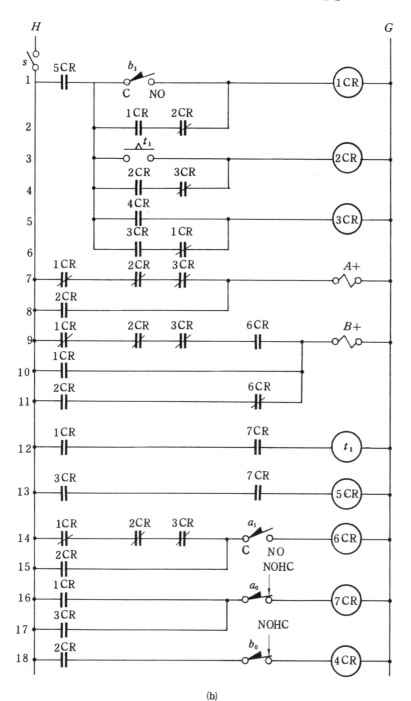

(b)

圖 12-54　（續）

2. 換級電路所用的繼電器和分級的級數有關，繼電器的數目等於級數減一。

3. 繪製電氣廻路時，先將每一動作之邏輯函數轉成邏輯電路，爾後再依其動作順序，依序完成換級電路，故換級電路不用死背。

4. 電氣控制電路完成之後，必須對整個電路作一檢討看看是否有不當之處，如有不妥之處，只作小部份修改即可。

5. 使用雙線圈電磁閥時每一動作之邏輯函數只要遵守本節所述之原則即可；如使用單線圈電磁閥時，則要注意該動作從那一級開始動作，由誰啓動，經過那幾級，到那一級該動作要結束，由誰來結束，如此即可將邏輯函數表示出來。

12-5 使用簧片接點型近接開關之電氣廻路設計

目前在使用電氣——氣壓控制系統中，受空間之限制而無法裝置微動開關，必須以簧片接點型近接開關來取代。有關其構造、原理，已在第五章敍述過了，在此詳述其廻路設計。

例題 A、B兩支缸其位移——步驟圖如圖12-55，設計其電氣廻路。

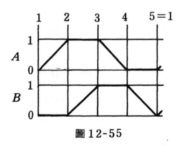

圖12-55

動力部份如圖 12-56 (a)，採用串級法設計電氣廻路，電氣廻路如圖 12-56 (b)。

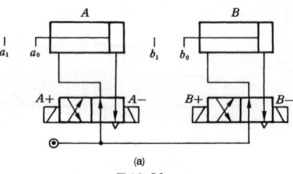

(a)

圖12-56

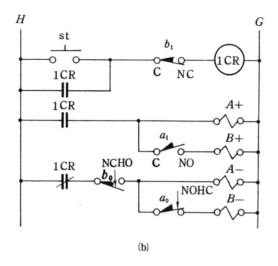

(b)

圖12-56　（續）

　　如以簧片接點型近接開關取代一般之微動開關，則圖 12-56 必須再做適當修改。修改後之動力部份如圖 12-57 (a)，電氣迴路圖如圖 12-57 (b)。

　　有的近接開關沒有 b 接點，而由圖12-56(b)可知 b_0 和 b_1 微動開關為 b 接點型式，那該如何解決，當然我們可借助繼電器。如圖 12-57 (b)所示，原來 b_1 微動開關之接點由2CR之 b 接點取代，再將 b_1 近接開關和2CR線圈串聯，又 b_0 微動開關之接點由3CR之 b 接點取代，而 b_0 近接開關和3CR線圈串聯。

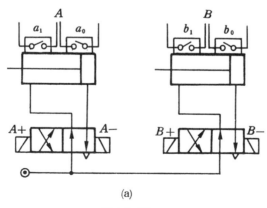

(a)

圖12-57

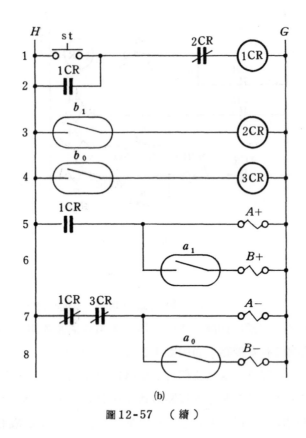

(b)

圖 12-57 （續）

茲將動作說明如下：

1. 按鈕開關（st）未按下時；b_0、a_0 近接開關爲 b 接點形式，故繼電器 3CR 線圈激磁，3CR 之 b 接點變爲開路。

2. 當 st 按下，則繼電器 1CR 線圈激磁，第 5 條線上 1CR 接點變爲 b 接點，第 7 條線上 1CR 接點變爲 a 接點，所以螺線圈 $A+$ 激磁，A 缸前進（A 缸一前進，則 a_0 近接開關變爲 a 接點）。

3. 當 A 缸前進到前端點，則 a_1 近接開關變爲 b 接點形式，故 $B+$ 螺線圈激磁，B 缸前進（B 缸一前進，則 b_0 近接開關恢復爲 a 接點形式，故第 7 條線上 3CR 接點恢復爲 b 接點形式）。

4. B 缸前進到前端點位置，第 3 條線上 b_1 近接開關變爲 b 接點形式，故繼電器 2CR 線圈激磁，第 1 條線上 2CR 接點變爲 a 接點，故 1CR 線圈消磁，所以第5條線上1CR接點恢復原狀，此時 A —螺線圈激磁，A 缸後退。

5. A 缸後退到後端點位置，則 a_0 近接開關變為 b 接點形式，故 B — 螺線圈激磁，B 缸後退。

6. B 缸後退到後端點位置，b_0 近接開關變為 b 接點形式，第7條線上之 $3CR$ 接點又變為 a 接點形式。

習 題

請以經驗法、串級法、移位暫存器法、公式法設計下列位移 —— 步驟圖之電氣迴路。

12-1

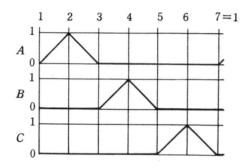

12-2

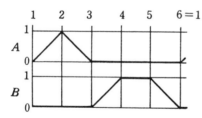

12-3

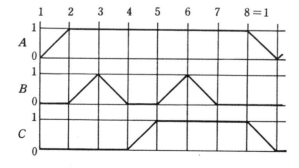

心得筆記

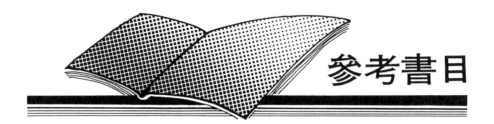

參考書目

1. FESTO，" Pneumatic Application Examples "，飛速公司。
2. Wemer Deppert / Kurt Stoll，" Pneumatic Control，Pneumatic Application "儒林圖書。
3. Harry L. Stewary，" Hydrautic and Pneurnatic Power for Production "新陸書局。
4. R.C. WOMACK，" Practical Fluid Power Control "，登文書局。
5. FESTO，"氣壓產品目錄"，飛速公司。
6. 楊德輝，"透視氣壓設備構造"，自動化科技雜誌。
7. 劉新勇，"簡化氣壓邏輯廻路設計之探討"，機械月刊104期。
8. 簡學斌，"電氣氣壓廻路階梯式設計法"，機械月刊11卷第5期。
9. 林建山譯，"氣力控制學"，徐氏基金會。
10. 陳發林譯，"空液壓控制的分析與設計"，全華圖書。
11. 楊學周著，"油壓及氣壓自動控制系統電氣及流子控制廻路"，逢甲書局。
12. 朱烱崙譯，"氣力學"，徐氏基金會。
13. 孫葆銓譯，"控制工程學"，徐氏基金會。
14. 畢成才著，"低成本自動化管理技術"，中國生產力中心。
15. 孫建平譯，"液壓及氣壓機械元件"，機械月刊社。
16. FESTO，"機械氣壓學入門"，楊技。
17. FESTO，"氣壓設備與氣壓系統的維護"，楊技。
18. 吳秋松編著，"氣壓控制學"，超級科技。
19. 許松培編著，"實用氣壓學"，全華圖書。
20. 陳憲治著，"氣壓控制與實習"，三民書局。

21. 賴南木編著，"實用機械氣壓學──原理篇"，全華圖書。

22. 賴耿陽編撰，"最新應用空氣壓學"，復漢出版社。

23. 賴耿陽譯，"實用空氣壓學"，復漢出版社。

24. 徐曾生編著，"氣壓控制技術"，彙智出版社。

25. 沈頌文編譯，"自動化機械的設計和製造"，南台圖書。

26. 蘇金盛譯，"機械自動化技術"，建興出版社。

27. "油壓空壓手冊"，機械技術圖書。

28. 汪永文編著，"液壓／氣壓控制實習"，全華圖書。

29. 賴南木，"各種氣壓控制廻路的設計方法及原則"，機械技術。

30. 賴南木編著，"實用氣壓──電氣廻路設計及應用"，全華圖書。

31. FESTO，"氣壓設備電氣控制"。

32. 潘錦淵編著，"工業自動控制電路"，文笙書局。

33. 蕭弘清譯，"機械自動化控制電路"，啟學出版社。

34. 林崧銘編著，"控制電路（Ⅰ）"，全華圖書。

35. 蔡木村譯，"電譯入門"，全華圖書。

36. 司浩譯，"圖解自動控制電路"，建興出版社。

附　　錄

能的轉換

類　別	符　　　　號	代表事項名稱	符　　號　　說　　明
1.圓形 　運轉 　機件		空氣壓縮機	(1)圓圈代表圓形運轉機件，包括 　　壓縮機、眞空泵、氣壓馬達。 (2)圓右邊兩平行線代表轉軸。 (3)圓外上下兩短線代表能輸出及 　　輸入接口。 (4)圓頂--小三角形頂角向外表示 　　能量向外，指空氣經壓縮後向 　　外輸出。 (5)小三角形高度約爲圓直徑之$\frac{1}{5}$
		眞　空　泵	(6)圓外加一三角形於小三角形上 　　表示空氣排放口。
		氣壓常速馬達 單向流動	(7)圓頂三角形頂角向內代表自外 　　接受能（壓縮空氣）。 (8)僅一三角形表示此馬達僅作單 　　向運轉。
		氣壓常速馬達 雙向流動	(9)圓內上下各一頂角向內小三角 　　形表示此馬達可正逆向運轉。
		氣壓馬達，可 調節位移容積 ，單向流動	(10)圓上以45°斜穿一箭號表示可 　　變排量之氣壓馬達。
		氣壓馬達，可 調節位移容積 ，雙向流動	

類　別	符　　　　　　　號	代表事項名稱	符　　號　　說　　明
		氣壓擺動馬達	(11)半圓表示一擺動範圍，非圓周運轉。 (12)將以上圓內小三角形塗實，則成油壓符號中之油泵，油壓馬達，油壓擺動馬達（眞空泵僅氣壓用）。
2.往復運動機件	原　符　號　｜　簡化符號 單動氣壓缸外力回行	單動氣壓缸外力回行	(1)長方形表示氣壓缸壓缸管。 (2)缸管內兩短平行線代表活塞，兩長平行線代表活塞桿。 (3)缸管外一短線表空氣接口，僅一接口爲單動氣壓缸。
		單動氣壓缸彈簧回行	(4)缸管內鋸齒狀代表彈簧，指氣壓缸係利用彈簧力使活塞桿縮回。
		雙動氣壓缸單桿活塞桿	(5)缸管前後端各一短線代表兩空氣接口，指往復皆由氣體推動。
		雙動氣壓缸雙桿式	(6)活塞居中，兩端均有活塞桿爲雙桿式。
		差動氣壓缸單桿式	
		雙動氣壓缸二端均有緩衝作用	(7)主活塞兩端各加緩衝活塞，具緩衝作用，斜畫一箭號，表示可調整緩衝程度。
		單動套筒式氣壓缸，外力回行 套筒式氣壓缸	
		增壓器同一流體	(8)空心三角形，一輸入，一輸出，指兩者均爲氣壓。

類別	原符號	簡化符號	代表事項名稱	符　號　說　明
			增 壓 器 不 同 流 體	(9)輸出一小三角形塗實，代表油（液體）輸出，上端虛線為油筒接線。
			能 轉 換 器 氣體－液體	(10)輸入為氣體，輸出為液體。

能的控制與調節

類　　別	符　　　　　　號	代表事項名稱	符　　號　　說　　明
1.方向控 　 制 閥		二口二位閥 （2／2閥） 閉閥位	(1)以方塊代表閥，二方塊以上連接即為方向控制閥，方塊數目即為閥的接轉位置數。
		二口二位閥 （2／2閥） 開閥位	(2)方塊（閥）內橫斷短線（丁或上）代表入口與出口不流通。方塊內與兩邊連接線表入口與出口流通。
		三口二位閥 （3／2閥） 閉閥位	(3)箭頭指示流體流動方向。
		三口二位閥 （3／2閥） 開閥位	(4)方塊內與邊線連接點為閥的接口。 (5)方塊外與邊線連接短線為接頭。
		三口三位閥 （3／3閥） 閉閥位	
		四口二位閥 （4／2閥）	
		四口三位閥 （4／3閥） 中立閥位關閉	

類　　別	符　　　　　　號	代表事項名稱	符　　號　　說　　明
		四口三位閥 （4/3閥） 中立閥位浮動	(6)閥內流動路徑用連接點連接表 　示流動路徑相通。
		五口二位閥 （5/2閥）	
		五口三位閥 （5/3閥）	
	<table><tr><td>*a*</td><td>*b*</td></tr></table>		(7)方向控制閥，俱中間開關位置 　及二個最後位置。
			(8)四個接口方向控制閥 　簡化符號（餘類推）
2.止回閥	*A* ——⊙—— *B*	止回閥，無彈 簧	(1)流體從*A*可自由流向*B*，而自 　*B*却無法流向*A*，僅作*A*至*B* 　單向流動，符號中小圓代表阻 　隔物
	A ——⊙〰〰— *B*	止回閥，有彈 簧	(2)鋸齒狀代表彈簧，利用彈簧封 　閉*B*至*A*通道，僅作*A*至*B*單 　向流動，同時其壓力必須大於 　彈簧力。
	A ——◇⊙▷— *B*	引導式止回閥	(3)*B*亦可流向*A*，但是須在某壓 　力範圍下，常用於油壓，氣壓 　較少使用。
	X ——◇⊙▷— *Y* （*A*）	梭　動　閥	(4)氣動邏輯元件，具"OR"閘的 　功能（又稱"雙向止回閥"）
	X ——▷◁— *Y* （*A*）	雙　壓　閥	(5)氣動邏輯元件，具"AND" 　閘的功能，符號尚為非標準化

類　　別	符　　　　　號	代表事項名稱	符　號　說　明
	A ⌐---┐ P─[⊙→▷]─R	快速排氣閥	(6)梭動閥，二壓閥，快速排氣閥閥體以長方形表示，寬度約爲長的 $2/3$。
3.壓　力 　控制閥	P	釋　壓　閥 可　調　節	(1)壓力控制閥閥體以方塊表示。 (2)鋸齒狀表示彈簧，斜加一箭號表示可調節。
	P	順　序　閥 可　調　節	(3)釋壓閥或稱限壓閥。
	P	調　壓　閥 可　調　節 無　通　氣　口	(4)調壓閥或稱減壓閥。
	P R	調　壓　閥 可　調　節 有　通　氣　口	
4.流　量 　控制閥	─)(─	固 定 開 口 節　流　閥	(1)限一定流量，無法調節。
	∨ ∧	固 定 開 口 隔　膜　閥	(2)利用膜片來限制流量。
	─✳─	可調式節流閥 任何方式作動	(3)斜加一箭號表示可調節。
		可調式節流閥 人 力 作 動	(4)右邊爲其簡化符號。
		可調式節流閥 機械式輥輪作 動彈簧復位	(5)右邊爲其簡化符號。

類　　別	符　　　　　號	代表事項名稱	符　　號　　說　　明
5.切斷閥		切　斷　閥	簡化圖示法，切斷閥僅開與關兩位置，因此二口二位閥亦是切斷閥。
6.流量控制閥與止回閥並聯	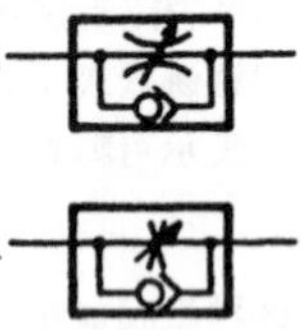 A ─ B　　A ─ B	單向流量控制閥，可調式	(1)流體自 A 流向 B 經由可調式節流閥控制，爲節流控制方向。而自 B 流向 A，可經止回閥通過，爲自由流動，不受控制方向。 (2)閥體以長方形表示，寬爲長的 2/3。

能的傳送

類　　別	符　　　　　號	代表事項名稱	符　　號　　說　　明
		壓　力　源	(1)DIN標準壓力源不分油壓，氣壓均以此符號表示。 (2)JIS規定大圓內一小空心圓爲氣壓壓力源，若大圓內一小實心圓則爲油壓壓力源。
		工　作　線 控　制　線 排　放　線	
		撓　性　管	(3)或軟管
		電　氣　線　路	
	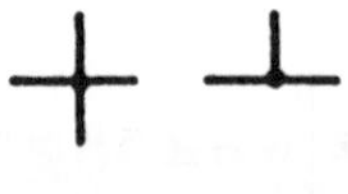	管　線　連　接 固　　定　　式	(4)右邊稱爲三向或 T 型管線連接 左邊稱爲十字管線連接。
	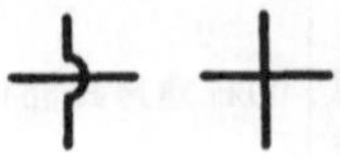	管　線　跨　越	(5)左邊圖示爲 ISO 規定
		放　洩　點	(6)壓力釋放點

類　　別	符　　　　　　　號	代表事項名稱	符　　號　　說　　明
		無管路接口的 空氣排放口	(7)在閥接口處加一三角表示此排 　放口無法加接頭，即排放口無 　螺紋。
		有管路接口的 空氣排放口	(8)在閥接口處加一短線再連接一 　頂角向外三角形表示此排氣口 　，有螺紋可加接頭的排氣口。
		氣壓取用點 關閉	
		有連接管路的 氣壓取用點	
		無止回閥瓣的 快速接頭	
		有止回閥瓣的 快速接頭	
		有止回閥瓣的 單頭快速接頭	
		無止回閥瓣的 單頭快速接頭	
		單路旋轉式 接頭	
		雙路旋轉式 接頭	
		消　音　器	
		蓄　壓　器	

類　　別	符　　　　　　號	代表事項名稱	符　　號　　說　　明
		過　濾　器	中間虛線代表濾芯。
		集　水　器 手　動　放　水	
		集　水　器 自　動　放　水	
		過濾器加自 動放水器	
		乾　燥　器	
		潤　滑　器	上面短線代表滴油嘴。
		三點組合，簡 化符號 （包括過濾器 ，調壓閥，壓 力錶，潤滑器)	原符號爲：
		冷　却　器	

控制機構

類　　別	符　　　　　　號	代表事項名稱	符　　號　　說　　明
1.機　械 　　附　件		軸，單向廻轉	(1)兩平行線間之距離約爲線粗細 　的 5 倍
		軸，雙向廻轉	

類　　　別	符　　　　　　　　號	代表事項名稱	符　　　號　　　說　　　明
		停　駐	(2)駐卡，止回作用。
		閉 鎖 裝 置	(3)＊符號表示鬆釋閉鎖裝置的控制方法。
		過中心設備	
		桿　連　接 簡　單　形	(4)圓直徑約為兩平行線距離3/2倍
		桿　連　接 具有延伸桿	
		桿　聯　接 有固定支點	
2.作　動 方　式 (一)人力式		一 般 符 號	
		按　　　鈕	
		手　　　柄	
		腳　　　踏	
(二)機械式		柱　　　塞	
		彈　　　簧	

類　　別	符　　　　號	代表事項名稱	符　　號　　說　　明
		輥輪槓桿	
		單向輥輪槓桿	
		感　測　器	非標準化
(三)電氣式		電磁，一組有效線圈	
		電磁，二相反作用有效線圈	
		電動馬達，具連續廻轉	
		電動步級馬達	Electroic stepping motor
(四)氣壓式		氣壓直接控制	(1)小三角形代表氣壓控制。 (2)小三角形頂角正對閥表示直接加壓控制。
		釋壓直接控制	(3)小三角形頂角向外（背對閥）表示常態時閥有壓力，釋放壓力後，閥即被引動（控制），閥位改變。
		差壓致動	
		以氣壓定中心	(4)閥位利用氣壓定中心，氣壓作用後改變閥位，釋壓後，閥復歸原中間位置(通常指三位閥)
		以彈簧定中心	(5)以彈簧力使閥於釋壓時復歸原中間位置。
		氣壓間接控制	(6)由氣壓作為嚮導控制。

類　　別	符　　　　　　號	代表事項名稱	符　　號　　說　　明
		釋壓間接控制	(7)由釋壓作爲嚮導控制。
伍組合式		電磁鐵及嚮導閥	(1)閥的控制必須電磁通電及有氣壓時，方能控制。
		電磁鐵或嚮導閥	(2)利用電磁或氣壓均能對閥產生控制。
		電磁鐵或手動操作加彈簧回行	(3)利用電磁或人力手操作均能對閥控制，人力操作並有彈簧回復。
		一般 ＊：註解符號（在附註中說明）	(4)除上述控制方法外之一般表示之其他控制方式。 ＊表示詳閱備註欄上之說明。
㈥其　他（非標準化）		輸壓力到放大器	
		使用壓力放大器之加壓控制	
		加壓控制，因作動方式而產生交替性質	

其他設備

類　　別	符　　　　　　號	代表事項名稱	符　　號　　說　　明
		壓　力　錶	
		差壓壓力錶	(1)差動式壓力量測儀錶

類　　　別	符　　　　　　　號	代表事項名稱	符　　號　　說　　明
		溫　度　錶	
		流　量　計	(2)指示瞬時值（流速）
		容積流量計	(3)累積式（流量）
		壓　力　開　關	(4)左虛線為控制壓力線，當壓力大於某一定值，開關作動，電流由1流至4。當控制壓力低於某一定值，彈簧使其回復，電流由1至2。
		壓　力　探　針	
		溫　度　探　針	
		流　量　探　針	

特殊符號（非標準化）

類　別	符　　　　　　號	代表事項名稱	符　　號　　說　　明
1.訊　號元　件		反射式感測器	符號用長方形表示，長約寬的2倍
		噴口，一般的空氣閘發送器	

類　　別	符　　　　　　號	代表事項名稱	符　　號　　說　　明
		噴口，空氣閘裝接收器	
		背壓感測器	
		阻斷式噴射感　測　器	
2.放大器		放　大　器	（從0.5毫巴到100毫巴）
		容積放大器	
		三口二位閥及放大器	（從0.1毫巴到6毫巴）
3.計數器		減計數器	(1)以長方形代表，長約寬的2倍 (2)左邊小圓廻轉方向為反時針。
		差計數器	(3)左邊廻轉小圓正逆時指向。
		加計數器	(4)左廻轉小圓順時針指向。

接口的命名（均以英文大寫印刷體字母為主）

$A，B，C$……　　　　工作線（工作管路）　　　　$R，S，T$……排氣口

P　　　　　　　　供氣接口（壓力源）　　　　　$Z，Y，X$……控制管路接口

國家圖書館出版品預行編目資料

氣壓工程學 / 呂淮熏,郭興家,蘇寶林編著. --
　三版. -- 臺北縣土城市：全華圖書，2009.12
　　面　；　公分
　參考書目：面
　ISBN 978-957-21-6436-5(平裝)
　1.CST：氣壓
446.7　　　　　　　　　　　　　　　97008852

氣壓工程學

作者／呂淮熏、郭興家、蘇寶林

發行人／陳本源

執行編輯／楊煊閔

出版者／全華圖書股份有限公司

郵政帳號／0100836-1 號

印刷者／宏懋打字印刷股份有限公司

圖書編號／0183302

三版六刷／2022 年 5 月

定價／新台幣 350 元

ISBN／978-957-21-6436-5(平裝)

全華圖書／www.chwa.com.tw

全華網路書店 Open Tech／www.opentech.com.tw

若您對本書有任何問題，歡迎來信指導 book@chwa.com.tw

臺北總公司(北區營業處)
地址：23671 新北市土城區忠義路 21 號
電話：(02) 2262-5666
傳真：(02) 6637-3695、6637-3696

南區營業處
地址：80769 高雄市三民區應安街 12 號
電話：(07) 381-1377
傳真：(07) 862-5562

中區營業處
地址：40256 臺中市南區樹義一巷 26 號
電話：(04) 2261-8485
傳真：(04) 3600-9806(高中職)
　　　(04) 3601-8600(大專)

✂（請由此線剪下）

歡迎加入 **全華會員**

● **會員獨享**
會員享購書折扣、紅利積點、生日禮金、不定期優惠活動…等。

● **如何加入會員**
掃 QRcode 或填妥讀者回函卡直接傳真 (02) 2262-0900 或寄回，將由專人協助
登入會員資料，待收到 E-MAIL 通知後即可成為會員。

如何購買　全華書籍

1. 網路購書
全華網路書店「http://www.opentech.com.tw」，加入會員購書更便利，並享
有紅利積點回饋等各式優惠。

2. 實體門市
歡迎至全華門市（新北市土城區忠義路 21 號）或各大書局選購。

3. 來電訂購
(1) 訂購專線：(02) 2262-5666 轉 321-324
(2) 傳真專線：(02) 6637-3696
(3) 郵局劃撥（帳號：0100836-1　戶名：全華圖書股份有限公司）
※ 購書未滿 990 元者，酌收運費 80 元。

OpenTech.com.tw 全華網路書店

全華網路書店 www.opentech.com.tw
E-mail：service@chwa.com.tw

※ 本會員制如有變更則以最新修訂制度為準，造成不便請見諒。